民國建築工程期刊匯編

MINGUO JIANZHU GONGCHENG QIKAN HUIBIAN

65

《民國建築工程期刊匯編》編寫組 編

廣西師范大學出版社
GUANGXI NORMAL UNIVERSITY PRESS
·桂林·

第六十五册目録

中國營造學社彙刊……32607
中國營造學社彙刊　一九三二年第三卷第一期……32609
中國營造學社彙刊　一九三二年第三卷第二期……32809

中國營造學社彙刊

中華郵政特准掛號認為新聞紙類

中國營造學社彙刊

婉漪題

第三卷 第一期

民國廿一年三月

梁思成著

清式營造則例　出版預告

全書共六章，對於清代營造方法制度，自木石作以至彩畫，莫不解釋詳盡，爲我國建築學界之最新貢獻。本文插圖二十幅，外圖版二十餘幅。紙張印刷裝訂莫不精美。凡建築師，美術家，工程師，及工程美術學生，皆宜手此一卷，以備參考賞鑑。

本社出版書籍

(一)工段營造錄　李斗著　四角

(二)一家言居室器玩部　李笠翁著　三角

(三)元大都宮苑圖考　四角

(四)營造算例　梁思成編訂　八角

商務印書館印行仿宋重刊李明仲營造法式發售簡章

(一)全書六百十五葉　(內單色圖一百二十七葉雙色圖四十六葉彩色圖四十五葉)　分訂八册合裝一函用上等瑜版紙木版石版精印　(二)每部定價七十六元　(三)每部郵費包紮費如下　各行省一元二角　日本一元五角　新疆蒙古郵會各國四元　(四)書價及郵費包紮費等均照上海通用現大洋計算　(五)欲索閱樣本者函示即寄但須附郵票四分

瞿兌之方志考稿出版

甲集現已出版內包含冀東三省魯豫晉蘇八省各志計在六百種左右尤以清代所修者爲多海內藏書家修志家與各地官廳團體以及留心史料著作家均不可不置一編

甲集分裝三册　三號字白紙精印　定價四元

總發行北平黃米胡同八號瞿宅　天津法界三十五號路七十八號任宅　代售處琉璃廠直隸書局

圓明園東長春園圖

原名諧奇趣西洋樓水法圖　照乾隆銅版縮小影印二十幅附銅版圖考長春園圖叙考　定價大洋四元　遼寧故宮東三省博物館發行　北平商務印書館寄售

中國營造學社彙刊第三卷第一期目錄

朱桂辛先生六十造像

論著

法隆寺與漢六朝建築式樣之關係　濱田耕作著　劉敦楨譯註

玉蟲廚子之建築價值　田邊泰著　劉敦楨譯註

我們所知道的唐代佛寺與宮殿　梁思成

舊京發現歧陽王世家文物紀事　瞿兌之

喆匠錄　梁啓雄

論中國建築之幾個特徵　林徽音

通訊

劉士能論城墻角樓書

樂浪發掘漢墓近聞

本社紀事

先生生於同治十一年壬申十月十二日今年適爲周甲之期前溪先生贈詩紀公出處最爲時下傳誦蓋公晚年退居致力於營造學社孜孜不倦故有老作李明仲之句同人日侍硯席飫聞講論久矣壬申初春社刊更始各獻研究所獲爲先生壽并以公六十造像及前溪贈詩揭諸簡端用志景仰

後學梁思成謹識

紫江朱桂莘先生周甲紀念

少年才名殷雷關鬱發黔
山職雲夢劍南塞北匹馬
過大河長江一帆送飛騰
早入明光宮如何老作李
明仲壺臺靈沼述經營刦
灰刦塵恣飛揵故國萬人
傷禾黍新朝幾輩思梁棟
肎信時分未可為自稱老
矣不能用交君雖晚情則
親知君未盡已殊衆及今
初筵看歌舞發我狂情踏
破甕

去冬寫贈
蠖公六十生日詩一首承
命重錄於此　壬申春
前谿吳鼎昌

法隆寺與漢六朝建築式樣之關係並補註

日本文學博士　濱田耕作著
中央大學教授　劉敦楨譯並補注

目次

（一）緒言
（二）高勾麗古墓壁畫
（三）六朝石窟及其他遺物
（四）漢代遺物及其表現之建築式樣
（五）結論（漢至隋唐間枓栱之變遷）
注
譯者補注

一　緒言

法隆寺西院諸建築，卽金堂，五重塔，中門，迴廊等，皆建於推古天皇時[補注一]，天智天皇九年，寺遭回祿，其後和銅間曾否再建，久成懸案，惟其式樣視後之寧樂式，（白鳳期及天平期）迥然異觀，故有推古式或飛鳥式之稱[補注二]，伊東博士著『法隆寺建築論』

第一圖 法隆寺建築及玉蟲廚子雲形枓栱與人字形舖間枓科

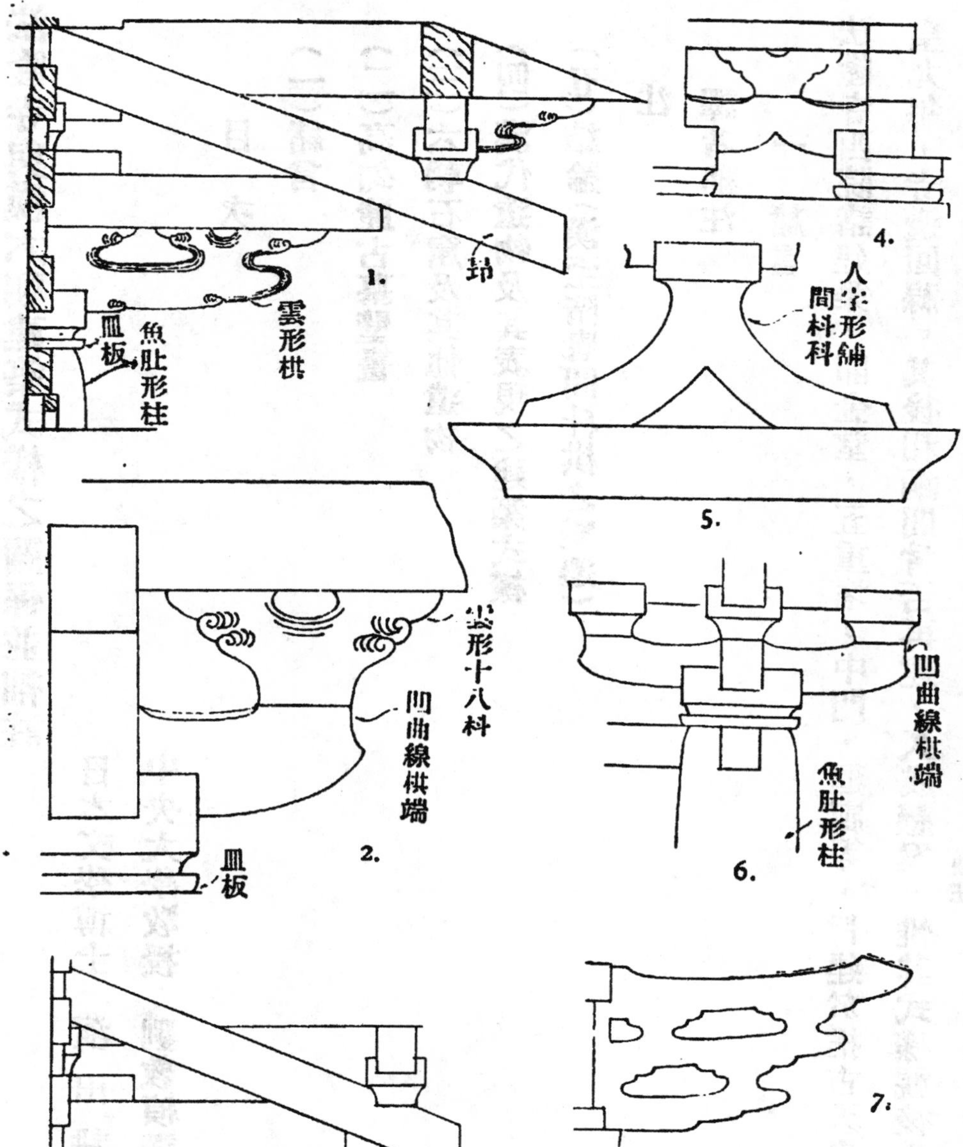

(1)法隆寺金堂上層雲形栱 (2)法隆寺金堂下層雲形栱 (3)中門雲形栱
(4)五重塔第四層雲形栱 (5)金堂勾欄之人字形舖間枓科 (6)金堂內部枓栱
(7)玉蟲廚子雲形栱 (8)玉蟲廚子檐桁之托座

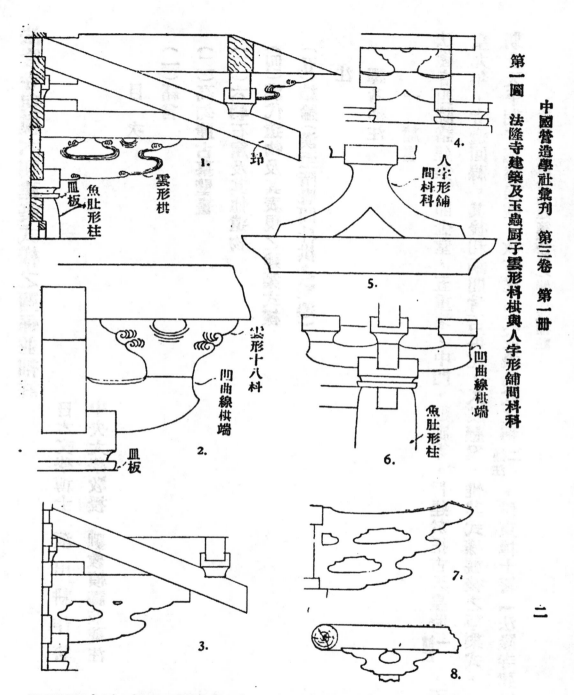

搜列其特異之點，如伽籃配置，建築架構，及細部構造，如魚肚形（ENTASIS）之柱，座枓下之皿板，雲形栱及雲形十八枓，凹曲線之栱端，卍字勾欄，及人字形鋪間枓科等補注三，逐一縷敘無遺(1)（第一圖）至同期遺物，如法輪法起二寺之三重塔，（在法隆寺附近）其式樣與法隆寺金堂悉皆符契，而金堂所藏玉蟲廚子補注四，以工藝品兼建築模型見稱者，亦與法隆寺不乏類似之點，此皆學術界周知之事實，無俟筆者贅及矣(2)

伊東氏對法隆寺特殊式樣，不問其曾否再建，謂為推古式，並謂自朝鮮之百濟輸入日本，故又稱為百濟式，惟當伊東氏研究法隆寺時，有無百濟遺物，足資左證，全屬不明，其後關野博士調查朝鮮古代建築，始知百濟建築全歸湮沒，卽同時與百濟鼎立之新羅，高勾麗二國，亦無與法隆寺同期之建築，殘留於今日，(3)然高勾麗古墓內壁畫，則多與法隆寺具同樣格調，吾人由此，可推知朝鮮半島，乃法隆寺式樣之發源地，在建築史內可謂為極重要而饒興趣之發見，惟本文目的，非介紹此已知事實，而在欲研究朝鮮建築與中國建築之關係，並不僅討論學者間夙知之六朝建築，且欲遠溯漢代建築式樣，對六朝及法隆寺之影響，茲為便利計，首論朝鮮遺蹟，

二　高勾麗古墓壁畫

朝鮮平壤西偏，自平安南道江西，至眞池洞附近，有多數巨墳，或疑為高勾麗王陵，卽

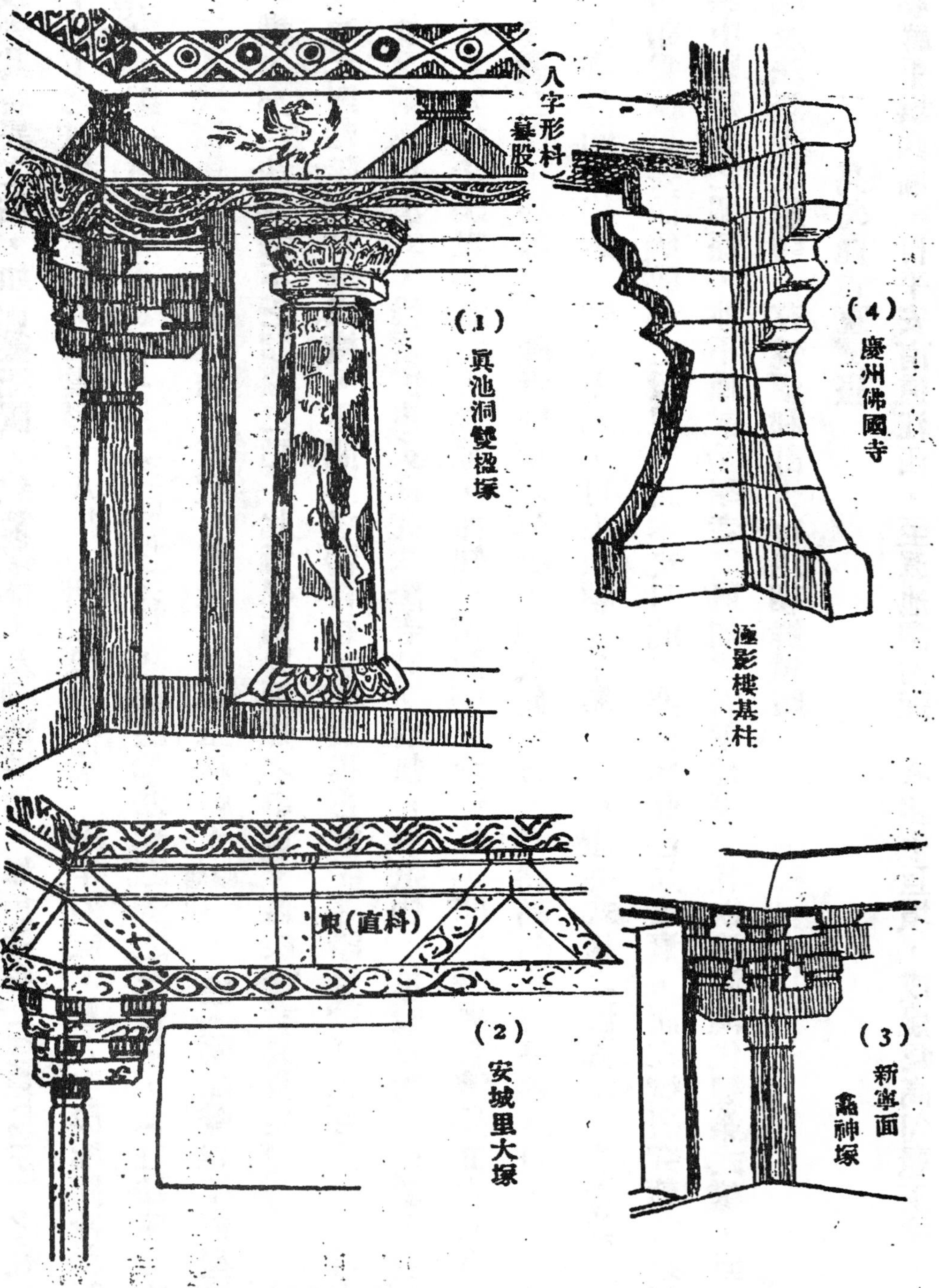

第二圖　朝鮮高勾麗古墳壁畫及佛國寺基柱

西曆六世紀初期，高勾麗移都平壤，至七世期中葉，國併於唐間之遺物補注五，諸墳或以巨石甃造，或於地下設玄室羨道，壁面遍飾壁畫，花紋雄建，至足珍貴，就中江西遇賢里二墓，以壁畫優秀見稱，惟以建築史料論，當推眞池洞附近池雲面之雙楹塚，安城洞大塚，及新寧面之龕神塚三者，最爲重要(4)按雙楹塚有前後二室，其間連以短道，有二楹作八角形，柱頭及礎石之花紋，俱極奇古，法隆寺內，殊難發見與此比擬之物，惟前後二室室隅，描繪柱及枓栱，楣上復繪人字形枓科，酷類法隆寺式樣，以上諸點，關野氏等詳加介紹矣，（第二圖）

上述壁畫之柱身，未呈魚肚形，柱上之栱，亦無雲形曲線，與普通栱無殊，但柱上座枓與栱端十八枓，及楣上人字形枓科，則悉與法隆寺一致，伊東氏謂後者之性質，適居直枓補注六與駝峯二者之間，天沼博士則稱爲舖間直枓(5)

安城里大塚及新寧面龕神塚之墓室壁面，亦有壁畫描寫建築細部，惟前者具人字形枓科，而升枓無皿板，後者未確示皿板形狀，僅栱兩端曲線，有略似雲形栱意義耳，

綜上諸點，高勾麗古墓壁畫所示之建築式樣，雖無法隆寺特具之雲形栱，但附有皿板之升枓，及人字形舖間枓科，均爲雙方所共有，此數者在日本古代建築中，僅法隆寺有之，故吾人可推想此類壁畫所示之式樣，當與法隆寺具密切關係，其時代亦必相距非遙，

（除建築式樣外，若比較二者之裝飾花紋，更足證此見解非謬，惟非此文範圍，茲從略）說者謂上述壁畫無雲形栱，其式樣復較法隆寺簡陋，而時代亦不無稍後之嫌，惟此類古墳建築年代極難確定，以意測之，似高勾麗亡國前之遺物也，（日本天智七年）

新羅古代建築式樣，殆多受唐代影響，就中與法隆寺略具同類性質者，即慶州東南佛國寺涵影樓之墓柱，有形似雲栱之石三層，構成樓下角石，此雖不能與柱上枓栱，相提並論，惟亦不能謂為絕無關係，按佛國寺創於新羅法興王二十四年，（日本宣化天皇四年 A. D. 539）其後景德王十年，（日本天平寶勝四年 A. D. 752 經金大城修築，故此基柱在日本奈良朝時，猶於新羅保持雲形栱之餘脈，此點當於後節再論之，(6)（第二圖，第四圖）

三　六朝石窟及其他遺物

朝鮮遺跡僅高勾麗古墓壁畫，與法隆寺屬於同一系統，略如前述，惟朝鮮文化，來自中土，在中國能否追繹此類建築之流源，久成學術界疑問，明治卅五年六月，補注七 伊東氏調查山西大同雲崗石窟，始對此問題獲明確答解，同時北魏佛教最大紀念物，其偉大藝術價值，亦宜揚於世(7)，嗣經關野，中川，及法國沙畹（CHAVANNES）諸氏研究，(8)測繪攝影，漸臻完善，於是吾人得知雲崗石窟所表示者與法隆寺同為特殊式樣，如東部寒泉洞補注八 之三重塔柱補注九，中部之阿閦佛洞，離苦地菩薩洞，及西部塔洞補注十，有卍

(1)山西雲崗石窟寺第二洞
(2)河南龍門石窟寺古陽洞
(3)雲崗石窟寺第十二洞

3

(4)雲崗石窟寺第九洞

4

第三圖　中國石窟所表現之建築式樣

字勾欄，人字形舖間枓科，及附有皿板之座枓，皆與朝鮮壁畫及法隆寺一一符合，雖以上各窟無法隆寺之雲形栱，而栱下緣之彎曲部，作强靭曲線，亦與法隆寺同，離苦地菩薩洞之人字形舖間枓科，以獸首（如漢銅器之獸環）代槽升子，下部人字架自獸口中吐出，而同窟柱頭科，亦以獅子代栱，獸首代槽升子及十八枓，式樣奇拔與意匠之自由，殊足引人注意，此外屋脊之鴟尾補注十一，及耐冬草裝飾花紋補注十二，與法隆寺玉蟲廚子，同出一轍，故雲崗石窟爲東方建築史之樞紐，所居地位，極爲重要，諸窟創立年代，雖難確定，大致前後不一，如中部接引佛洞內有太和七年銘文，而「魏書釋老志」謂僧曇曜請營鑿諸窟，故雲崗主要諸洞，殆成於北魏孝文帝太和間，及其以後時期補注十三，即西曆五世紀後半期也，（第三圖）

除雲崗外，以銘文豐富見稱者，當推洛陽龍門石窟補注十四，諸窟中北魏窟不及唐窟之多，而窟內雕刻能表示建築式樣者亦寥寥無幾，惟古陽洞內有佛龕一區，其檐下雕人字形枓與直枓混合之舖間枓科，及舖間雲形枓科補注十五，而蓮花洞內復有小屋浮刻（RELIEF），鐫人字形枓科二三處，據古陽洞銘文，各佛龕之製作年代，自北魏太和十九年至東魏武定間，先後不等，蓮花洞內則有北魏末期孝昌永熙銘文補注十六，故前者建於西曆五世紀末，至六世紀中葉，後者建於西曆五百三十年前後，均元魏一代之遺構也，(9)（第四圖）

中國最古石窟，係前秦符堅建元二年（A.D. 366）所建之甘肅燉煌石窟 補注十七，諸窟自六朝至五代末，陸續開鑿垂六百年，就中六朝遺物最爲顯著者，卽法國伯希和氏（P. Pelliot）所稱之第一百十一洞及一百二十洞二處 補注十八，最近北大陳萬里氏於後者內發現西魏文帝大統四年（A.D. 538）之銘文，則此窟建於六朝間，毫無疑義，惟伯氏「燉煌圖錄」所收，類皆雕刻壁畫，頗乏建築資料，供吾人參攷，僅一百零三洞前室天頂下，有附有皿板之枓，與略似雲形曲線之栱，及一百三十洞後室左壁壁畫內，有人字形鋪間枓科及普通一枓三升枓科 補注十九，上述二洞，前者依佛像雕刻及繪畫式樣，可斷爲六朝遺物，後者就壁畫內人物服裝，亦可定爲初唐所造，此外人字形枓科，在唐代諸洞如第三洞，第五百三十洞 補注二十，第七十洞等處「淨土圖」壁畫內，皆可隨處發現，而遍索五代諸洞，一無所見，此現象殊令人驚異(10)

就供給建築史料論，最近關野氏發現之山西太原縣天龍山石窟，似遠勝上述諸例 補注二十一，諸窟中有北齊孝昭帝皇建元年（A.D. 560）隋文帝開皇四年（A.D. 584）及五代晉高祖天福六年（A.D. 941）之銘記，故其建造年代，當在西曆六世紀中葉，至十世紀末期之間，就中北齊所建第一窟入口，有人字形鋪間枓科及一枓三升枓科，其升枓皆無皿板，而栱下緣之彎曲部，則琢花瓣形弧線，殆與法隆寺雲形栱具同一趣旨 補注二十二，又第十六窟，前廊（PROSTYLE）正面，有八角柱二，其礎石鐫蓮瓣，柱上置座枓以受檐梁，梁上復有人字形舖間枓科及一枓三升枓科，栱上彎曲部亦皆鐫刻花瓣形，就雕刻式樣論，此窟似造於隋或初唐，而非北齊之物(11)，由是而言，日本天平時代至白鳳初期之法隆寺式樣，適與天龍山北齊諸窟屬於同一系統，頗爲美術史中重要之事實也，

中國石窟除上述諸例外，尙有鞏縣石窟寺，四川廣元縣千佛巖，及其他石窟，惟以表現建築式樣論，仍推前列諸例爲最適當，蓋其餘諸窟，皆簡陋不足道，不啻大小巫之別也，至六朝碑碣亦有琢刻枓栱者，惜多模糊迷漫，僅東魏孝靜帝武定元年（A. D. 543）造像碑，圖刻樓閣，內有人字形舖間枓科(12)，此外六朝隋唐之木造建築物，殆全歸毀滅，惟磚石造者尙有存留，如關野，常盤，二氏所著之『支那佛教史蹟』內，有河南嵩山會善寺淨藏禪師塔，卽磚造之例，塔作八角形，每面窗門上有人字形舖間枓科一具，雖升枓皆無皿板，而柱頭枓栱身頗高，栱下緣曲線亦强靭而富古意，苟此塔確爲唐玄宗天寶五年（A. D. 746）所建補注二十三，則法隆寺同系之建築，至盛唐猶流傳未替也，(13)（第四圖）

四　漢代遺物及其表現之建築式樣

以上僅就六朝隋唐遺蹟中，與法隆寺具同類式樣者，加以討論，惟諸例大都與飛鳥式前後同期，其類似毫無足異，玆再上溯六朝以前之建築，研求法隆寺式樣之來源焉，

1

3

2

第四圖　朝鮮及中國各種遺物所表現之建築式樣

(1)山西天龍山石窟寺第十六洞
(2)河南崇山會善寺淨藏禪師塔
(3)朝鮮慶州佛國寺涵影樓基柱

漢代遺物如墳墓石室之畫像，多描刻簡略，不足供建築細部之研究，惟山東肥城縣孝堂山石刻，圖琢建築形狀，可資參攷，據石刻銘文所示，此室爲東漢順帝永建四年(A. D. 129)以前所建，極爲明顯補注二十四，石刻中有葺瓦之建築物，其楣間雖無鋪間料科，而有柱作八角形，下具礎石，上端置形似座料之柱頭，與天龍山隋窟所示者完全一致，故八角柱與座枓起源甚古，殆可想見補注二十四，由是而言，天龍山石窟之雲形栱補注二十二，及人字形鋪間料科，漢代或有其制，亦未可知，

吾人對孝堂山石刻之檐端構造，乏明確表示，頗以爲憾，惟能於其他漢代遺物中得其梗概，則又引爲慶幸，無他，卽漢墓闕是已，此類墓闕在山東古墳中頗多發現，如以畫像石著名之武梁祠石闕，卽其一例補注二十五，他如河南嵩山啟母廟，太室，少室三闕補注二十六皆能表示瓦葺建築物之構造，惟本文所引之重要資料，則悉爲法國色伽蘭(SEGALIN)諸氏在四川漢墓中覓得者，大正四年(A. D. 1915)著者遊巴黎時，曾於沙畹氏宅中，見色氏未刊影片多種，當時抄繪數幅登於某雜誌內(14)，近覩色氏『考古圖譜』遂得窺其全豹，惟是書說明考證欠精，頗爲美中不足耳，(15)

據圖譜所載，川中漢闕爲數頗多補注二十七，其表示之建築式樣，最有興趣者，卽栱之形狀有二種，一爲普通栱，一爲花莖狀彎曲之栱，惟升枓皆扁平而無皿板，則爲雙方所共同

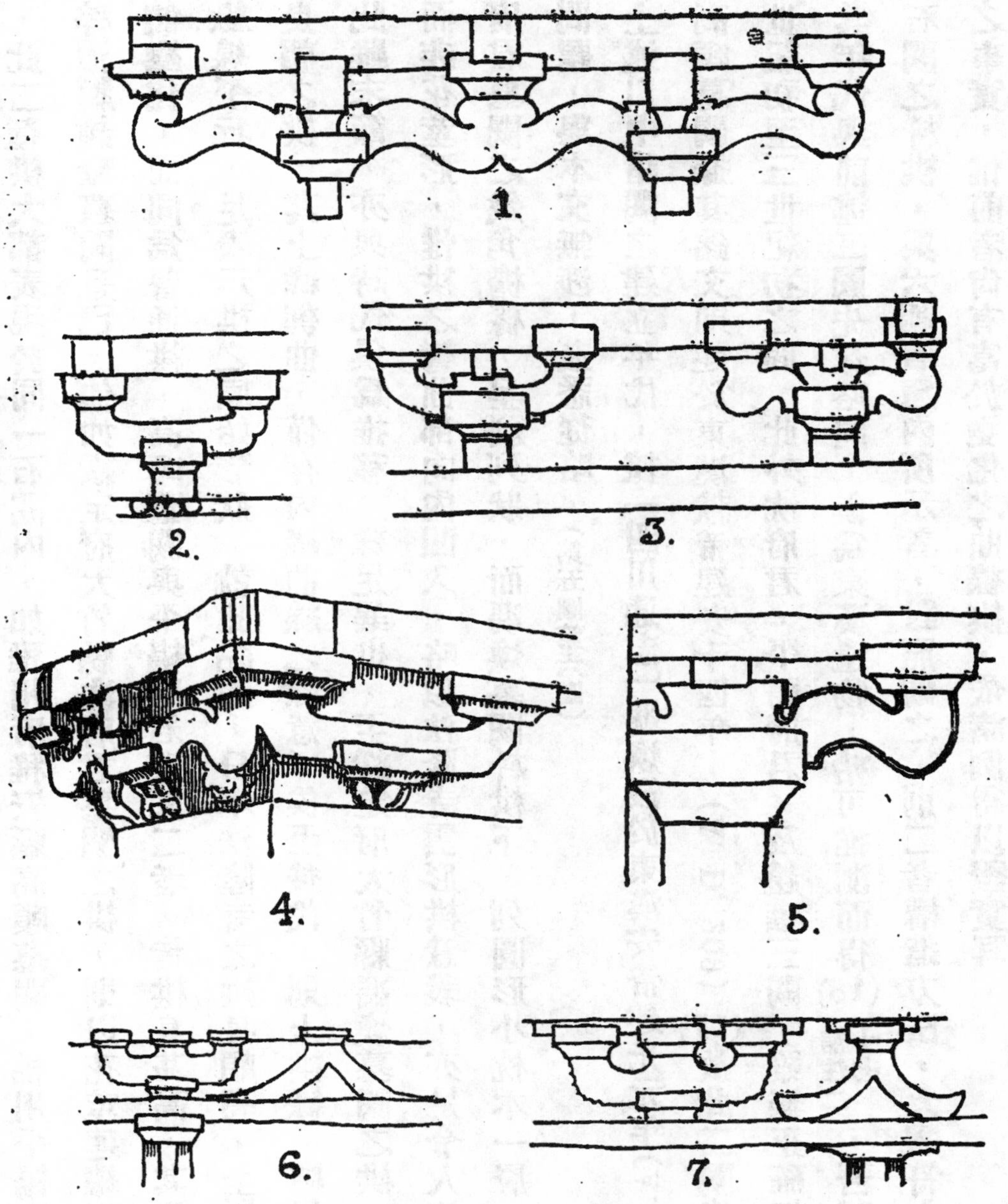

第五圖　四川石闕及天龍山石窟枓栱與鋪間枓科

(1)沈府君石闕　(2)馮煥石闕　(3)高頤石闕

(4)趙氏石闕　(5)棧橋附近占鎮入口淨雕

(6)天龍山第十六窟　(7)同第一窟

，此二種栱大都表現於同一石闕內，如雅州府雅安縣高頤墓闕，棉州平楊府君墓闕，及梓潼縣趙雍墓闕是已，他如綏定府大竹縣沈府君墓闕之栱，則以花莖連綴而成，意匠頗饒變化，而同爲普通栱，高頤墓闕與平楊府君墓闕二者，皆栱身甚高，其內緣線幾與外緣線平行，足表示栱之原始形狀，就此點論，日本法隆寺之栱身頗高，全屬古式，至奈良朝之栱，其上緣刳曲，僅存內緣曲線之餘意，俟至後代，則上栱緣，純用水平直線，此雖末節，亦與時代俱爲推移，殊足異也，至綏定府大竹縣馮煥墓闕之栱，係普通低栱而非花莖形，惟栱之彎曲部向內凹入，略似法隆寺雲形栱意義，亦足令人注意，此外沈府君墓闕之戧角檐椽，呈斜列狀，而馮煥墓闕枓栱下，列圓形小枕木一層，皆構造方面問題，與本文無涉，茲悉從略，（第五圖第六圖）

上述川中諸闕之建立年代，據「四川通志」馮煥歿於東漢安帝建光元年(A. D. 121)(16)，高頤墓闕據其銘文則建於東漢献帝建安十四年，(A. D. 209)(17)故此二闕皆成於西曆二世紀初至三世紀初之間，此外沈府君，平陽府君，及趙雍三闕，雖無正確紀錄可據，惟其年代與前述二闕先後略同，俱爲東漢遺物，殆可推測而得(18)補注二十七，吾輩苟以此漢代石闕之枓栱，與六朝石窟內所示者，對照觀之，則二者構造方法，大體符合，乃極顯著之事實，惟前者尚有富於變化之曲線栱，依諸例得以證實耳，

第六圖 四川石闕

(1)馮煥石闕 (2)沈府君石闕 (3)趙氏石闕 (4)高頤石闕

四川石闕外，能表示漢代建築式樣，供吾人參考者，則爲漢墓中之明器，此類明器有表現房屋樓閣形狀，雖所屬墳墓之地點及其建造年代，無從稽討，惟就陶釉性質，與同時同地出土之其他物品推之，則可定爲漢代遺物無疑。據優摩忽拔拉斯「藏陶目錄」(19)內，所收霍浦孫所稱之望樓，係二層樓閣式建築物，全體被以綠釉，有卒坐於臺之欄上，形狀古拙，與漢代陶俑一致，欄下每面各有二栱，栱身頗高而無升枓，其上層檐端及窗下，每面各有枓栱二組，在檐下者具雲形栱及雲形枓，窗下者栱之曲線稍近於直線形質，就大體言，望樓之枓栱，較四川諸闕更與法隆寺式樣接近，（第七圖）

又霍浦孫所著「中國之土器與陶器」內，引佛里雅所藏之綠釉，捕鳥塔，亦係明器之一(20)，塔下部頗似木構之架，上有欄檐各二層，其下層欄下四隅，亦承以雲形栱（第七圖），而魏李憲墓明器，則作普通屋舍形狀，其正面檐下，兩側各有枓栱一組，皆三層，上層三具，次二具，最下一具，雖像片所示過小，不得其詳狀，然就輪廓言之，似亦係雲形栱，故可知三國時，此類枓栱盛行於世(21)（第七圖），苟能廣集明器，加以研究，則必獲同樣之例，可斷言也，

五　結論，（漢至隋唐間枓栱之變化）

以上研求法隆寺式樣之起源，雖因朝鮮無同時遺物，可資佐證，然高句麗古墓（西曆五

第七圖　漢六朝明器

(1) 綠釉〔捕鳥塔〕

(2) 綠釉〔望樓〕

(3) 魏李憲墓出土瓦屋

世紀至六世紀）壁畫內，有同樣及類似之式樣存在，而新羅古建築（西曆八世紀中葉）中，亦有略具同意義之基柱，至中國六朝建築內，當以北魏石窟，（西曆五世紀至六世紀間）材料最爲豐富，其所示式樣，幾與法隆寺完全一致，而盛唐天寶間，其制猶流傳未絕，至若漢代石闕明器，皆西曆二世紀及三世紀所造，亦與法隆寺具同類性質，則此類料栱淵源之古，從可知矣，

惟自東漢迄唐，前後六七百年間，料栱式樣應具若干之變遷，殆無疑義，吾人若就今日已知資料，解決此問題，固不無孟浪之嫌，惟亦可得一假說，即法隆寺雲形料栱，具有複雜性之空想式或自由式形體者（FANCY FORM），在唐代及日本奈良朝以後，因不適時代趣好，漸歸淘汰，而人字形舖間料栱，雖能保留較久，究亦同歸於盡，惟自六朝上溯漢魏，則此自由式料栱，固風行一時，且其式樣極饒變化，其時雖有後代普通料栱之制，但栱身頗高，其曲線遒勁而近於原始型，當時好尚；傾於自由式料栱，殆可想像而得，故漢唐間料栱之變遷，係由曲線較多之式樣，漸次進爲直線較多之式樣也，

料栱在木造建築物所居之地位，係結合柱之上部與水平梁，使之堅固，嗣此部漸成裝飾化，而生各種複雜形體，（CHOISY 氏說明印度中國及日本建築，多具眞理，惟謂栱之起源，由於竹桿彎曲狀態，則難表同意）(21)竊意料栱最初自簡單之板狀，逐漸進爲複雜

法隆寺建築式樣年代表

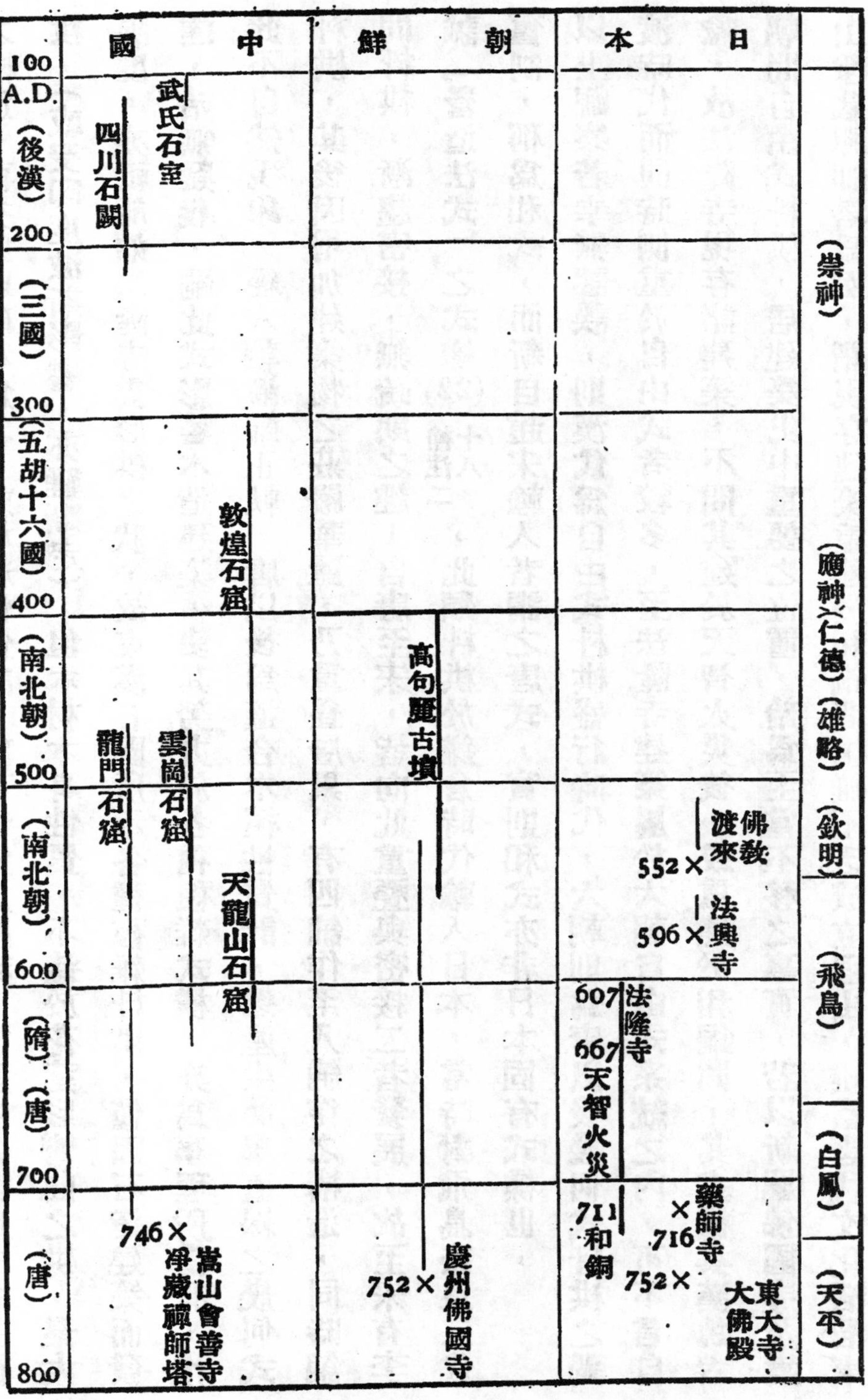
中國
朝鮮
日本
100
A.D.
(後漢)
200
(三國)
300
(五胡十六國)
400
(南北朝)
500
(南北朝)
600
(隋)
(唐)
700
(唐)
800
武氏石室
四川石闕
敦煌石窟
龍門石窟
雲崗石窟
天龍山石窟
746×
嵩山會善寺
淨藏禪師塔
高句麗古墳
752×
慶州佛國寺
552×
佛教渡來
596×
法興寺
607
法隆寺
667
天智火災
711
和銅
×
716
藥師寺
752×
東大寺
大佛殿
(崇神)
(應神)(仁德)
(雄略)
(欽明)
(飛鳥)
(白鳳)
(天平)

之構造，再次始以磚石爲之，就材料性質論，磚石皆宜於雕琢，故產生各種自由式曲線栱，(或受印度波斯影響，亦難斷定)，但木材本身性質，不適於花莖彫彎曲之栱，最大限度，亦祗能如法隆寺雲形栱之狀，故東漢石闕所示各種複雜料栱，僅因石造建築而發達，殆無疑義，嗣此式影響木造建築，使其努力於各種複雜式樣，亦爲事理所當有，惟此不自然現象，經六朝漸歸正軌，唐以後爲適合木植性質計，遂產生簡單直線之幾何式料栱，其後因增加建築物之莊嚴華麗，乃重疊層累，有四鋪作至八鋪作之構造，同時鋪間料栱，漸趨密接，無疏朗之趣，自唐至宋，皆向此重疊與密接二者發展，故至宋有李誡「營造法式」之式樣(22)補注二十八，此類料栱於鎌倉時代輸入日本，當時對飛鳥奈良二代舊制，稱爲和式，而新自趙宋輸入者謂之唐式，實則和式亦非日本固有式樣也，

以上觀察若幸無謬誤，則漢代爲自由式料栱盛行時代，六朝則爲唐以後幾何式料栱之過渡時代而同時側重於自由式者較多，至法隆寺建築屬於六朝自由式系統之內，可不言自喻，故法隆寺現存諸建築，不問其建於天智火災後，或重建於和銅間，其式樣具漢魏六朝間自由式料栱，居建築史中重要之位置，殆爲至當不移之事實，若以新羅佛國寺及嵩山淨藏禪師塔爲例，謂現存建築重建於和銅間，雖不乏成立理由，惟當唐代文化滔滔東渡之際，即使建築式樣，較唐代通行者，稍後一時，遲早亦在模倣之列(23)，若謂建築式

樣應居例外，當時盛唐式樣 尙未輸入日本，而法隆寺之再建，出自遵守飛鳥舊制匠工之手，然竊以遵守傳統舊法，勿寧謂爲以實際六朝式遺物爲根據，從事再建工作，較爲適當，蓋天智九年火災，雖有一屋無餘之記載，見諸史册，然當時或僅半燬而非全部化爲灰燼，殊未可知，此爲火災中常見之例，亦不悖史乘中文義詮釋，況金堂創立時佛像，迄今尙多保存，故此想像雖屬奇特而實極穩當也，

著者此文，非欲重提法隆寺再建與非再建之論爭，乃欲於兩極端學說間，求一折衷解釋之法，蓋法隆寺在美術史中所占地位，初不因和銅間再建，有所更易，故再建說，實無不妥，惟唐以前盛行之式樣，能完全無缺保存於法隆寺建築內，似應加以合理之解說，望治歷史及藝術者，勿徒固持己說，抨擊他人，鳩首協力而求解決之策焉，

注

(1)伊東氏「法隆寺建築論」見明治三十一年「東京帝國大學紀要」「工科」第一册第一號，法隆寺再建問題，主再建說者爲小杉，喜田，二氏，主非再建說者爲關野，平子，諸氏其論文見明治三十八，九年「歷史地理」及「史學」等雜誌，

(2)醍醐寺及報恩院所藏「過去現在因果說」係奈良朝繪畫之一，內有人字形鋪間科栱，見「史林」第五卷第三號天沼氏「日本古建築研究之刋」

(3)見明治三十八年東京帝國大學工科大學『學術報告』內關野氏『韓國建築調查報告』，及同氏編輯之『朝鮮古蹟圖譜』與『朝鮮美術史』，

(4)『朝鮮古蹟圖譜』第二册，

(5)『史林』第五卷第三號天沼氏『日本古建築研究之刊』，

(6)『朝鮮古蹟圖譜』第四册，及關野氏『韓國建築調查報告』，

(7)『建築雜誌』第百八十九號伊東氏『北清建築調查報告』及『國華』第百九十七，八號同氏之『中國山西雲崗石窟』，

(8)Chavannes: Mission archéologique dans la Chine Septentrionale. (Paris. 1906) 及中川忠順新海竹太郎二氏之『雲崗石窟』，

(9)Chavannes 前書，及關野，常盤，二氏之『支那佛教史蹟』，與大村西崖氏『支那美術史雕塑篇』，

(10)Pelliot, Les Grottes des Touen-Houang. (Paris, 1916–1925)

(11)『國華』第三百七十五號關野氏『天龍山石窟』及田中，外村二氏之『天龍山石窟』

(12)Chavannes 前書第四百三十二圖，

(13)關野常盤二氏『支那佛教史蹟』第二册，及『建築雜誌』第三百九十三號關野氏『西

遊雜信』與『金石萃編』卷八十七淨藏禪師身塔銘，

(14)『歷史與地理』第二卷第一號濱田耕作氏『聖德太子時代之美術』，

(15) Segalin & Gilbert de Voisines-Lartigue. Mission archéologique en Chine, Tom, I (Pavis, 1914): Premier exposé des resultats archéologiques obtenus dans la Chine occidentale Par le mission Gilbert de Voisines, Jean Lartigue et Victor Seglin. Jonrnal asiatique, (1915-1916)

(16)『四川通志』卷五十九輿地志（金石），謂馮煥殘碑在大竹縣古賓城下，又同書引『隸釋』謂其銘文中有建光元年云云，

(17)『四川通志』卷五十九輿地志雅州府雅安縣高孝廉墓碑條，

(18)『四川通志』卷五十九及卷六十輿地志，

(19) Hobson, The George Eumorphopoulus Collection ot the chinese, Corean & Persian Pottery & Porcelain. Val. I (London, 1925)

(20) Hopson, Chinese Pottery & Porcelain. Vol. I. (London, 1915)

(21) Choisg, Histoire de larchitecture, Tom, I. (Paris, 1899)

(22)『營造法式』係中國古代建築重要參考書之一，宋元符三年將作少監李誠奉勅撰，現

有石印本行世，

(23)『佛教美術』第五册內藤氏『唐代文化與天平文化』

譯者補注

(一)日本欽明天皇十三年（A.D. 552）

百濟聖明王齎佛像經論於日本，是爲佛

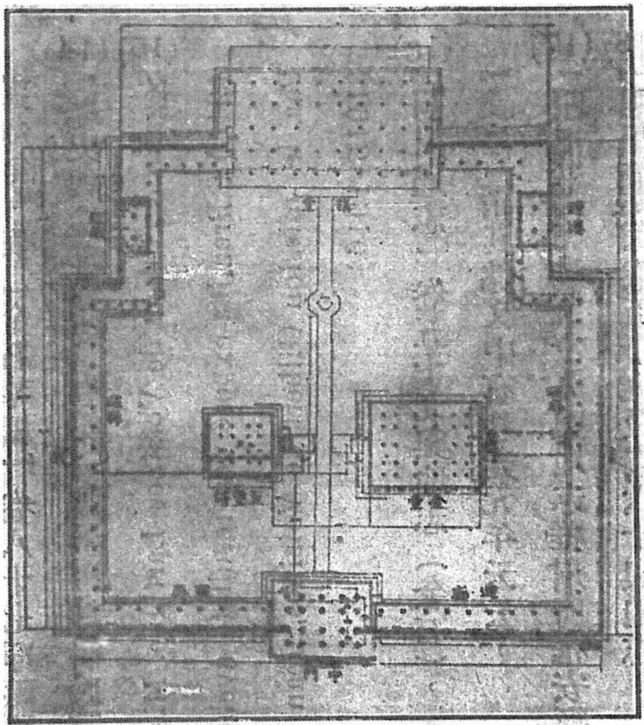

補圖第一　法隆寺平面圖

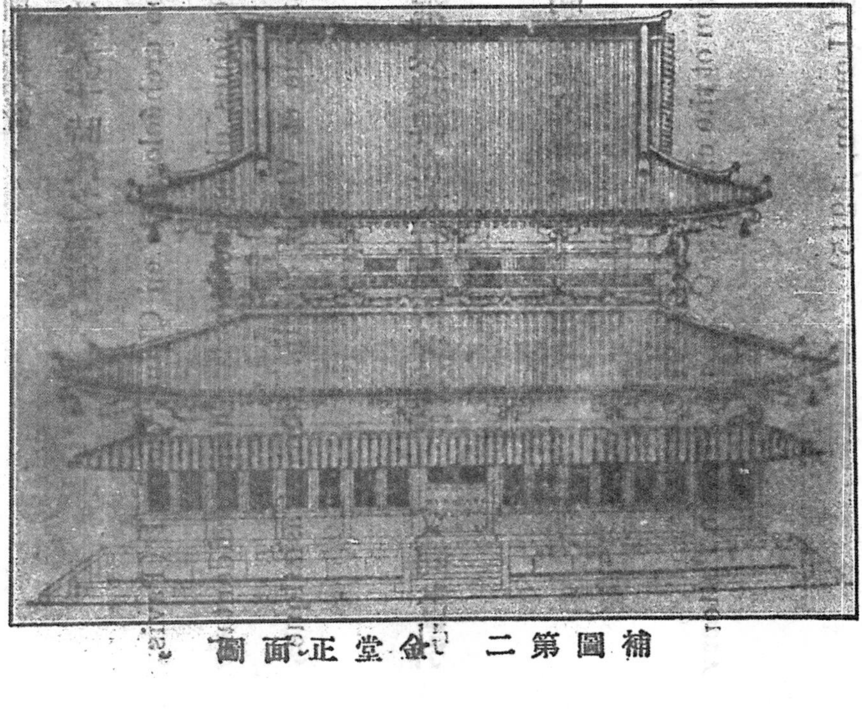

補圖第二　金堂正面圖

補圖第三　金堂側面圖

補圖第四　法隆寺五重塔

致傳入東瀛三島之始，惟初頗以異端見斥，俟聖德太子及蘇我馬子秉政，佛教乃風靡全國，太子初建四天王寺，嗣營法興，法隆，廣隆，法輪，法起諸寺，法隆寺成於推古天皇（即用明皇后）十五年（A. D. 607），據天平十九年『勘錄法隆寺流記資財帳』所載，有堂塔樓屋三十餘所，其規模至宏巨，雖視現存建築略有出入，然構成該寺中心之金堂（補圖第三），五重塔（補圖第四），及中門廻廊等，今俱保存與記錄符合。按該寺平面配置如補圖第一所示者，與唐道宣『戒壇圖經』所稱正中佛院之制，大體略同，惟塔與佛殿非前後重列，頗足引人注意。（正中佛院中門內爲前佛殿，左右有樓各三層，次七重塔，塔東鐘樓，西經臺，其北爲後佛說法大殿）

竊意道宣唐人，所述殆以唐時通則爲準，若日本最初佛寺，則成於百濟匠工之手，百濟制度，又傳自南北朝，當時塔之位置，適居佛殿前，與道宣所稱恰得其反，（魏書釋老志及洛陽伽藍記謂北魏孝明帝熙平三年，胡靈太后建永寧寺於洛中太社西，起剎浮圖九層，高四十餘丈，浮圖北有佛殿一所，形如太極殿，內有丈八金像一軀，則前塔後殿，乃極顯明之事實，同時朝鮮新羅眞興王建造之皇龍寺遺址，亦與永寧寺同，）蓋我國最初佛殿，亦如古代印度，因塔藏舍利，奉爲寺之主體，嗣建佛殿置本尊像，供信徒膜拜，遂至塔殿並立，而塔仍居佛殿前，寖假殿塔倒置，佛殿漸成寺之重心，塔乃退居可有可無之列，此殆宗教習尚之變遷，而工程繁簡與物力隆弊，亦不無關係，惟聖德太子初營四天王寺，近師百濟，遠法元魏，法隆寺何以與同時諸寺，獨異其趣，則頗費人索解，關野氏謂二者俱爲信仰對象，而佛殿居後，適爲塔所隱蔽，無形中呈先後輕重之分，故太子平列二者於中門內，亦無所軒輊，其說頗新穎，惟確否尙俟考證耳

補圖第五　西安大雁塔西面門楣之雕刻

(二)飛鳥時代——欽明十三年至皇極三年，爲日本模仿我國南北朝建築時期，

寧樂時代——大化元年至寶龜十一年，爲模仿唐代建築之時期，又稱奈良時代，

(三)法隆寺上層勾欄下之人字形舖間枓栱，原文作蟇股，按東瀛股蟇形狀（補圖第二十八）頗似我國梁架上駝峯，多用於室內，無置於建築物外側者，故就形狀及使用地論，點蟇股不能與人字形舖間抖栱混爲一物甚明，至後者在六朝隋唐間，多用於楣上供舖間之用，除原文第三圖，及第四圖，所引諸例外，補圖第五所示，亦足窺當時規制，駝峯最古之例，見法國伯希和氏『燉煌圖錄』第百二十洞梁上（補圖第六），惜原圖欠清，重攝後益難辨識，此式蘇寧一帶，迄今尙盛用之，視『工程做法』內以角背與瓜柱合用者稍異耳

補圖第六

燉煌第百二十洞前室之初桃梁架駝峯

(四)玉蟲廚子係木製，下層四周有釋迦捨身等圖，上層有建築物立於階臺上，其門扉，雲形栱，重椽，反宇，歇山鴟尾等，與實際建築無異，關野氏謂其製作精巧，疑來自百濟或南北朝，濱田氏則云成於日本工人之手，二說頗不一致，

(五)唐高宗總章元年秋，(A. D. 668) 遼東道行營大總管李勣率劉仁軌，郝處俊，薛仁貴等拔平壤，擒高麗王高藏，以其地爲安東都護府，置州四十有二，事具「唐史」

(六)直料原文作「東」，即小方柱上載槽升子，承受楣上橫枋，宋以前多用爲舖間枓科，補圖第五所示係與人字形枓科重疊合用於一處，以承正心枋，亦有用以承

補圖第七 法隆寺金堂之玉蟲廚子

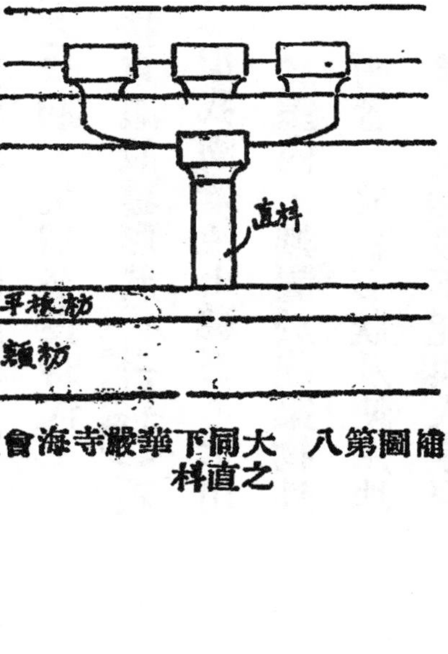

補圖第八 大同下華嚴寺海會殿之直料

32642

栱月梁者（補圖第二十八），殆係古代蜀柱之遺制，據伊東氏『北清建築調查報告』，大同下華嚴寺海會殿之直料，（大同府志謂寺建於遼興宗重熙七年，即西曆一千零三十八年，在李誡營造法式成書前六十二年，）其上置一料三升料科一具，係以直料而兼鋪間平身科，足代表過渡時代之構造，不失爲唐宋間料栱變遷之重要史料（補圖第八），李氏『營造法式』未收此物，遍索諸書，亦未獲原名，姑代以直料二字，祈識者賜正，

（七）即清光緒二十九年，西曆一千九百零三年，

（八）雲崗石窟在大同西三十里武州川北岸，背山面水，東西連綿數里，依其分布狀況，可分爲三部，中部大窟九，（阿彌陀佛洞，釋迦洞，準提閣菩薩洞，佛籟洞阿佛閦洞，毘盧佛或鐵鉢佛洞，接引佛或四面佛洞，離垢地菩薩洞，文殊菩薩洞，）中窟小窟各三，西部大窟五，（接引佛像，阿閦佛洞二，寶生佛洞，白佛耶洞，）中窟三，小窟十餘，東部大窟一，（此窟開鑿未畢，關野氏呼爲大佛洞，）中窟四（石鼓洞，寒泉洞，靈巖寺洞，碧霞洞，）小窟二，此外中西二部，復有無數佛龕錯布坡巖間，

（九）塔柱係印度石窟內支提塔（CAITYA）之變體，按支提塔設於窟之最後部，其平面爲圓形，外觀與普通窣堵坡（STUPA）無殊，雲岡諸塔柱則位於窟中央，平面作正方形，或矩形，鐫琢簷柱料栱欄楯如樓閣式，因自基直達窟頂，略似柱形，故暫名爲塔柱，希閱者正之，

(十)此洞爲西部三中窟之一，位於西部諸窟最西端，又名千佛洞，約方二十呎，中央有塔柱方九呎半，琢柱簷五層，每面六柱五間，每間配以佛龕，

(十一)鴟尾剏於西漢，舊時除宮殿外，惟三公黃閣聽事得設之，其餘臣庶，非殊恩特賜，不得僭用，見『陳書』蕭摩訶傳，此制宋後失傳，最近關野氏發現遼初建造之薊州獨樂寺中門，具有鴟尾，恐爲國內唯一遺物，至雲崗龍門諸石刻及燉煌壁畫所示者，究非實物，祇能彷彿其大概形狀耳，

(十二)耐冬草裝飾花紋，卽卷草花紋，隋唐五代間，多以牡丹拳曲爲之，花葉間飾小師子，說者謂係希臘之ACANTHUS SCROLL經波斯印度，輸入中國，確否俟考，

(十三)按『魏書』釋老志，北魏太武帝太平眞君七年，(A. D. 446)毀佛寺像，坑僧尼，與唐會昌毀佛，同爲佛教二大厄運，嗣文成帝卽位(興安元年 A.D. 452)，詔恢復佛法，崇禮三寶如舊，和平初，以僧曇曜爲沙門統，曇曜白帝於京西武州塞，鑿石壁開窟五所，鐫建佛像各一，高者七十丈，次者六十丈，雕飾奇偉，冠絕一時，關野氏謂此五窟卽現存西部五大窟，其說確否頗難遽定，惟就釋老志文義釋之，雲崗石窟開鑿於和平間，(A.D. 460至A. D. 465)殆無疑義，文據『魏書』本紀，「皇興元年八月(A. D. 467)獻文帝幸武州石窟寺，太和四年八月，(A. D. 480)及六年三月，七年

五月，孝文帝三幸石窟寺，則當時諸窟陸續興作，及輦駕下臨盛況，略可想見，其後太和十八年（A. D. 494），孝文帝遷都洛陽，宣武帝景明元年（A.D. 500），倣代京雲崗之制，於洛南闕山鑿窟造像，而胡靈太后復遵舊京規制，建永寧寺於洛陽，於是佛教中心，亦隨國都南徙，證以雲崗東大窟半途中止，益足徵信，故雲崗諸窟當俶於和平間，至孝文帝南遷後止，前後約歷四十載，著者謂建於太和間及太和以後，不無小誤，

（十四）伊闕山在洛陽南四十里，左潛溪寺，右香山寺，懸崖峻削，伊水貫其間，故又有龍門之稱，兩岸石壁斲刻龕窟無慮數千，而重要石窟悉在伊水西岸，爲數共二十有二，（在渡口北者七窟南者十五窟，）據老君洞銘文，此窟發願於孝文帝太和七年，惟是時元魏都平城，方以全力經營雲崗諸窟，故龍門石窟大規模之營造，當在孝文南遷以後，據『魏書』釋老志，宣武帝景明元年，命白整鑿石窟二所於伊闕山，爲高祖文昭太后祈福，永平中，中尹劉騰復奏爲世宗造窟一所，以上三窟，至孝明帝正光四年夏（A.D. 523）竣工，共歷二十三載，費工八十萬二千餘人，其後東魏・北齊，隋，唐，諸代，各有增益，據關野氏調查，上述廿二窟內，計北魏窟八（賓陽洞，蓮花洞，藥方洞，古陽洞，魏字窟，另三窟失名，）隋窟二，唐窟十二云，（敬善寺洞，摩崖三尊佛，萬佛洞，跪獅窟，大洞，破洞，大露佛，另五窟失名，）

32645

(十五)按原文所引(第三圖之(2)),係舖間平身科,其座枓上有正心瓜栱及正心萬栱各一層,南中呼爲一枓六升枓科,著者指瓜栱萬栱重疊之狀,謂與法隆寺雲形栱,同一意義,頗似牽强,

(十六)北魏孝明帝孝昌元年至四年,即西曆 A. D. 525—528.

北魏孝武帝永熙元年至三年,即西曆 A. D. 532—534.

東魏孝靜帝武定元年至八年,即西曆 A. D. 543—550.

(十七)燉煌千佛洞舊稱莫高窟,在今燉煌縣東南四十里黨河(或稱宕泉)西岸鳴沙山,沿河沙崖南北約二里,有大小窟三百餘,按徐松『西域水道記』載唐則天皇歷元年(A. D. 698)李懷讓重修莫高窟佛龕碑,謂前秦建元二年,沙門樂傳首造窟一龕,嗣僧法良自東居此,又於傳窟,更即營造,是千佛洞開鑿年代,先於雲崗石窟約百年矣,其後北魏普泰二年(A. D. 532),沙州刺史東陽王元榮,更事增鑿,見日本中村不折所藏燉煌寫經『後藏初分』跋尾,隋唐以降,經五代至趙宋,修築不絕,惟元以後,漸就凋零,清光緒庚子歲,掃治石洞,鑿壁見經卷佛畫,於是古藏漸宣露於世,同廿八年 (A. D. 1902) 匈牙利地學會長洛克濟 (L. de Lóczy) 及斯希尼 (Szechenyi) 自新疆探險返歐,燉煌石窟之名,漸爲各國考古學者所注目,同三十

四年（A. D. 1906）春，斯坦因（M. A. Stein）自印度至燉煌，計騙王道士，竊各窟寶藏，送之倫敦博物館，同年秋，法國伯希和（P. Pelliot）亦至燉煌，拾取斯氏之餘，藏諸巴黎國立圖書館，並攝影數百幅，成『燉煌圖錄』六巨冊，其時國內學者始爲驚震，由學部令甘督收購各窟殘餘經卷，送藏京師圖書館，現歸國立北平圖書館保存，民國十三年美國華爾訥（L. Warner）至燉煌千佛洞，用樹膠粘取壁畫廿餘幅，並竊取佛像多尊，送哈佛大學阜格博物館（Fogg Museum）翌年北大陳萬里氏，復偕美國考古隊至千佛洞，爲燉煌人所拒，僅盤桓三日，攝影十餘幅而歸，此外日本大谷光瑞，橘瑞超等，前後至新疆三次，著有『西域考古圖譜』，與伯希和『燉煌圖譜』可稱先後媲美；

補圖第九

燉煌百三十洞壁畫

（十八）原文所引伯氏『燉煌圖錄』各圖皆甚小，重攝後模糊難辨，補圖第六，卽伯氏所收第百二十洞前室天頂下之枓栱，梁駝峯，月梁狀況，

（十九）補圖第九所示，卽原文所引一百三十洞後室左壁壁畫，自伯氏『燉煌圖錄』重攝，

（二十）按伯氏『燉煌圖錄』之編號，自南迄北，共收佛洞一百八十有二，陳萬里氏『西行日記』引燉煌官廳調查表，自北至南，共大小洞三百五十有三，內有空號七，原文謂第五百三十洞，恐係筆誤，

（二十一）天龍山石窟在山西太原縣治西南三十里，高出地平線約千尺，險峻峭拔，攀躋不易，山腹有聖壽寺，寺西二里卽山頂，頂分東西二峯，有大窟二十有一（田中俊逸氏命名次序，係自東至西，計東峯八窟，西峯十三窟，）又有小窟佛龕數十，羅布各大窟左右及其上部，按太原縣卽古晉陽，東魏時高歡居此，子洋簒孝靜帝，國號齊，都鄴，惟仍以晉陽爲陪都，孝昭，武城諸帝以次，往返二都間，前後爲政治重要地點約四十餘載，當時倣元魏雲崗龍門諸窟，於天龍山開窟造像，其後隋唐五代，各有增建，據關野，常盤，田中三氏數次調查，上述諸大窟內，有北齊窟三，隋窟四，唐窟十四，就中稱爲隋窟之第八窟及第十六窟前部，皆有短廊，（Prostyle）柱梁枓栱檐椽，胥自岩石雕出如

實際建築形狀，足表示當時式樣，故其歷史價値，遠在雲崗龍門之上，又諸窟佛像面貌姿態，雕琢絕精，衣紋飄逸如薄紗附體，因僻處叢山中人跡罕至，故保存較佳，惟自民國七年關野氏發見此窟後，中外人士紛至，不數年間，諸佛皆斷頸絕脰，售於外人，至足痛心，

(二十二)原文所指，卽翹栱下緣之栱瓣，惟此物是否與法隆寺雲形栱同一系統，似俟考慮，

(二十三)會善寺在嵩嶽太室山西南麓積翠峯下，少林寺西十五里，在嵩山諸寺中，其規模僅亞於少林，舊爲元魏孝文帝暑宮，嗣爲澄覺禪師捨爲精舍，隋開皇中始稱今名，唐時寺中高僧輩出，其戒壇院爲中州戒律中心，有琉璃戒壇之稱，自唐迄元，最爲隆盛，淨藏禪師幼師事慧安，嗣從六祖慧能遊，一身兼承南北禪宗，稱可粲信忍密傳第七祖，以天寶五年歸寂於會善寺，見『金石萃編』所收淨藏禪師身塔銘，惟塔建於禪師圓寂之歲，抑其後數年內，則無正確紀錄可憑，關野氏『支那佛教史蹟』主張前說，而本文著者濱田氏頗致疑念，竊意塔爲禪師遺蛻而設，卽非成於天寶五年相距亦必非遙，證以塔之形範，其爲盛唐遺物，殆無疑義，

(二十四)孝堂山石室，在今山東肥城縣西北約六十里，『金石萃編』謂胡長仁道經平

一陰，見石塜，詢爲郭巨之墓，墓在官道側小山頂上，隧道猶存，惟塞其後而空其前，冢上有石室，制作工巧，內鐫人物車馬，似後漢時人所爲，『太平御覽』謂係郭巨葬母之所，非郭巨墓，『山左金石志』則云畫像內容，不符郭氏經歷，疑其非是，故此墓究屬誰氏，迄無定論，至其創立年代，據石室內第六石銘文，有「平原濕陰邵善君，以永建四年四月二十四日來過此堂」數語，則當建於東漢中葉以前，石室內容，據『金石萃編』，室共三間畫象十幅，高廣不一，雕神仙鳥獸車馬鹵簿之圖，及胡人彎弓赴戰之狀，與史歷野乘中逸事，『金石索』所收第一石（石室內南向東側）及第二石（室內南向西側）皆刻二層建築物，柱上鐫座枓及栱，惟遍檢諸書，未獲原文所稱之八角柱，而同時諸石刻，亦無是制，疑所引有誤，

（二十五）武氏石闕在山東嘉祥縣南十里紫雲山下，闕二，左右對立，高一丈五尺，厚二尺，各具重檐及擁壁，四周雕陽文浮雕殆遍，東漢燉煌長史武班墓闕也，班沒於冲帝永嘉元年（A. D. 145），桓帝建和元年（A. D. 147），子始公及弟綏宗等爲造此闕，原文所稱之武氏祠，在闕後，惟石室畫象，自唐以來，湮沒已久，乾隆間浙人黃易，搜集殘石斷碣於附近土壤中，醵貲構屋藏之，即今武氏祠，而非舊日石室也，

(二十六)啓母廟石闕，在登封縣北十里崇福觀東，啟母石正南，『史記』謂啓爲禹子，其母塗山氏之女，漢避景帝諱，改啟爲開，故又曰開母廟，闕高八尺五寸，闊六尺，厚一尺六寸，銘文外刻雜花紋，『嵩陽石刻記』謂以石條壘砌如垛，闕其中如門，蓋卽雙闕之制，闕係東漢安帝延光二年（A. D. 103）潁川太守朱寵造，寵字仲威，杜陵人，見『金石萃編』引『後漢紀』，

太室石闕在嵩山嵩嶽廟南百餘步，亦二闕並立，其東闕無文字，西闕高八尺，闊六尺，厚一尺六寸，安帝元初五年（A. D. 118）陽城口長呂長造，

少室石闕，在嵩山少室東，邢家廟西三里許，距登封縣十三里，二闕峨峨峙田間，高八尺五寸，闊五尺五寸，厚一尺八寸，東西闕皆相等，亦延光二年朱寵建

(二十七)色伽蘭『考古圖譜』有尙志學社馮承鈞譯本，名『中國西部考古記』惟譯本無圖，殊以爲憾，據色氏等調查，川中石闕約可分爲三部，東爲渠縣，中爲梓潼，綿州，及新都，西爲夾江，雅州，茲依『四川通志』及『金石苑』等書考訂如次

東部

(一)馮煥闕　在渠縣東九十里，色氏稱此闕簡單而製作甚精，題「故尙書侍郎河南京尹豫州幽州刺史馮使君神道」，『金石苑』引『後漢書』馮緄傳，謂緄巴郡

宕渠人，父煥，安帝時爲幽州刺史，『隸續』有安帝元初六年賜豫州刺史馮煥詔，則煥初爲豫州刺史，後移幽州，又銘文中有建光元年等字，濱田氏謂卽煥沒之歲，尙俟考證，

(二)沈氏闕　色氏及『金石苑』謂在渠縣，『通志』謂在大竹縣北一里，實誤，闕二，左題「漢新豐令交阯都尉沈府君神道」，右題「漢謁者北屯司馬左都侯沈府君神道」，沈君名字無考，『金石苑』引『後漢書』百官表，謂每宮掖門各有一司馬，北屯司馬主北門云，

(三)無名闕　色氏謂有無名闕三，在馮沈二闕附近，『通志』謂有二單石闕，去沈闕一里，其中鐫刻物象，疑卽是，其一無攷，

中部

(一)楊公闕　在梓潼縣北一里許，大道東數十步，西向，高一丈六尺，闊四尺五寸，厚三尺，題「蜀故侍中楊公之闕」，『金石苑』引『十六國春秋』謂蜀李雄建興元年 (A. D. 304) 以楊發爲侍中，疑卽其人，竊按雄以晉惠帝永興元年 (A. D. 304) 據蜀僭帝號，國號成，至穆帝永和三年 (A. D. 341) 桓溫率師入蜀，雄姪勢面縛請降止，前後據蜀共四十四載，使『金石苑』所云非謬，此闕亦必建於勢

降晉以後，否則應稱故侍中，不題蜀故侍中也，

(二)賈公闕　在梓潼縣西門外，題「蜀中書賈公之闕」『金石苑』據碑側宋孝宗乾道六年 (A. D. 1170) 跋，有「十六國春秋云，賈夜宇……李雄聞其名，拜行西將……部尚書……」等語，疑爲賈夜宇闕，與前述楊公闕前後同時云，

(三)李業闕　在梓潼縣西南五里長卿山下石馬壩，題「漢侍御史李公之闕」，色氏謂係獨石所製，銳上豐下，疑爲碑而非闕，按『梓潼縣志』稱業墓有二闕，二石馬二石表，則爲漢代雙闕之制，而非墓碑甚明，不能以闕之大小與石數多寡定之也，『金石苑』引『後漢書』獨行傳，謂業字巨遊，廣漢梓潼人，少有志操，元始中 (A. D. 1-5) 舉明經，除爲郎，王莽時 (A. D. 9-23) 舉方正，爲酒士不之官，公孫述僭號，(A. D. 25-36) 徵爲博士，不起，述使尹融持毒酒刧業，業飲毒死，蜀平，光武表其閭，此闕當爲表閭時立，侍御史亦其時所贈官云，竊按光武以建武十二年 (A. D. 36) 滅公孫述，建武中元二年 (A. D. 57) 崩，此闕應建於建武十二年至建武中元二年之間，卽西曆一世紀中葉，在川中諸闕中，當推此闕建立年代爲最古矣，

(四)趙雍闕　在梓潼縣北二里，題「漢相國雍之墓」，『通志』謂係東漢趙雍闕

，並引『碑目考』云闕外尚有石麟，惟遍檢『後漢書』未獲雍名，其年代事蹟無考，『隸釋』謂闕文類魏晉人所書，疑係蜀漢，或劉淵時物云，

(五)平陽府君闕　在今棉陽縣東八里，題「漢平陽府君叔神道」八字，色氏謂有檐二層，雕琢甚精，並有扶壁，為川中雙闕最佳之例，又闕身有梁刻佛龕，題大通三年 (A. D. 529) 係後人增刻，按梁武帝大通年號僅二載，次為中大通元年，殆蜀地僻遠，尙沿有舊號，稱大通三年，龕作穹頂形，雖毀損漢刻多處，惟為川中最古佛像雕刻，亦足珍貴，

(六)王稚子闕　闕在新都縣北彌牟鎮西五里官道西，自縣城至此約十二里，「隸續」引『後漢書』循吏傳，謂王渙字稚子，廣漢郪人(即今新都縣)，舉茂才，歷溫令兗州刺史侍御史洛陽令，以和帝元興元年 (A. D. 105) 卒，二闕在墓前，一題「漢故先靈侍御史河內縣令王君稚子闕」，一題「漢故兗州刺史洛陽令王君稚子之闕」『新都縣志』謂淸雍正九年，漢故先靈一闕沒有溝水，惟漢故兗州刺史闕尙存，而字分裂為二；道光十七年，知縣張奉書以磚石嵌合碑字為一，高一丈五尺，闊三尺，厚二尺五寸，於墓前餘地修瓦屋三間，闕卽豎瓦屋中後壁，至其形狀，闕上部兩側有斗，斗上鐫耐童兒，上作重屋，四壁刻神像車馬人物之屬，見

『隸續』所收縮小圖，

西部

(一)楊氏闕　二闕在夾江縣東二十里，一題「漢故益州牧楊府君諱宗德仲墓闕」，宗臨江人，見『金石苑』引『華陽國志』，一題「漢中宮令楊府君諱暢字仲益，」疑係宗之親屬，

(二)高氏闕　二闕在雅安縣東，一題「漢故益州太守武陰令上計史舉孝廉諸部從事高君字貫方」，一題「漢故益州太守陰平都尉武陽令北府丞舉孝廉高君字貫□」，色氏云闕上穿孔，琢蟠螭甚美，頗似碑制，『金石苑』謂二闕皆屬高頤，『通志』則稱高頤及弟實，子直，一門三舉孝廉，皆葬於此，闕一屬頤，一屬直，竊意二闕一稱貫方，一稱貫□，似非父子，然又同稱益州太守舉孝廉，則比季經歷，亦難如是巧合，證以王稚子闕之題名，似以『金石苑』所稱爲近，

(三)樊敏碑　在蘆山縣南七里，前有二石馬，碑在馬次，色氏稱其壯麗與高頤闕等，『通志』引無名氏碑，有敏字叔達，……除郎，永昌長史，遷宕渠令，布化三載，……光和之末京師擾亂，……八十四歲死，……」等語，按光和爲靈帝年號(A. D. 178—183)，則敏爲東漢末期人無疑，

川中諸闕，沙畹氏據『通志』及『金石苑』始知之，其後僅雅州諸闕經法人調查，迨民國三年，色伽蘭考古隊自豫陝入川，始作大規模考察，據色氏云，現存石闕僅及載籍三分之二，餘殆湮沒地下，或被遷毀，其發見者，亦有攙砌於新建築內，或闕座浸入水中，或雜樹叢生石隙內，助其崩裂，如梓潼楊公闕，綿州平陽府君闕，及雅安高頤闕，卽皆如是，望熱心保存古物者，有以計及之也，

闕之構造，據色氏等調查，其巨者左右對立，各有扶壁，以石塊層叠交砌，如山東武氏闕形狀，足窺漢代墓闕之通則，梓潼楊公闕及綿州平陽府君闕，卽屬此類，惟前者扶壁已傾，現川中具雙闕與扶壁者，惟後者保存較佳耳，闕之小者，闕身係獨石琢成，如梓潼李業闕，渠縣馮煥闕，雅安高氏闕是已，餘如渠縣沈氏闕，無名氏闕，及夾江楊氏闕等，適居二者之間，至諸闕建立年代，如前文所述，當推李業闕爲最早，王稚子闕，馮煥闕，樊氏碑次之，此四者皆有正確年代可據，其爲東漢遺物，毫無疑義，高氏闕，沈氏闕，平陽府君闕，夾江楊氏闕等雖無紀錄可憑，然依其形範及題名觀之，似亦東漢之物，惟梓潼楊公闕，賈公闕，及趙雍闕三者，尙俟考證耳，

據『通志』等書，川中尙有渠縣馮緄碑，梓潼范君闕，雲陽金恭闕，德陽司馬君闕

，忠州丁房雙闕，江原君闕，及嘉定樂山二闕，皆色氏圖譜所未收，是否卽在色氏所稱湮沒遷毀之列，無從查考。

(二十八)原文因法隆寺建築式樣，涉及我國漢唐間枓栱之變遷，以石闕，明器，及石窟爲基本資料，足徵取材不苟，惟著者此文目的，在討論各時代枓栱之式樣，而非探求構造上之變遷，故對枓栱之起源，僅謂「由簡單之板狀進化」，對唐宋間枓栱嬗遞演進之狀，亦僅以「層疊」與「密接」二語盡之，此蓋目標不同，取捨自異，惟枓栱爲我國建築特有之構造，其發達經過，允宜亟加闡明，玆就蠡見所及，申敘如次，非云補充原文，惟期引起閱者興趣，共同研究此問題耳，

竊按我國建築以木植爲主要架構，枓栱本身亦以木材爲之，故其起源及發達，當基於木造建築，石刻，石闕，石窟，及明器所示者，雖皆模倣木製枓栱形狀，惟陶石非木材可比，故所表現之式樣，雖甚複雜，而構造則極簡單，如漢明器之枓栱，側面僅皆出跳一拖架，又六朝石窟，除龍門古陽洞具一枓六升外，餘皆一枓三升枓科，卽其明證，至當時木造建築之枓栱，竊恐非如是簡單，如漢賦中盛言櫨欂，當時建築若長樂宮前殿(東西四十九丈七尺南北十二丈)，未央宮前殿(東西五十丈南北十五丈)，魯靈光殿(東西二十丈南北二十丈)及石虎太武殿(東西七十五步南北六十五步)，其修廣寬窄，皆見諸典籍，確鑿可憑，雖古

尺較短，不能衡以今尺，要不失爲巨大之建築物，夫以上述諸建築，謂其檐端僅具出跳一拖架之枓栱，或僅具一枓三升及一枓六升枓科，其誰置信，故石闕等雖爲極可靠之資料，惟不能概括當時木造枓栱之構造，故除濱田氏所舉諸例外，應廣徵木

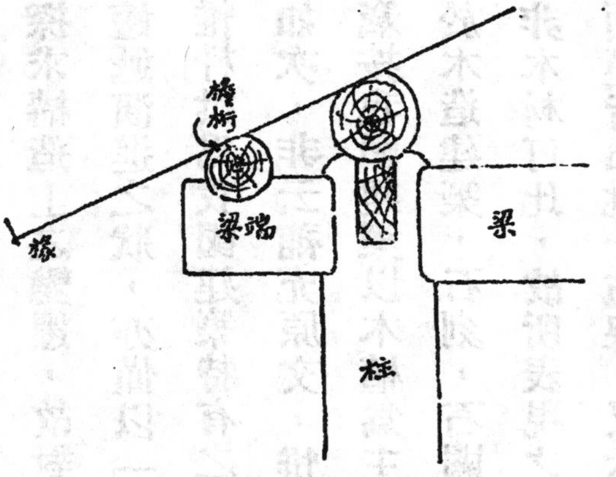

補圖第十 檐端構造(甲)

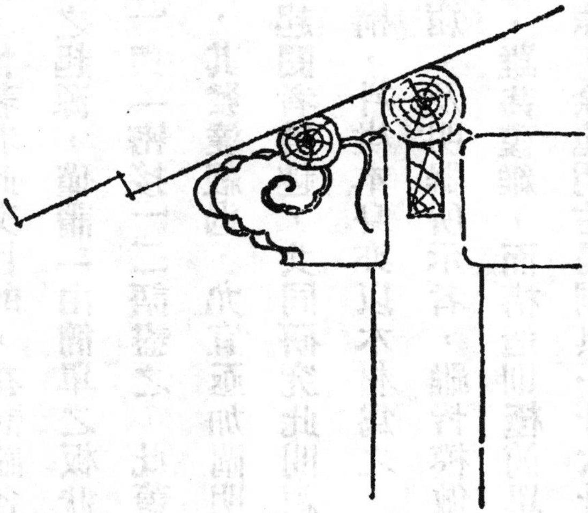

補圖第十一 檐端構造(乙)

造建築之例，以資參考，下文所引，則以唐代中日兩國遺物爲主，輔以遼代(即宋初)寺塔，就東漢諸例，再加討論焉，

凡一國建築式樣之產生，除地理，政治，宗教外，必與氣候，材料，二者具密切關係，古代漢族文化萌芽於黃河流域，其氣候寒暑皆極酷烈，而夏季復多驟雨，至與漢族對立之苗族，蕃滋於長江流域者，其氣候亦溫濕多雨，故當時南北二民族之建築，殆皆具有出檐無疑，故易云「上

棟下宇，以待風雨」夫宇以蔽風雨爲目的，則必挑出甚深，此挑出之檐，究以何術維持其平衡耶，就材料言，若石，若木，若竹，若土築之垣，若日光乾燥之磚，皆因地致宜，因材致用，不能總括而概論之，惟當文化漸進之時，我漢族已以木材爲建築物之主要架構(Structure)，如棟，宗，梲，櫨，梠，庪，桷，榱，皆見於經傳，故竊意最初之檐，係檐承於椽，椽承於檐桁，桁承於梁端，此梁端係由內部梁架延長於柱之外側，料栱之產生，卽基此梁端構造而起，補圖第十所示，爲我國最普通之檐端構造，全國隨處皆可發見，竊恐原始型最顯著之例，無有逾此者矣，

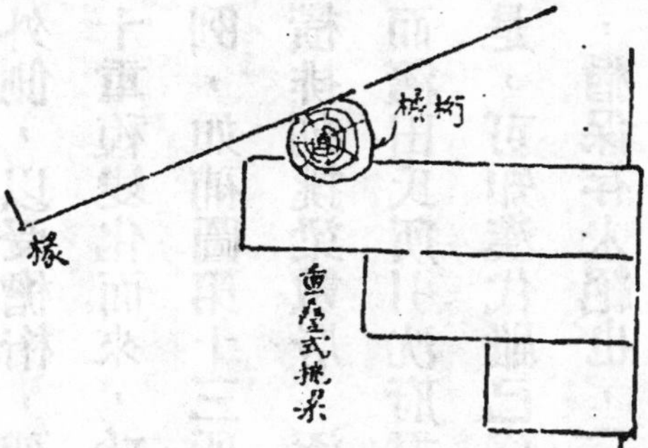

補圖第十二　檐端構造(丙)

其後人羣演進，由部落進而爲國家，而一國之內，復有階級之分，自天子至

補圖第十三
Ontario
皇家博物館所藏漢石刻

於庶人，凡被服器物家屋，各有等第，釐然不棼，如禮謂「天子之堂九尺，諸侯七

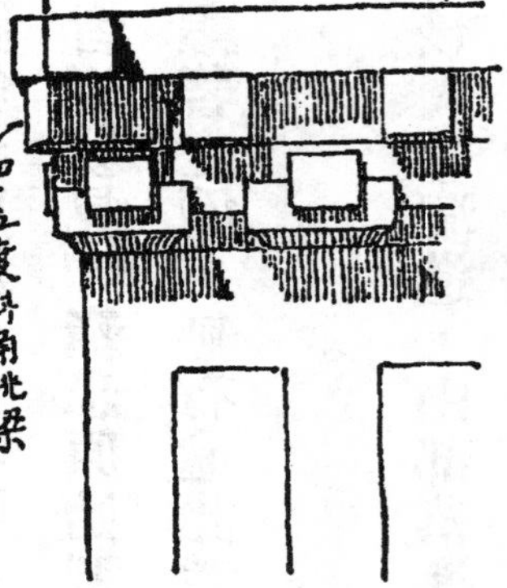

補圖第十四　馮煥石闕

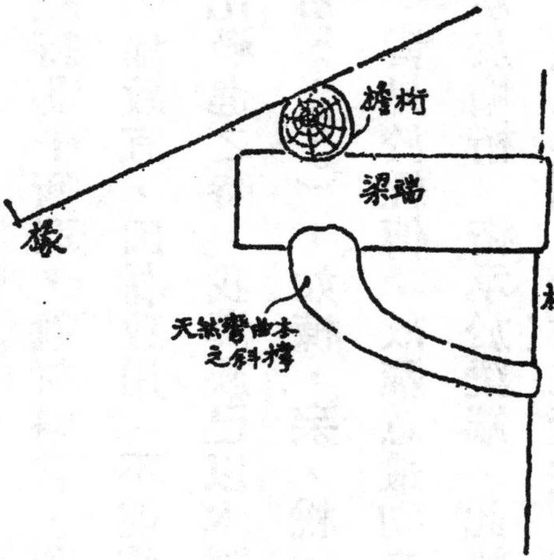

補圖第十五　檐端構造(丁)

尺，大夫五尺，士三尺，」夫階台之制如是，建築物高度亦可類推，故天子之堂，必巍然高舉，如考工記，「殷人重屋」及禮記「複霤重檐」之類，惟建築物既高，其檐必益深，於是僅持梁端，不足支持出檐之重量，勢必產生下述二種方式，補助梁端之載重力，(甲)重疊數木於柱之外側，以受檐桁，補圖第十二所示，係自補圖第十重複變化而來，殆亦原始型構造之一，現存之例，如補圖第十三所示漢石刻，即於垣壁上，縱橫排列挑梁數層，逐漸向外挑出，以承出檐，而濱田氏所引沈府君闕及馮煥闕（補圖第十四）亦復如是，可知漢代雖已盛行枓栱，此原始型挑梁之制，猶保存未絕也，(乙)於梁端之下，置斜撐以增其應壓力，(Compressive strength)此亦極普通方法，全國隨處皆可發見，惟原始時代，往往利用木材之自然形狀

，不加斲削，如虹梁卽其一例，荷置天然彎曲之木於梁端下部，以其曲柄向上，承托梁端，如補圖第十六所示者，殆卽栱之雛形，「說文」舍作舍，卽此式最佳之標本，而「爾雅釋詁」謂「合持爲

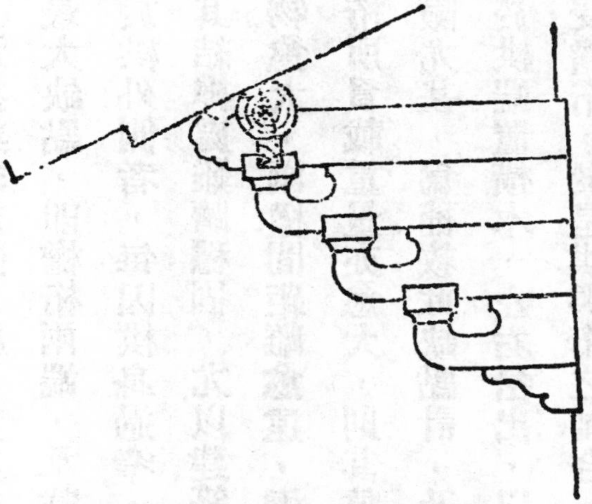

補圖第十六　檐端構造(戊)

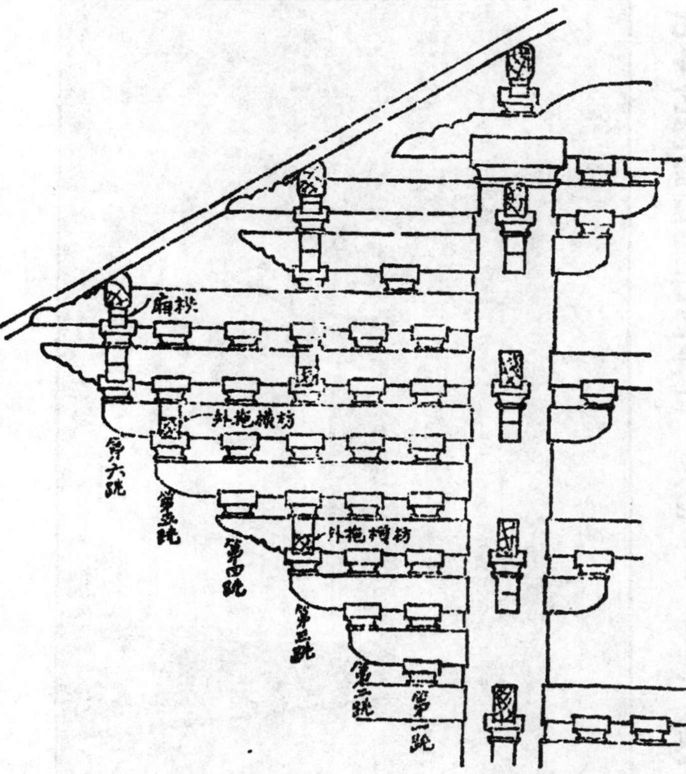

補圖第十七　日本奈良東大寺東門上層栱枓側面圖

栱」，訓釋尤切，濱田氏謂高氏闕與平陽府君闕栱身甚高，尙保存栱之原始形狀，亦足爲利用天然彎曲木材之旁證也，其後混合此(甲)(乙)二式，遂產生重叠式枓栱，補圖第十六所示，係伊東氏

「北清建築調查報告」內，懷安縣照化寺掖門之構造，今南北各處，尙有用之，謂爲重疊式枓栱最初之形體，似無不可，日本鎌倉時代奈良東大寺中門之枓栱，卽此式流裔也，（補圖第十七及第十八）

上述挑梁式重疊之栱，亦有一最大缺點，卽檐桁兩端，承載於栱外側者，每因栱身過窄，其結榫處難臻穩固，尤以建築物愈大，兩楹間距離愈遠，檐桁所負載重量亦愈大，則其危險尤甚，爲補救此缺點計，乃於栱端置橫木，左右岔出，以受檐桁，於是栱與桁之結合，得依橫木補助栱端寬度之不足，此外尤能縮短檐桁之長距，（Clear span）減其中部下垂之弊，不可不謂爲出檐構造之一進步也，嗣此部漸成裝飾化，遂於橫木上置三才升，而有廂栱之制，惟廂栱形狀，據漢闕所示者（補圖第十九），約可分爲三類，

補圖第十八 日本奈良東大寺中門下層栱料

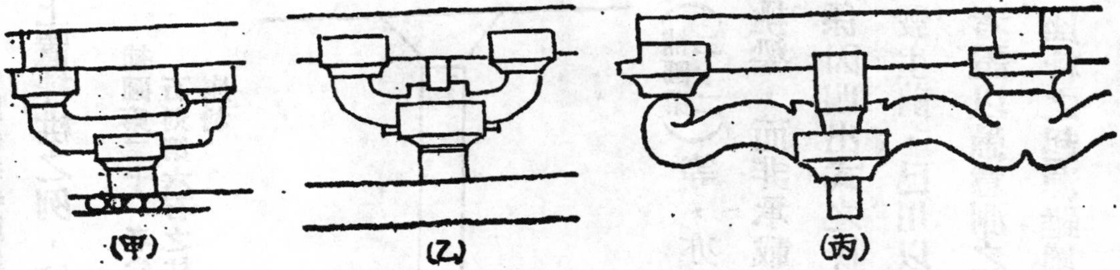

補圖第十九　四川漢墓闕之栱枓

(甲)馮煥墓闕　(乙)高頤墓闕　(丙)沈府君墓闕

(甲)僅於廂栱兩端，置三才升各一具，川中諸闕外，濱田氏所引漢明器綠釉望樓（濱田氏原文第七圖），亦復如是，(乙)栱中部凸起，載小方塊，似自內部延長於外側，如今之螞蚱頭，(丙)栱中央增一狹而高之小枓，與兩側三才升鼎足而三，略如後代廂栱之狀，此三種不同構造，若依今日已知之例，則(甲)(乙)二種，似較普遍，故愚頗疑(丙)種之產生時期，或稍後於(甲)(乙)二者，又就形體論，(丙)種中央之小斗，亦似由(乙)種中央之小方塊逐漸改進者也，

以上係就栱與檐之關係而言，至於栱之內端，則不外固定於柱身內，或載於座枓內二種不同之方式，竊意其初殆用前者，因就木造建築之構造論，其方法較簡單而合於原始狀態故也，補圖第十七及第十八所示，卽此式最佳之例，至後者之起源，似與座枓本身具連帶關係，

座枓因枓栱而產生，抑枓栱發生前已有其制耶，在今日已知之資料，則頗難斷其孰先孰後，蓋漢代石刻中，雖不乏座枓

上置枓栱之例，然亦有座枓上無枓栱者，如補圖第二十及第二十一所示，雖皆極簡單之建築，座枓上卽無枓栱，又川中漢闕如馮煥闕（補圖第十四）沈府君闕（補圖第二十二）等，亦胥於隅柱上置座枓承受挑梁，而非承載枓栱，故座枓之起源，係因四出式之枓栱而產生，抑於枓栱未發生前，已用以承載柱上之梁，似尚俟考證以愚意測之，似以後者爲近，座枓之起源雖屬不明，然栱左右兩側之

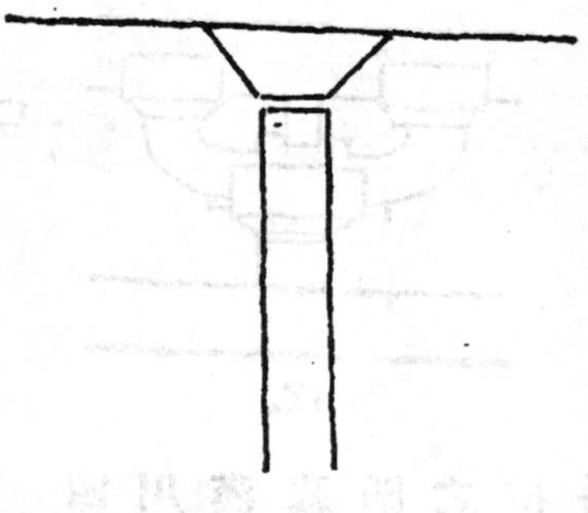

補圖第二十　孝堂山石刻第六石之柱上座枓

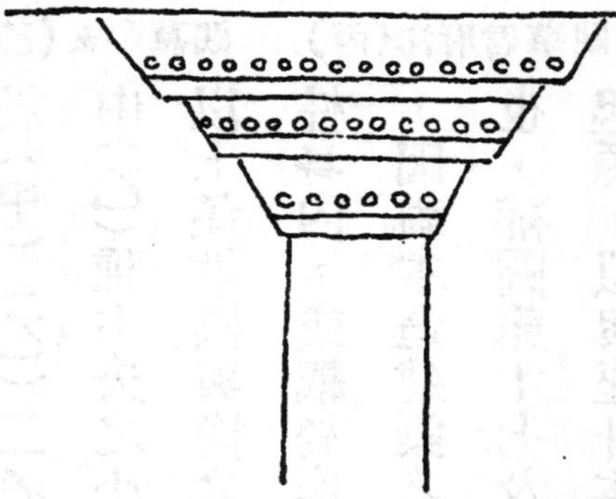

補圖第二十一　武梁祠石刻第三石之柱上座枓

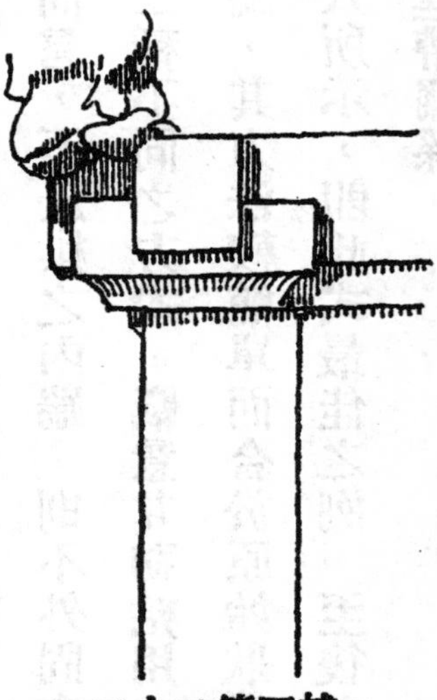

補圖第二十二　沈府君闕座枓

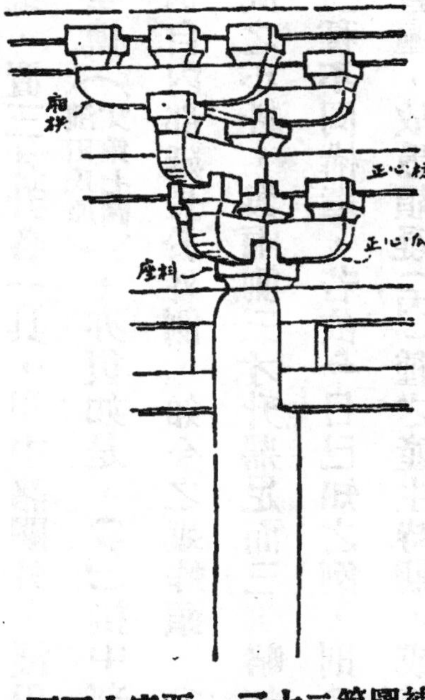

補圖第二十三　西安大雁塔西面門楣之雕刻

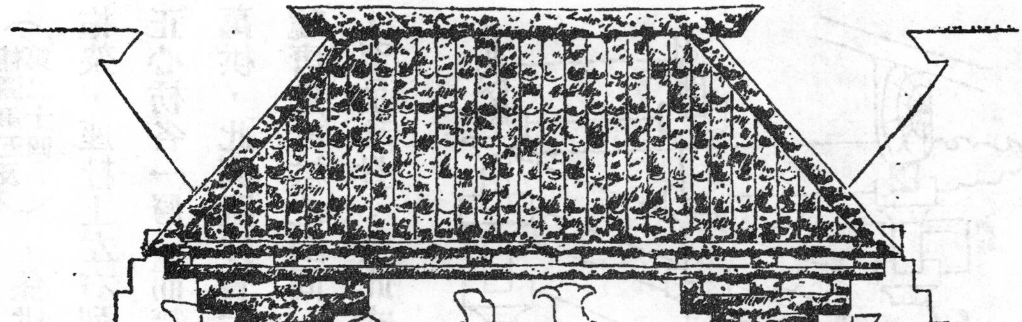

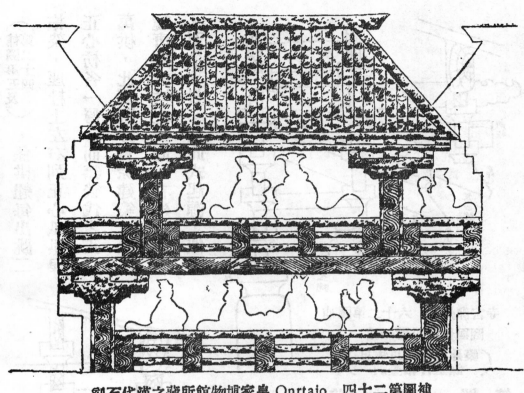

補圖第二十四 Onrtaio 皇家博物館所藏之漢代石刻

正心瓜栱與正心枋，則殆因使用座枓而產生，蓋柱上之栱翹，爲維持其本身平衡計，勢必與次間之枓栱，互相連絡，然若以橫梁與栱翹相交於座枓內，則梁栱大小殊懸，外觀極欠統一，故必用與枓翹高度相等之正心瓜栱及正心枋，庶收整齊劃一之效，（補圖第二十三），而在構造方面，正心枋亦足支撐柱上之枓栱，不使其左右擺動，不必用笨重之橫梁也，至栱內端固定於柱身內者，則可僅以簡單橫梁連絡之，無用正心瓜栱與正心枋之必要矣（補圖第十九），正心瓜栱之制，據初唐雕刻所示

（補圖第五及第二十四），係栱翹每出跳二拖架，座枓上左右列正心瓜栱與正心枋各一層，而無後代之正心萬栱，此例雖非實際建築，然足窺唐宋枓栱之異同，在建築史中，至足珍貴，至此式起源，似極悠遠，如補圖第二十四所示漢石刻，座枓上即有瓜栱左右岔出，上置橫枋一層，故愚頗疑漢代已有是制矣，

前述柱上之栱翹，其內端，或固定於柱身內，或僅載於座枓之上，其起源雖甚簡單，而影響於枓栱構造方面者，則極重大，蓋前者固定於柱身內，雖出跳甚遠，栱外端不易下垂，補圖第十七及第十八所示，出跳且能遠至

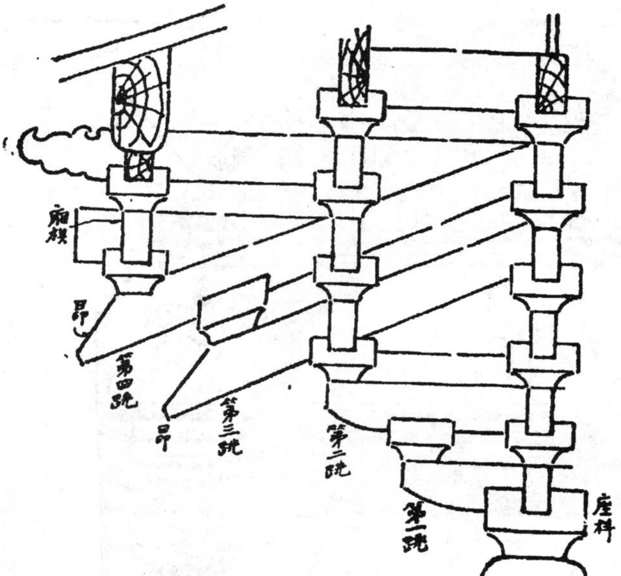

補圖第二十六　應州佛宮寺第一層枓栱側面圖

（自伊東氏北清建築調查報告重錄）

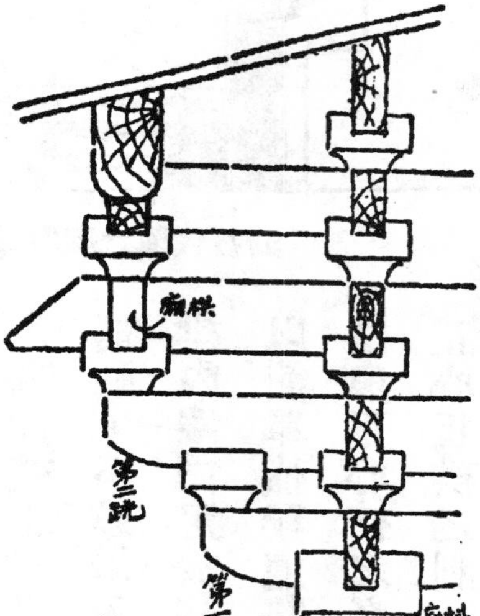

補圖第二十五　應州佛宮寺塔第一層附階枓栱側面圖

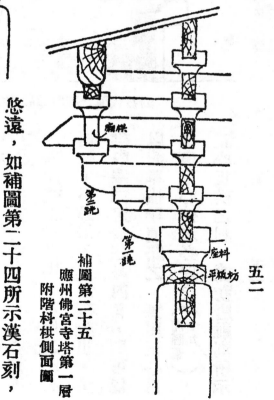

六拖架之長，即其明證，至後者載於座枓內，非固定於柱身可比，故出檐甚遠，檐之重量甚大時，栱翘外側，往往易於下垂，觀唐遼及日本奈良時代諸例，座枓上水平之栱，僅限於出跳二拖架以內，（補圖第二十三及第二十五），其大於二拖架者，第三跳與第四跳則皆以下昂承廂栱與檐桁，（補圖第二十六及第二十七），此殆因出跳過遠，水

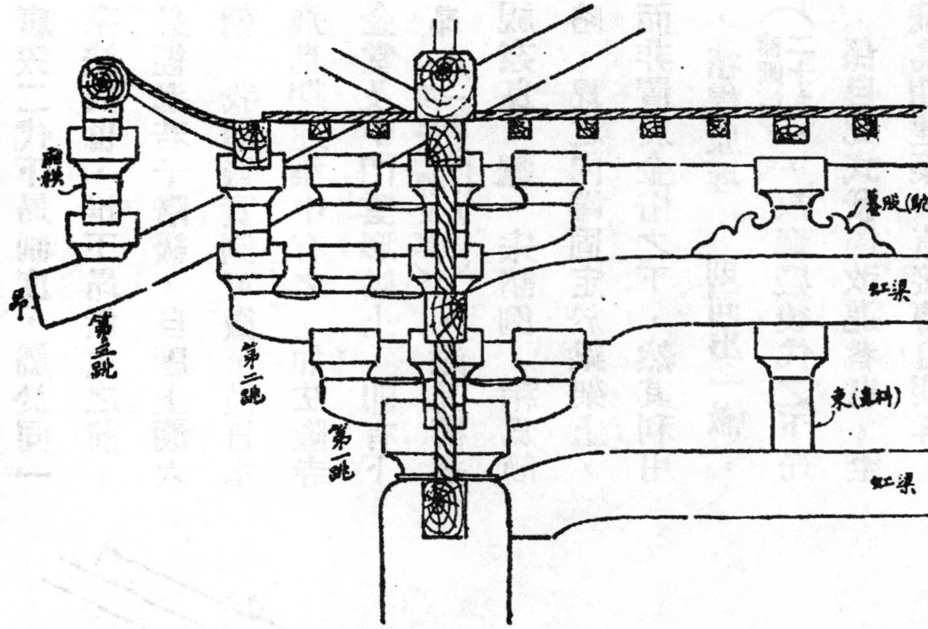

補圖第二十七　日本奈良唐招堤寺枓栱側面圖

平之栱，不足支持檐端重量，故利用槓桿作用（Action of lever）之下昂，使屋頂上部重量，與出檐之重量，保持平衡狀態，俾檐端無下垂之弊（補圖第二十八），李氏『營造法式』卷三十下昂側樣，與日本唐招提寺及遼佛宮寺塔，大體略同，即出跳自四鋪作至八鋪作，雖皆具下昂，而昂下之水平栱，亦僅限於二拖架，可知

唐宋二代下昂制度，屬於同一系統內也，惟下昂產生之前，必經過若干階級，自唐上溯六朝，我國無實例可徵，僅日本飛鳥期建築中有之，如法隆寺金堂及中門雲形栱上，卽有下昂（濱田氏原文第一圖之(1)及(3)），雖其構造視奈良，遼，宋諸例，稍爲簡略，昂之內端固定於梁架上，而非置於金桁之下，然其利用，槓桿原理，則同出一轍，（補圖第二十九），故竊疑後代之下昂，係自此式發達改進者也，至飛鳥期建築，直接傳自朝鮮，間接傳自我國，濱田氏原文言

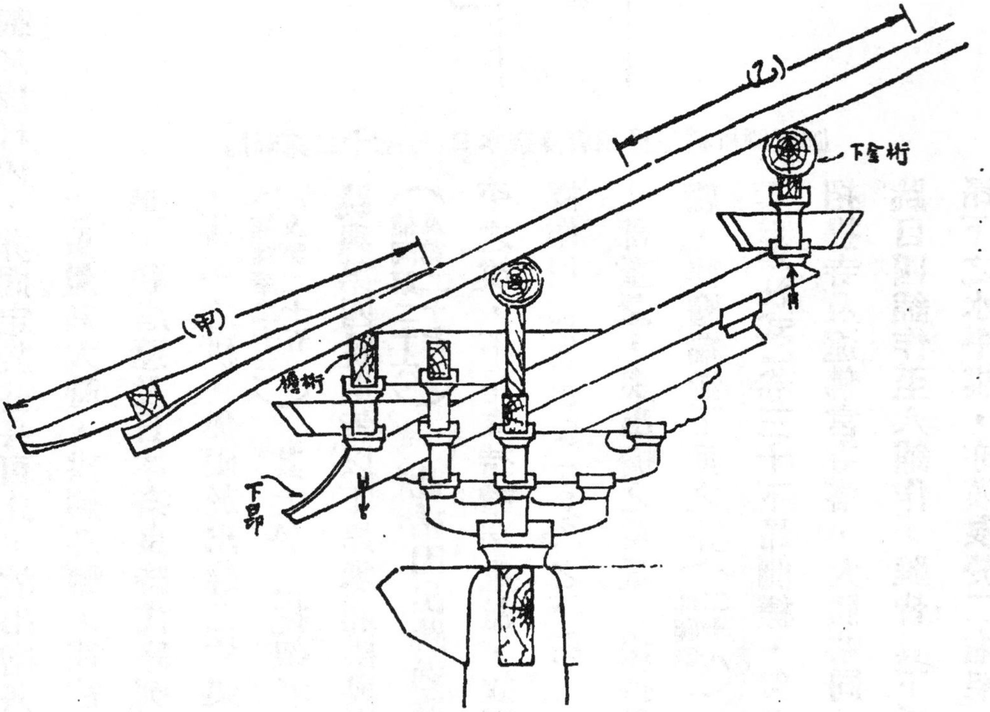

補圖第二十八　河南嵩山少林寺初祖庵栱枓側面圖

(甲)檐桁所負之重量　(乙)下金桁所負之重量

之綦詳，則我國南北朝已有下昂之制，毫無疑義，惟兩漢遺物中尚未發見此類構造，未便擅加懸斷耳，

就上述唐，奈良，遼，諸例觀之，更有一令人注目之事，即柱上栱昂出跳在二拖架

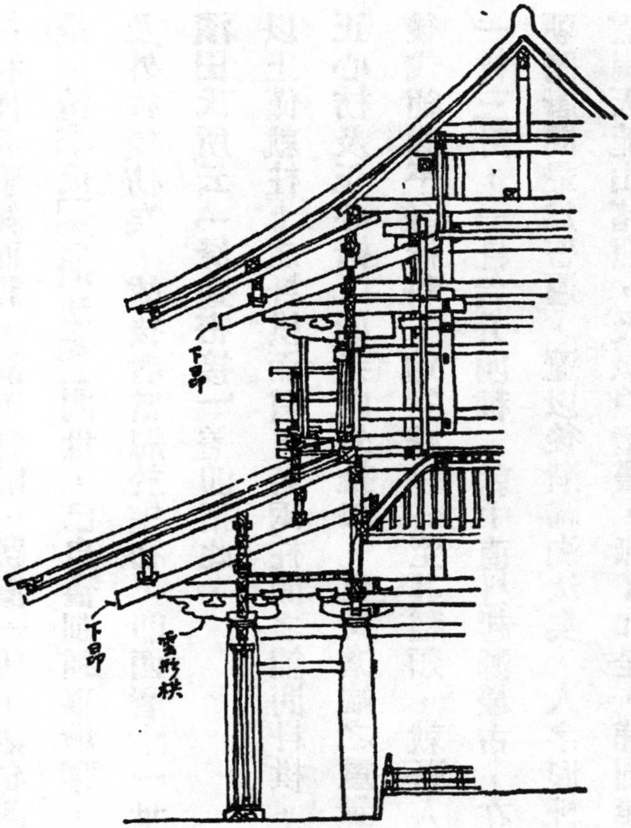

補圖第二十九　日本法隆寺金堂南北剖面圖

內者，栱身上除廂栱外，無外拖瓜栱及外拖萬栱，(補圖第二十三及第二十五)，出跳大於此者則每隔一拖架置一組(補圖第二十六及第二十七)，非似宋以後每跳皆有外拖瓜栱與外拖萬栱也，竊意此式之起源，殆因栱昂出跳過遠，側面若受風力及其他外力，栱昂之外端必易擺動，爲補救此缺點計，乃於栱昂上，置外拖橫枋，俾與鄰柱上之枓栱互相聯絡，補圖第十七及第十八，所示是已；惟此例之栱係固定於柱身內，若栱昂內端置於座枓上

者，則座料左右兩側必有正心瓜栱及正心萬栱，爲外觀整齊劃一計，遂於外拖橫枋之兩端，亦承以外拖瓜栱及外拖萬栱，此爲事實上必然之結果，殆無疑者，惟此類料科僅因聯絡而設，故可每隔一跳置一組，無每跳皆設之必要，唐遼諸例，卽皆如是，迨李氏「營造法式」問世，已自舊制踵事增華，每跳皆有外拖瓜栱，外拖萬栱，及外拖橫枋矣，故後者當溯於宋初，卽西曆十一世紀間，非唐代舊規，極爲顯著，濱田氏所云「層疊密接」蓋卽指此，

以上僅就柱上之料栱而言，若兩柱間之鋪間料栱，在六朝隋唐諸例，似僅用以承托正心枋及正心桁，而非向外挑出，支持檐端之重量（補圖第五），故其構造上之目的，視後代鋪間平身料科，迥然殊途，至其種類，就吾人已知者，有直料，人字形料，及一料三升，一料六升四種，就中直料起源最古，在漢闕中已見其雛形（補圖第十九），六朝隋唐間最爲普遍，遼以後漸歸淘汰矣，人字形料亦爲當時最通行鋪間料科之一，雲崗天龍山諸窟，及燉煌壁畫，無不如是，補圖第五所示，係與直料合用於一處，而置於直料之下，俾上部正心桁重量，分布於下部較廣之面積，頗合力學原理，至一料三升及一料六升二種，除雲崗，龍門，與天龍山諸窟外，另無他例可徵，似當時使用範圍，不及前二者之廣，惟宋之鋪間平身料科，自此發達而成，故在建築史

中，頗居重要地位，

宋代鋪間平身枓科之起源，竊意除外觀關係外，在構造方面，殆因前述栱昂上供聯絡目的之外拖橫枋（置於外拖瓜栱及外拖萬栱上者），因兩柱間距離過遠，枋本身卽易發生撓動，遑云支撐柱上出跳之栱昂，惟兩柱間之鋪間枓科，如上述直枓及人字形枓二者，皆無術匡救此缺點。惟易一枓三升及一枓六升爲四出式枓栱，向外挑出，庶足承托此外拖橫枋，故愚意鋪間平身枓科產生之原因，固非一端，此構造上之要求，殆不失爲主要原因之一也，此類枓科除固定正心枋，正心桁，及外拖橫枋三者外，且能承載機枋與檐桁，分擔檐

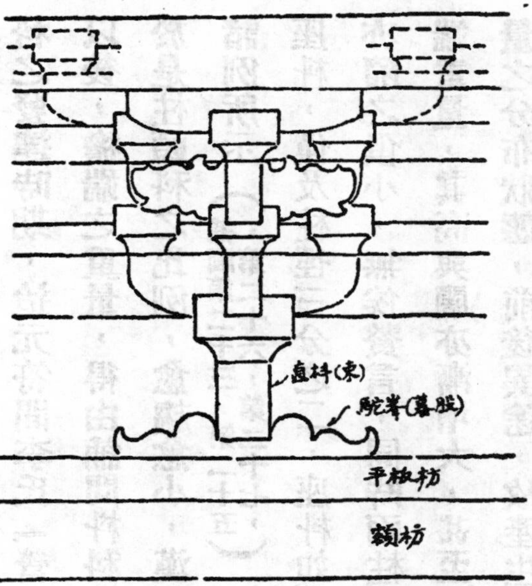

補圖第三十　應州佛宮寺塔第一層附階之鋪間枓栱

端之重量，俾開間過巨之檐，中段無下垂之虞，而外觀複疊崚層，尤瓌譎奇偉，故自此式產生後，曩之直枓及人字形枓，皆不能與爭一日之長，而唐以前栱昂置於柱上者（補圖第二，第三，第四，第五，），亦根本發生變化焉，惟鋪間平身枓科之發達，似亦經過若干

階級，補圖第八，係一枓三升枓科之下，承以直枓，補圖第三十（據重修佛宮寺塔碑，此塔建於遼道宗淸寧二年，即西曆一千〇五十一年，在李氏營造法式成書前四十九年，）所示，鋪間枓科之比例，較柱上枓栱小而低，其下亦承以直枓及駝峯，皆過渡時代最佳之例，而此二例之間隔，（Spacing）皆極疏散，甚至二柱間僅置一組，非如後代鋪間平身枓科之叢密，故自唐至宋初，殆爲此類枓科之發達時期，迨元符間李氏『營造法式』所收，乃爲純粹鋪間平身枓科矣，自是以後，檐端之重量，得由鋪間枓科分擔其一部，非似舊制全部載於柱上栱昂之上，於是柱頭枓之比例，愈趨愈小，漢代座枓大於柱直徑者無論矣，即唐，遼，奈良，諸例所示（補圖第二十三，第二十五，第二十六，第二十七，），座枓與柱徑相等者，亦成陳迹，馴至清代柱上座枓，僅及柱徑三分之二，座枓如是，其餘，栱昂，槽升子，十八枓，三才升等，亦隨之俱小，無俟贅言，同時兩柱間之檐梁，（即額枋），因承受鋪間平身枓科及檐端重量，其高與闊亦漸增大，甚至大額枋不足，其下復增小額枋一層，此蓋出檐重量之分布狀態，前後異途，故產生如是結果焉，不僅是也，宋以後鋪間枓科之配列，愈趨愈密，於是建築物之開間及進身，（即步架寬度），亦胥爲鋪間平身枓科每攢寬度所制限，不能自由支配，故此類枓科之發達，不僅枓栱本身構造，發生巨大變化，其影響幾及建築物之全部，不得不謂爲宋以後建築方式變遷之樞紐也，以上就濱田氏「重疊」「密接」二語，加以討論，惟闡明枓栱制度，「時間」以外，「空間」關係亦極重要，如同爲遼代遺物，普通枓栱外，尙有斜栱之例，同爲明清建築，南北不無殊違，而湘鄂自成一系，尤與風土材料，關係至巨，此外宋清數百年間枓栱制度，亦不乏變遷之跡如淸代上下昂構造，名存實異，視宋制大相逕庭，卽其最顯著者，惟非本文範圍，玆悉從略，

二十年十二月五日　草於南京

「玉蟲廚子」之建築價值並補注

日本早稻田大學助教授 田邊泰 著
中央大學教授 劉敦楨譯並補注

一 緒言

玉蟲廚子在法隆寺金堂內東隅，東向，歷來研究者不一而足，惟其本質問題多未論及，如製作年代與製作地點之考證，及建築學之考察是已，本文對前二者無餘裕詳及，祇有俟諸異日，惟當考察其建築特質時，亦不得不稍涉此根本問題，是以先舉古代文獻中之重要者，以爲前題，如『古今目錄抄』（『古今目錄抄』係後嵯峨天皇寬元間僧顯眞所著『聖德太子傳私記』之別名也，）有

向東戸有廚子，惟古天皇御廚子也，其腰細也，以玉蟲羽以銅彫透唐草下臥之，（此橘寺滅滅之時所送也，一萬三千佛御高七尺，）其內金銅阿彌陀三尊御，其盜人取光二許所殘也，

又『法隆寺迦藍緣起並流記資財帳』有

宮殿像貳具（一具金塗押出千佛像 一具金塗銅像）

又『白拍子記』（此書係貞治三年八月，敍述康安二年源春房所作『白拍子』之事實故名『白拍子記』）有

東面有葺覆玉蟲之玉殿，推古天皇御廚子也，置金銅彌陀三尊以爲本尊像，

此外關於玉蟲廚子之紀載，尙有數種所記大體略同，吾人據此類記錄，可知此廚子爲推

古天皇時之物，其初置於橘寺內，該寺滅滅時，乃移於法隆寺之金堂，按前述天平十九年『資財帳』內有此廚子之記錄，若『古今目錄抄』紀載不誤，則天平十九年以前，當已移於金堂內矣，至廚子自橘寺移出之眞相，雖不無可疑之點，惟此類記錄外，另無史料可資參考，故其製作年代與其他歷史上之考證，當於解決橘寺移出問題後，始有闡明之望也，

如上所述，玉蟲廚子之建造年代，現在殆難確定，然就廚子上部宮殿之建築式樣，及其花紋圖案等觀之，則顯然承襲中國六朝式之衣鉢，而爲日本飛鳥期藝術式樣之縮圖，尤以建築之結構及其細部圖案，與法隆寺金堂五重塔中門等全然一致，故謂飛鳥期建築式樣之標準，得由此廚子之詳細部分推定之，似非過言，

總之玉蟲廚子雖僅爲法隆寺金堂內區區一工藝品，高度不滿八尺，而於日本藝術史上之價値則殊偉大，蓋此廚子上部之宮殿，純依建築方法構成，故從來直接與法隆寺及其他飛鳥期遺物互資參証，而爲日本建築之重要史料，至其局部構造方法，與同時代遺蹟不乏之出入之點，歷來研究此問題者多未加確當之論證，本文則對其他問題暫不贅及惟就其建築意匠及細部構造加以討論，然後再就此廚子上部宮殿之式樣作進一步之觀察焉，

二　玉蟲廚子之建築特質

玉蟲廚子，由三主要部分結構而成，卽最下爲『臺座』，其上四隅立方柱，平釘蓋墻板於其間，成方柱形之『須彌座』，最上層有宮殿建於階臺上，自臺座最下部至宮殿屋上之鴟尾，共高七尺七寸，臺座及須彌座皆爲直線形之階梯無彎曲線條裝飾，(Moulding)臺座下部四脚，內側飾以羣板式曲線，而方柱形須彌座上下有蓮瓣彫刻各一層，用以接合直線式之圖案，頗具匠心，

此外各部之塗漆繪畫，及金屬品裝飾等，亦於廚子全體圖案有連帶關係，故亦宜論及，惟此等可於另題述之，若單就形範言，則前述『古今目錄抄』中，有『其腰細也』之稱，蓋言方柱形須彌座呈細而長之形式，惟愚意，須彌座係廚子之一部，不宜單獨討論，若以廚子全體結構言，不能謂爲均衡失當也，至臺座及須彌座之圖案亦應加以考慮，但非建築學範圍內所宜處理者，故本節僅就上部宮殿之式樣及構造論之，

上部宮殿，可謂爲此廚子之主要部分，其結構全依建築方式，正面及側面皆一開間，單層，單檐歇山，正面及背面之瓦，於垂脊下作梯級形一層，此式樣與法隆寺金堂及飛鳥期各遺物大體符合，殆當時以佛寺建築爲範，應用於廚子圖案者也，

下層基臺高二寸一分，下有地栿，上具蓋板石，正面設四級之踏垛(Steps)四隅及各面中央，有曲線裝飾之短柱，其束腰，(即地栿上蓋板石下部分)飾以羣板式曲線，按當時佛寺建築之基

臺有二層與一層之別，屬於前者爲法隆寺金堂與五重塔，其他則皆一層，然無論何者，

玉蟲廚子基壇之束（第一圖）

地栿與蓋板石間，未設短柱，僅有束腰石簡單構造耳，至玉蟲廚子基臺側面之具短柱，殆因其爲工藝品，得作自由圖案無所羈束，且廚子卽佛龕，供信徒膜拜而設，基臺自地面起，高三尺九寸，適與眼之高度略同，故其裝飾特別豐富，且使與下部臺座略具變化，亦工藝品應有之意匠也，第一圖所示卽基臺側面地栿與蓋板石間之裝飾短柱，由兩側曲線可想見束腰部分爲羣板形狀，（補註二）

宮殿廣深各一間，正面二柱間闊一尺五寸八分半，柱皆正方形，立於地枕木上，每面寬八分五釐，其全體比例頗嫌細長纖弱，視法隆寺金堂及同時遺物用圓柱及柱身作魚肚形者適得其反，按飛鳥期建築無用方柱者，故此式或創於此廚子殊未可知，至柱之比例，失之細長

，當於後節再論之，柱之上部，有平板枋及檐梁二層，與法隆寺金堂等同一方法，惟其比例甚小，視實際建築迥異，同時平板枋，上下檐梁，及柱等皆飾以銅板，表面彫當時盛行之藤蔓花紋焉，又宮殿正面及左右兩側，其檐梁與地栿木之間，有雙合扉，具鉸鏈，扉之表面繪藤蔓花紋，內側及殿內壁面則裝無數銅板，上有壓出之小佛像，宮殿平板枋上，四隅皆有座枓，又柱與柱間，正背二面各置座枓二具，兩側面各一具，

玉蟲廚子隅柱上部(第二圖)

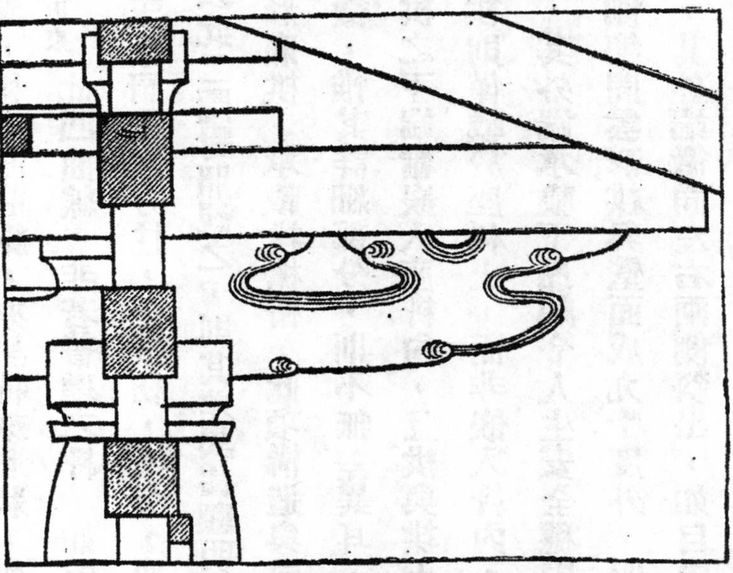

法隆寺金柱上部及雲肘木(第三圖)

以承鋪間雲形栱，座枓下皆附有皿板，卽俗稱之皿斗，乃飛鳥期建築特有式樣，雖於鎌倉時代復用於「天竺式」建築中，惟枓下部之曲線隆起，已成純粹裝飾品失其本來面目矣，座枓之上部較下部稍闊，略似扇形，與金堂等異，枓下凹曲線，亦呈特殊形狀，與同時諸建築微有出入，據伊東氏研究『法隆寺建築論』載東京帝大紀要，第一冊此凹曲線，非若普通之枓，如楕圓四分之一，乃爲楕圓類似形體之半也（第二圖係玉蟲廚子之方柱，平板枋，檐梁，座枓，及皿板等，第三圖爲法隆寺金堂柱上部分，試以此二圖對照觀之，則其差異甚顯明也）

前述座枓上有突出之雲形栱以受下昂，昂端置雲形廂栱，承載挑檐桁，此項構造與同期諸佛寺建築屬於同一系統之內，可謂爲飛鳥期特徵，惟其詳細部分，則不無差異耳，雲形栱，乃飛鳥期特殊之構造，惟同時遺物中，栱之下端常嵌入座枓內，且栱與栱上之水平桃梁，皆與壁面成九十度角度此廚子之雲形栱則僅載於座枓上，而非嵌入枓內，又栱與壁面非九十度水平狀態，係向上呈反曲之狀，其外端承載下昂頗令人生安全穩固之感，至其平面配置，每一座枓上皆置一具，除兩側鋪間雲形栱與壁面成九十度外，四隅者爲四十五度而正面及背面之鋪間雲形栱各二具，其外端微向左右兩側斜出，如自中央放射狀態，皆此廚子之特點也，又下昂置於栱上，隨栱之方面，呈傾斜曲灣之形，向外挑出，其上載特殊之雲形廂栱以受挑檐桁焉（第四圖係伊東氏『法隆寺建築論附圖』中玉蟲廚子之雲形栱，苟與第五圖及第三圖所示法隆寺金堂雲形栱，及第六圖法起寺三重塔雲形栱等比較之，雖相差甚微，亦可辨其構造不同，第七圖係伊東氏原圖內玉蟲廚子雲

玉蟲廚子雲肘木〔據伊東博士圖〕(第四圖)

此圖誤倒裝

法隆寺金堂雲肘木(第五圖)

法起寺三重塔軒迴(第六圖)

形廂栱，第八圖則爲法隆寺五重塔雲形廂栱)

玉蟲廚子之檐僅一層，圓椽之兩端作反曲形狀，其配列甚疎按當時建築多用圓柱方椽，

此廚子則爲方柱圓椽，適居反對狀態，頗足引人注意，（第九圖係玉蟲廚子出檐之仰視圖，可見其圓椽配列之疎，苟與第六圖法起寺五重塔之檐端比較之，其差違可不言自

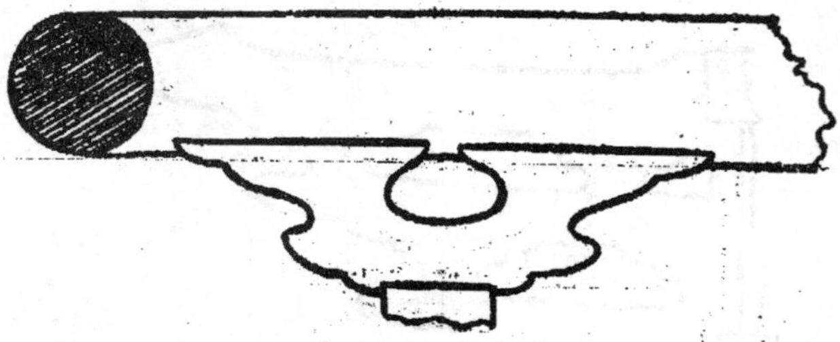

玉蟲廚子丸桁受肘木（第七圖）

法隆寺五重塔丸桁受肘木（第八圖）

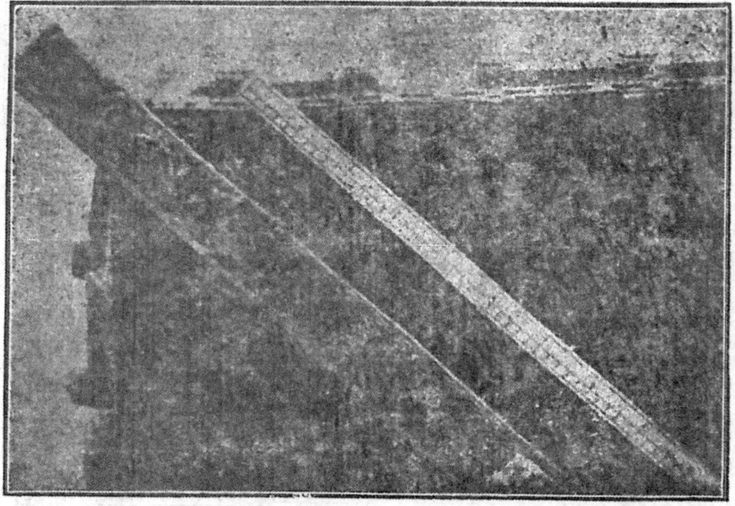

玉蟲廚子軒裏（第九圖）

喻）

屋頂之形式，頗似廡殿式四注屋頂之上，再覆以懸山，故正面及背面之瓦，在垂脊下端

，成梯級形一層，大阪四天王寺金堂及中宮寺天壽國曼荼羅中之鐘樓屋頂亦皆如是，天沼博士謂〔見天沼氏所著日本建築史要〕現存法隆寺金堂之屋頂雖作歇山式，其原形殆亦如是，其說若確則此廚子彌足珍重矣，屋頂之施工法與奈良極樂院本堂之一部完全一致，卽屋頂覆以銅瓦，瓦輪之距離與檐椽距離適相符合，殆以同直徑之筒瓦與檐椽重疊置於檐端也，又屋頂斜度頗峻，其比例爲七寸九分（補註二）出檐斜度爲四分六釐亦較普通之檐稍陡，正脊，垂脊，戧脊皆若薄磚重疊于下，上覆扣脊筒形狀而垂脊戧脊二者因扣脊筒下無凹入之通脊，故其末端僅擋以花板瓦一具，又正脊左右兩端飾以鴟尾與法輪寺同，按廚子之鴟尾

玉蟲廚子鴟尾（第十圖）

昔曾竊去一具，其一復於近年遺失，今雖依舊式修補已非原物矣，鴟尾之厚，較正脊稍大，故脊兩端得依鴟尾而有歸宿，且自正面觀之，鴟背與垂脊外緣及排山之內緣在同一直線上，兩側小紅山亦與下部壁體立於同一平面上，而排山挑出頗長，（卽小紅山凹入

甚深）自側面視之亦頗玲瓏，惟博縫板上端飾以「豕杈首」而非普通垂魚，其構圖不無簡單之嫌耳，

三　玉蟲廚子上部宮殿之式樣

以上就玉蟲廚子詳細部分與法隆寺及其他現存飛鳥期遺物比較論之，惟此廚子之圖案性質未曾言及，茲就此點再述余個人之觀察，

按法隆寺之中門，金堂，五重塔，及廻廊一部，不問其爲再建或非再建，學術界久以認爲飛鳥期式樣，雖喜田博士對此曾抱疑念，（『法隆寺之古建築果爲推古式乎』見『歷史地理』雜誌內大正四年八月一日發行）惟今日治藝術史者固無異辭矣，蓋此特殊式樣之起源，伊東氏「法隆寺建築論」中久已論及，最近濱田氏論文，以考古學爲根據，益足爲此說張目，（『法隆寺與漢唐間建築式樣之關係』見支那學論叢）即北魏石窟彫刻（西紀五，六世紀）及朝鮮高勾麗古墳（西紀五，六世紀）皆爲飛鳥式建築淵源所自，而自此上溯漢代石闕，明器，（西紀二，三世紀）更有同性質之枓栱存在，故此式樣之起源問題，殆已明瞭，而此式在日本藝術史中之位置亦得確定，惟同爲飛鳥式傳統遺物，玉蟲廚子與法隆寺及其他同時遺構之關係似應加以討論耳，

玉蟲廚子上部宮殿之結構，及其詳部構造方式，可視爲飛鳥期式樣之縮圖，已如前述，惟其詳部與同時遺物不乏揆違出入，應如何解釋之耶，從來討論此問題者，每以實際建

築爲批評對象，但愚意廚子之形範，雖以當時建築方式爲準則，而其本身究屬工藝品，似不能視爲建築模型，或以建築法式律之，蓋工藝品與建築物之出發點根本不同故也，何者，玉蟲廚子之目的在安置佛像，以供禮拜僅能視爲佛殿內莊嚴具之一種，故其式樣雖採用建築形體，而製作時仍不脫工藝品之窠臼，若非建築之起源，以構造上之必要及實用爲主要條件，裝飾乃後代逐漸增益者也，說者謂工藝品亦不乏以實用爲目的者，但廚子非普通家具可比，其製作當以審美爲重，非以構造上之合理與否，決定其形體也，故愚意廚子與法隆寺等略具異同，得依此原則解決之，

例如法隆寺，及其他飛鳥期遺物，皆用比例粗大之圓柱，與九十度水平挑出之雲形栱，玉蟲廚子則代以細長方柱及外端反曲之栱，其非盲從建築方式而以審美意匠爲主，從可知也，且柱梁等皆施金屬品裝飾，尤非實際建築所應有，則玉蟲廚子以裝飾意義爲製作之標準亦極明瞭之事實矣，

又此廚子，若切離其須彌座以下部分，則上部宮殿之檐，頗嫌過高，不及同時諸遺物均衡適當，惟廚子原立於金堂內供禮拜之用（現雖置於壇上，非原位置，），宮殿門扉之中部，恰與禮拜者眼之高度相等，而出檐甚深，此部易爲檐之陰影所蔽，失其裝飾效能，宮殿壁體之昇高，殆爲補救此缺點耳，又廚子正面及背面各有鋪間雲形栱二具，外端向兩側斜出微呈

放射狀，亦殆因栱數過少，檐下部頗感空虛，故斜列各栱俾外觀較臻豐富，苟以此式施諸實際建築，則內部天頂之架構，必複雜而不合實用無疑，廚子此部純爲裝飾意匠所支配，又可知矣，

總之，玉蟲廚子上部之宮殿，與現存飛鳥期遺物顯然一致，足爲飛鳥期建築式樣之旁證，惟討論其式樣與法式時，除純粹建築學觀察外，應知此廚子係工藝品，其式樣自當代實際建築演繹變化而來，非棄其工藝品之地位，專事抄襲者可比擬也，

四 結言

玉蟲廚子之建築學，觀察略如前述，但其製作非僅以簡單之宮殿，置於須彌座上而已，故廚子全體之意匠亦應加以考慮，若依嚴格言之，凡裝飾花樣繪畫等均應涉及，以臻完備，惟本文僅述廚子之形體及其起源，以完此稿，

此廚子全體之圖案，已如「古今目錄抄」所云『其腰細也』盖須彌座較台座及上部之宮殿過於細長，故論者往往謂其意匠欠調和，惟以愚意觀之，上部宮殿之壁體，雖較實際建築之比例稍高，若以廚子全體形狀衡之，適與下部細長之須彌座極相調和，毫無不自然之感，苟以玉蟲廚子與同置於法隆寺金堂內而製作年代稍後之橘夫人廚子比較之，則其上部宮殿殊嫌過大，外觀極不安定，足爲抄襲實際建築之龜鑑也，故就全體圖案之優美

測之，此廚子當成於巨匠之手，無疑，

至廚子形體之源流，則有類似廚子形式其上置建築物者，見明治三十五年伊東氏介紹之山西雲崗石窟內，（建築雜誌第百八十九號內「北清建築調查報告」）即雲崗第一窟及第二窟之佛塔雕刻，頗與玉蟲廚子相似，其上部建築，尤與飛鳥期式樣同出一軌，而漢代石闕，明器大都於臺座上立建築物，亦不無共通之點，是玉蟲廚子形體之來源，決非偶然也，

以上討論問題，爲數頗多，就中亦有須待異日解決者，因論者多以純粹建築物處理此廚子，故不惜辭費，聊論及之，然吾輩研究遺物甚少之飛鳥期建築時，此廚子之存在實極重要，固不能以爲工藝品而忽視之也，

昭和四年三月二十六日

補註一　日本飛鳥期遺物，束腰皆無間柱，洵如田邊氏所述，惟棲霞山隋舍利塔最近經何東，葉玉虎，二先生及中大盧奉璋教授修理，掘出塔下基座，其八隅及每面束腰中段，皆有間柱，按塔建於隋文帝仁壽元年（A. D. 601），至唐初竣工，見該寺唐高宗御碑，關野，常盤二氏「支那佛教史蹟」引「攝山志」及「金陵梵刹志」謂塔經會昌毀佛之厄，現塔係五代南唐時高越，林仁肇重建，惟此次修理中，於基座附近，掘出石製卍字勾欄一具，與雲岡石窟所示者完全一致，又於塔頂內發現銅盒一，內貯開元通寶

棲霞山隋舍利塔下部基座（民國十九年夏掘出）

三枚，據舊唐書食貨志，唐高祖武德四年，(A. D. 621)廢五銖錢，鑄開元通寶，高宗肅宗鑄乾封泉寶及乾元重寶等，而舊五代史食貨志謂江南饒州永平監，池州永寧監並歲鑄錢，苟是塔建於南唐，則塔頂厭勝之幣，必用五代時新幣，無貯開元通寶必要，故此塔剏於隋仁壽間，至唐初落成，與法隆寺前後同期，殆無疑義，高椒等或因歲久剝蝕，與修嚴飾耳，又伯希和『燉煌圖錄』內亦有是物，故竊意束腰內置短柱，乃隋唐間通行方法，玉蟲廚子上部之基臺，必有所本，不能因法隆寺無此制，遂斷為工藝品之自由意匠，惟短柱兩側飾以曲線，則誠如原文所論矣，

補註二　日本屋頂斜度以步架與舉架之比例定之，原文所云七寸九分，係步架寬一尺，舉架高七寸九分，即79:100之斜度，

二十年十二月

我們所知道的唐代佛寺與宮殿

梁思成

唐朝建築遺物的實例，除去幾座磚塔而外，差不多可以說沒有。塔本來是佛寺的一部分，現在存在的，不是巍然「獨」存，就是與他腳下的殿宇在年代上有千二三百歲的差別。中國建築自有史以來就是以梁柱做骨幹的，而這骨幹的材料一向以木爲主；木本不是不朽的物質，加以歷來中國革命成功的列位太祖太宗們除了殺人之外還愛放火，假使他們沒有這種特殊的國民性，千餘年的風雨蝕剝，蠹吃蟲穿，也足以毀壞不少了。 但是這種木建築物之長久存在並不是完全不可能。 日本奈良法隆寺的金堂，五重塔，和中門創建於推古天皇十五年（隋煬帝大業元年，西紀六〇五），比這較晚十餘年的有奈良法輪寺的三重塔和安居院的三重塔等等，直到如今一千三百多年，還是保存得好好的。在中國却大大不同。 山西大同的上華嚴寺佛殿，（遼清寧八年建西紀一〇六二），下華嚴寺（遼重熙七年建一〇三八），山西應縣佛宮寺木塔（清寧二年一〇五六），嵩山少林寺初祖庵（宋徽宗宣和七年一一二五）已嘆爲中國稀有的古建築。 年代比日本最古的奈良法隆寺差四五百年，已崩壞不堪，唐代遺構更不用幻想。 假使我們以後的學者或考古家，在窮鄉僻壤中能發現隋唐木質建築遺物，恐怕也只是孤單的遺例，不能顯出他全局的布置和做法了。

既沒有實例可查，我們研究的資料不得不退一步到文獻方面。除去史籍的記載外，幸而有燉煌壁畫，因地方的偏僻和氣候的乾燥，得經千餘年歲，還在人間保存，其中寶物如唐人寫經等等，雖經斯坦因（Sir Aurel Stein）由王道士手中騙去，再被伯希和（Paul Pelliot）運走。但壁畫究不易隨便搬動，仍得無恙；伯希和曾製攝爲燉煌石窟圖錄（Les Grottes de Touen-houang）其中各壁畫上所繪建築，準確而且詳細，我們最重要的資料就在此。

現在我先以文獻爲根據，蒐集少許的資料，以求得一個宮殿與佛寺的印象。然後將伯希和燉煌圖錄壁畫中關於建築的描寫做一個歸納與分析。先將建築種類歸出，雖然唐代並沒有我們現時所沒有的建築，而且大致相同，讀者也許要感到單調無味。各部詳細的分析，雖然算是建築的小節，但一個時代的特徵，反能看得特別清楚，比較有趣得多。

※　※　※　※

中國宮室之經營，自秦漢始盛。秦始皇的咸陽宮與阿房宮，在史籍上已有許多的記載，可以使我們得到一種大概的印象；雖不能知道實在的形制，但可以知道規模的宏大和彫飾的繁麗。漢高祖的長樂宮，未央宮，武帝的甘泉，建章，在文獻上也有詳細的記載，我們知道這些大建築的規模，知道他宮殿四面的苑囿和周圍的圍墻，知道他有數十里乃至數百里的範圍，並知道他結構的精巧和華麗處。要講中國建築發達的程度，兩漢時的確已經很可觀的了。

經過六朝的變亂以後，隋一統天下。隋高祖建長安宮，煬帝更以奢侈靡費著名，建洛陽宮，大興宮等等，稗官野史裏有不少材料可以追尋出不少當時建築的盛況。

唐太宗的大明宮，在歷史上素享盛名，據唐書太宗本紀和地理志，六典，兩京記等的記載，我們大略得着如下的一個印象：

大明宮是太宗貞觀八年建立，原名永安宮，後來因要給太上皇避暑改名大明宮。位置在禁苑的東南，西面接着宮城的東北角，稱『東內』。這宮的範圍東西千零八十步，南北千八百步。南面有五門，正中丹鳳門，東邊爲望仙門，其次延政門，西邊爲建福門，其次興安門。丹鳳門內由南往北走，約四百步，有約高四十尺的台階，共三層，每層都有螭頭伸出，兩旁有麟。階下是龍尾道，用花磚砌成，轉七個彎，宛如龍尾下垂於地。兩旁勾欄皆用青石。自下望上，有很莊嚴的氣象。在台上正中爲含元殿，是每年元日和冬至聽朝的地方。由這正殿的中心線上向北順次數去，是宣政門，宣政殿，紫宸門，紫宸殿，九仙門，蓬萊殿，和宮墻北面正中的元武門。含元殿的東廊有翔鸞閣，閣東有通乾門，西廊有棲鳳閣，閣西有觀象門；這翔鸞棲鳳兩閣是正殿的夾殿，與正殿有飛廊相接的。宣政門外相對的東廊是齊德門，西廊是興禮門。宣政殿左右有東西上閣，殿前東廊有日華門，西廊有月華門。紫宸門的左邊是崇明門，西邊是光順門。紫宸殿的東面是左銀臺門，西面是右銀臺門。日華門外有門下省，弘文館，史館等官署。門下省以東有條南北街，通含耀門出昭訓門。月華門外有中書省等官署，省西也有一條南北街，通昭慶門出光範門。中書省再往西有延英門，延英門裏有延英殿和含象殿。此外尚有多數的殿，其中地位可考的有蓬萊殿西的還周殿，還周殿西北的金鑾殿。按兩京記說「金鑾殿旁名金鑾坡，翰林故事置學士院，後又置東學士院於金鑾坡」。金鑾殿西南是長安殿，長安殿北面是仙居殿，仙居殿西北是麟德殿。

麟德是一所三面的殿，所以又叫「三殿」，是皇帝宴會的地方。這殿的東西廊是結鄰，鬱儀兩樓。三殿的北邊有大福殿，大福殿的東南是拾翠殿。按照上面的記述，我製成一幅想象的大明宮平面復原圖。這圖當然不是原來的樣子，因為在平面距離上只有東西南北的最大距離，和含元殿與丹鳳門的距離，並且距離由殿之何部量重門之何部也沒有準確的注明。含元殿以後的許多殿角樓台，也只有方面的指示而無距離的注明，而且各個殿的大小形式和結構法也無從得知。我們只能得一個印象，一個定論，就是大明宮的平面配置有一條南北貫通的中心線，在中心線的東西，宮殿有均齊的配置。

在歷史和傳說上我們知道華清宮是一個極浪漫的宮殿。原名溫泉宮，太宗貞觀十八年置。玄宗天寶元年，更溫泉曰華清，治湯泉爲池，環山列宮室。周圍有繚牆一帶，包括驪山。其中觀風殿有複道，可以潛通大明宮。玄宗的浴室叫九龍殿，制作宏麗，雕鐫巧妙，周圍用白石砌成階級，剔面隱起魚龍花鳥等花文。中間有泉兩道，用白石雕成蓮花，水從泉口噴出，注在白蓮花上。此外還有湯泉十八處，其中的芙蓉湯，相傳就是楊貴妃賜浴的地方，也是用白石砌成的。

興慶宮是玄宗所作，本來是他的藩邸，開元二年初置宮，十四年又增廣之，叫做「南內」。新唐書地理志記載：

二十年築夾城入芙蓉園。京城前直子午谷，後枕龍首山，左臨灞岸，右抵灃水。其長六千六百六十五步，廣五千五百七十五步，周二萬四千一百二十步，其崇丈有八尺。

這是極大的規模，我們看看西安地圖，由灞水到灃水，若是包括在一宮之內，面積至小有現在西安城的幾十倍。雖是中國歷史上黃金時代的帝主的力量，其可能性很令後世懷疑。

白香山廬山草堂記有下列一段文字：

……草堂成。三間兩柱，二室四牖。……洞北戶，來陰風，防徂暑也。敞南甍，納陽日，虞祁寒也。木斲而已，不加丹；墻圬而已，不加白。減階用石，冪窗用紙，竹簾紵幃，率稱是焉。堂中設木榻四，素屏二，……前平地輪廣十丈，中有平臺半平地。臺南有方池，倍平臺。環池多山竹野卉，池中生白蓮白魚……

這一段記錄，把一個南方的平民住宅完全描出，而且連庭園的布置，也可見一斑。

至於佛寺的建築，與平常的宮殿或住宅建築，本來是用一樣的。中國的宗教建築，與非宗教建築，本來就沒有根本不同之點，不像歐洲教堂與住宅之迥然不同。其所以如此者，最大的原因，當然在佛殿與教堂根本上功用之不同。由建築的功用看來，教堂是許多人聚在一起祈禱聽講的地方，所以堂內要有幾十百人的座位，是他們最要的條件，其餘供桌神位等等，都不是重要的。佛殿功用卻完全不同。我們平時一開口就說「供佛」，供是供奉，是伺候，我們的佛是「住」在佛殿裏，要人「供」的。佛殿並不是預備多數人聽講之用，而是給佛住的，所以佛殿是佛的住宅，與我們凡人的住宅功用相同，差別不多。在此一點上中國佛殿與希臘神廟極相類似，因為希臘的廟宇也是他們神的住宅。

因爲這個原故，在建築結構和功用上，佛寺與宮殿可以在一個總題下討論。就是現在北平的住宅和佛寺，在平面配置上也莫不是相似的。一正兩廂的分配最普通，在住宅叫上房的，在佛寺叫正殿。在住宅叫廂房的，佛寺叫配殿。住宅之外如衙署，商店，工廠的布置規例也差不多都是如此。在結構上，上文已說過，是骨幹的方法，——住宅，佛寺，倉庫，乃及城樓，都用木料的骨幹。在功用和結構上根本既全相同，就可當一樣東西看待。佛寺與住宅不同之點，只在佛的住法，和人的住法略有不同，猶之帝王官吏與平民之間生活狀況不同一樣。

在歷史上我們更有記載，得知佛寺的起源本就是官舍或住宅。寺，官舍也：凡庭府所在皆謂之寺，漢御史府亦稱「御史大夫寺」，後此官署有太常寺，鴻臚寺等等。在佛教初入中國的神話裏說西域白馬馱經來，初止鴻臚寺，於是將寺名改爲白馬寺，後世浮屠所居都叫寺，大概以此始。不惟官署改作寺，以住宅改寺的例，史上尤多。洛陽伽藍記所載，建中寺「本是閹官劉騰宅」；原會寺「中書舍人王翊捨宅立也」；平等寺，「廣平武穆捨宅所立」；高陽王寺，「高陽王雍之宅也」。京洛寺塔記有光宅寺，寺中「普賢堂本天后梳洗堂」，又靜域寺「本太穆皇后宅。」諸如此類的記載非常之多，所以佛寺與住宅，從最初就沒有分別，一直到今日，還可以證明。

至於佛寺的布置，在古籍中很少記載。洛陽伽藍記雖然關於伽藍的華麗和典故記述極詳，但仍嫌他有不足之處。至於唐代的作品，關於佛寺的，有京洛寺塔記一書，但此書恐已佚，只見類書中引錄。然而也不能因之得着當時佛寺建築的情形，我們所能大略得知的不過幾點：

(一)分院 如大興善寺有『行香院』『素和尚院』，趙景公寺有『三階院』『華嚴院』等。慈恩寺『凡十餘院』。

(二)廊 『東禪院門北西廊五壁，吳道元弟子釋思道畫』，『趙景公寺三階院西廊下范長壽畫西方變……』，寺廊大概是從寺門接到佛殿上的。並且廊在寺中，亦佔相當重要的地位，不然不會讓有名的畫師去畫廊壁。

(三)門 門也是自成一座的建築物，也是經許多名畫師粉飾。如趙景公寺『南中三門裏東壁上吳道子白畫地獄變……浮壁院門上白畫樹石，頗似閻立德，……西中三門裏門南吳生畫龍及刷天王鬚……』。這種門還有『三門』之稱，大概是面闊三間，並且東西南北都可有這種門，在趙景公寺中已有南西兩處『中三門』的記載。

(四)堂 佛堂或佛殿是每院每寺的主要建築物。各寺都有。

(五)食堂　菩薩寺有食堂，東壁上也有吳道子的畫。

(六)鐘樓　在佛寺的記載中很少提到鐘樓的，但菩薩寺因有特別的緣由，所以有如下的記錄：「……寺之制度鐘樓在東，惟此寺緣李右座林甫宅在東，故建鐘樓於西……」。

(七)畫壁　唐代畫壁是中國藝術史中的精華。上文各節—京洛寺塔記的全部記載，都注重畫壁。畫壁之現存者，以燉煌千佛巖爲最重要。美國彭省大學(University of Pennsylvania)美術館所藏，也是罕見的珍品。

※　※　※　※　※

由記載中來竊探秦漢以來宮殿的情形已甚困難，而靠着記載來考研唐代佛寺建築的情形，更是不完全到極點；因爲關於佛寺的材料比起關於宮殿的更相差甚遠。幸而在記載之外我們又有一種新的考據材料。這項材料雖遜於實例遺物，却有時勝於史傳記載；這補充記載們室貴材料更是燉煌壁畫。燉煌壁畫將唐代的建築，—宮殿，佛寺，乃至平民住宅—在佛像背景裏一概忠實的描畫下來，使得未發現當時的木質建築遺物的我們，竟然可以對當時建築大概情形，仍得一覽無遺，實在是一件可喜的事。

燉煌千佛巖創掘於符秦時代(三五七—三八四)，但是大部分的遺物是唐朝的作品；五代亂後，燉煌的繁榮隨着政治的衰亂和宗教熱之漸低下而衰敗。新窟的增加漸少，新畫和新像也不多，所以我們得以定畫壁的時代，多是中唐晚唐的遺跡。同時，我們若以這些壁畫與西安大雁塔門楣石上彫畫比較，再與日本現存幾處唐式佛殿比較，看他們建築之相同，更可以斷定這些壁畫，和畫中所表現的建築的時代。這些壁畫，雖不免有後世的修補，但我以為大致沒有脫離原形，而且修補的部分不多。現在以伯希和（Paul Pelliot）的敦煌照片為根據，做一個敦煌壁畫中建築的分析，所有引用窟的號數，都是伯希和的編號。

第一圖

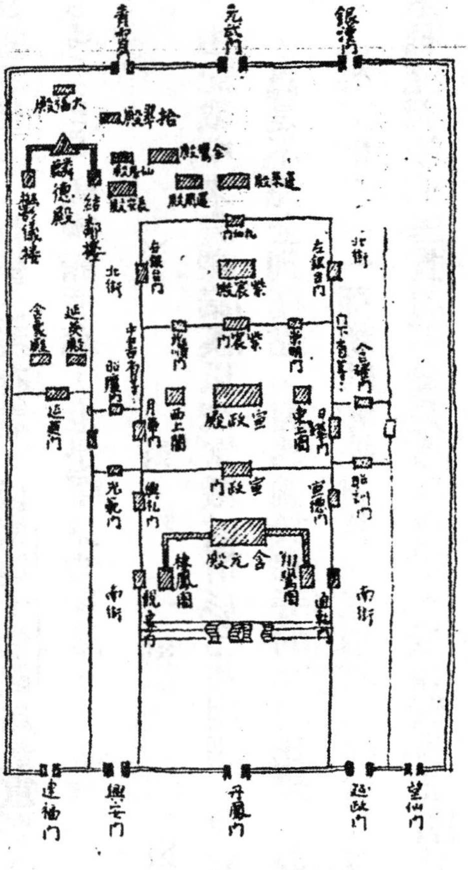

唐大明宮平面想象圖

（一）平面配置

第二圖

平面的配置，在上文已討論過。　第一圖雖是個想像圖，但是我們可以知道大明宮乃至當時宮殿與佛寺平面布置的基本原則和特徵。　其中最明顯的是依南北中線，左右均齊配置。　這並不希奇，現在中國的建築，還是完全這樣，大至北平故宮和佛寺，小至「四合頭」的住宅，都還保存着這特徵。

院落的分配，在京洛寺塔記中已有明顯的證據。　在敦煌第一一七窟左方第四畫的上部（第二圖）畫的是一座大伽藍，共三院，中央一院較大，左右各一院較小，每院各有自己的圍墻門戶。　第八窟，第七一窟也有相似的畫；在這兩窟所表現雖然也是三院，但不是各立圍墻，而是在中央大院之兩旁各附加三面圍墻而成兩附屬的院落，比一一七窟所見，布置更為緊湊。

這中央院落的中部是注要的佛殿（宮殿）所任。　四周圍是「廊墻」既是走廊，同時又是各院或外面的圍墻。　在正面外墻（或廊）的正中是門，有三間或五間的。　正殿之後也有類似門，或是後宮的一座建築，與前門相稱。　正殿左右，走廊之中，有左右兩門，這兩門多是兩層的樓。　在外墻的四角，也有兩層的樓，髣髴像角樓一樣。

在第一一七窟，更有五台山圖（第三圖），其中所表現伽藍數約有二十三四處，也都是那樣配置。　其中有「南臺之寺」一處，正殿的左有三重塔，右有二層樓。以此與日本奈良

第三圖

法隆寺中門，金堂，五重塔相較，這時代的平面配置法更明顯了（第四圖）。第五圖是日本平城右京，西大寺伽藍平面圖，爲寶龜十一年（七八一，唐德宗建中二年）所繪，雖

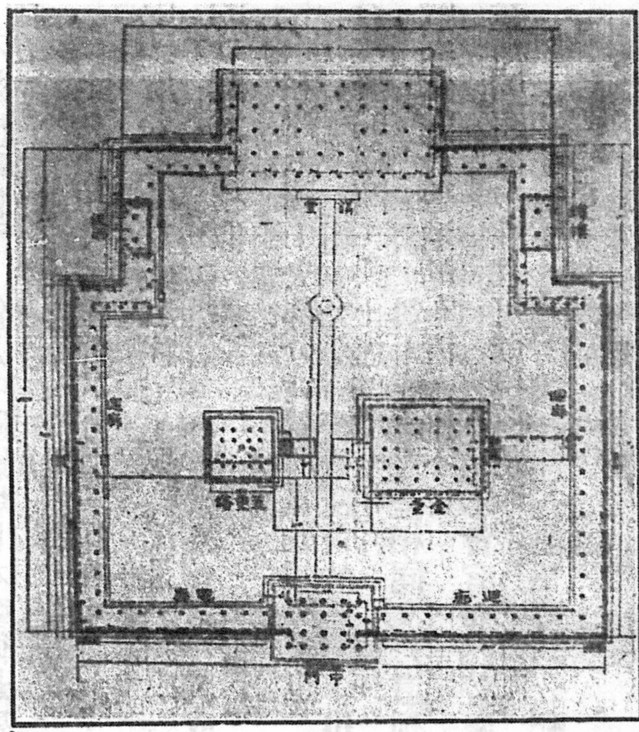

第四圖

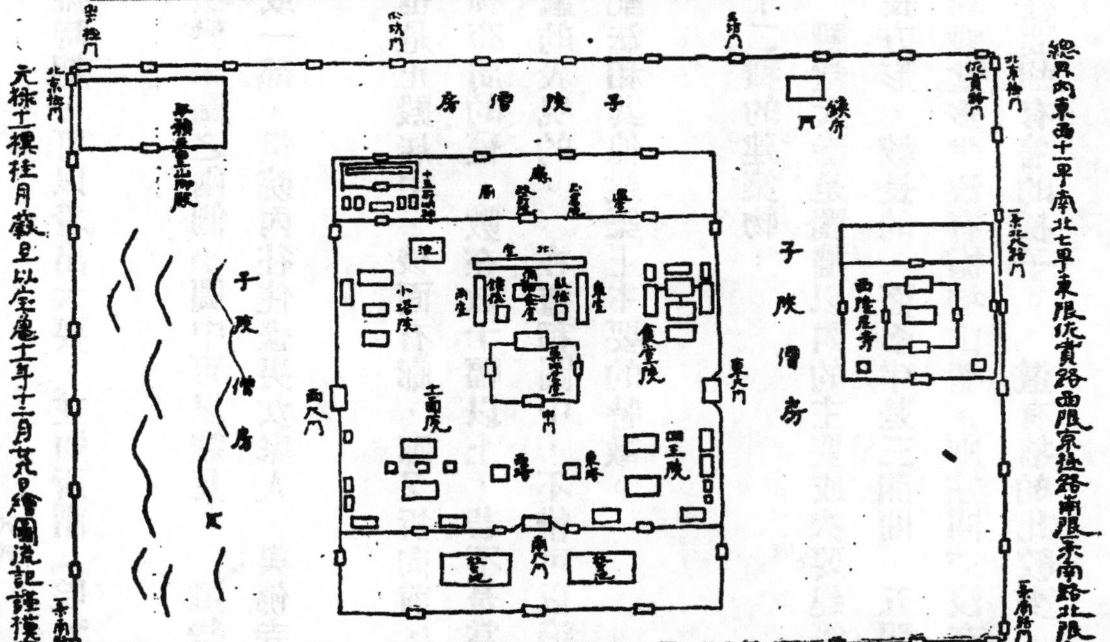

第五圖

32701

不是中國伽藍，但是中國影響日本藝術最盛時期，可以看出大要，並知所謂「院」的分配法。

至於平民住宅平面的配置，在許多淨土變相圖之兩側小圖中可以窺見。這些小圖中，所表現的宮殿私住宅，雖然多是一角或一部，但院內往往畫男女家人，與佛寺院落的分配大略相似。

在淨土圖中央部分背景所畫的建築，也是正殿居中，後面有廊，廊又折向前，左右有重層的樓閣，與上述的完全相同。這種布局的畫，數在數十幅以上，若不是當時宮殿或佛寺最普通的布置，絕不會有如此普遍的表現的。在這種圖中，不惟可以追究出殿廊的布置，並且可發現蓮花池整齊的分配法和其他建築上主要的特徵。

（二）建築種類

在這些壁畫裏，仔細歸類，可得下列十二種的建築物：

（一）殿堂　佛殿，正殿，房舍都歸這類。　殿堂大寺是圍墻以內的主要或次要建築物，是主人翁起居之所（第六圖）。平面多半是長方形，較長的一面多半是三開間，五開間的也有，但比較少。　圖中佔中央主要位置的殿堂多半沒有檐墻山墻，兩柱間並沒有墻，淩空若亭子；其中偶有有週圍廊的，在金柱間却有墻的樣子。　這有墻的比較少，而且墻只在次稍間而不在明間，明間仍然是開門，與現在的辦法相似。但是在旁邊次要的圖中所畫較平民的房舍，墻的用便較普遍的。

第六圖

這些殿堂的根本結構法是用木房架，立在石或磚的台基上。木架與屋頂之間－檐－是用斗栱的結構。斗栱以上有雙重的椽子，再上就是房頂。房頂是用青瓦覆蓋，並有鴟尾寶珠等裝飾。奈良唐招提寺（第七圖）創建於淳仁天皇天平寶字三年，（西紀七五九）正是唐肅宗乾元二年，是我國鑑眞法師傳道日本所建，很足以代表當時唐式的大殿。西安大雁塔門楣石上刻畫，尤能標示唐代宮殿的結構法。（第八圖）

（二）二層樓　兩層的樓房，漢武梁祠壁畫和漢陵墓出土的「陰宅」已使我們知道這種結構源始之古遠。在燉煌壁畫中，所見尤多。正殿，配殿，乃至周圍走廊轉角處，都有兩層的。結構的方法，是將頭層的金柱穿出到頭層檐步瓦以上，在這露出的柱頭上，裝額枋或平板枋，再在上面安裝斗栱，爲上層的基礎。自此以上，一切與單層的殿堂同，只是上層四週皆有欄干的圍護。（第二十一圖）

（三）大門　唐代建築的大門，與現在中國建築的大門，一樣佔重要的位置，而成一座獨立的建築物。平面也是長方形，多是三間，在中柱或山柱之間，安裝門扇。大門也有石或磚的台基，有石級或輦道可以升降，較華麗的在台

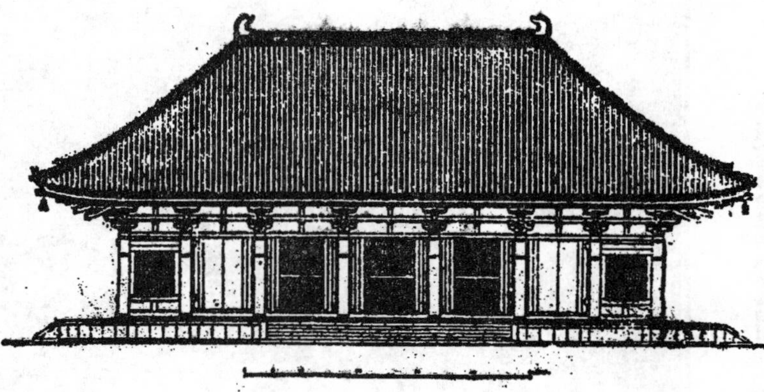

第七圖

基上還有欄干。大門也有兩層的。(第二三圖)

第八圖

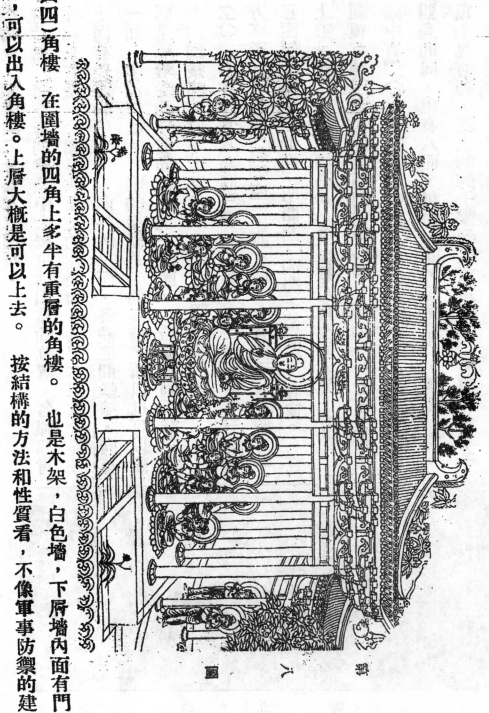

(四)角樓　在圍墻的四角上多半有重層的角樓。也是木架，白色墻，下屏墻內面有門，可以出入角樓。上層大概是可以上去。　按結構的方法和性質看，不像軍事防禦的建築物。 結構與二層樓大致相同。

(五)廊　廊在唐朝建築中大概也佔相當的位置，名師都肯在廊上畫壁。 廊是狹而長的建築物，也用木架做骨幹，上面有長條的屋頂。 向外的一面，各柱之間壘牆，向裏一面，多沒有牆。 廊的牆就是寺的外牆，所以也可以說廊是順着寺的外牆的裏面繞一週圈。 若是陰雨天時，由大門到後部可以不走濕道。(第二三六圖)

(六)　亭有四角八角圓三種。 第一○二窟畫中有三座四方亭子。台基是『須彌座』，前有堦，上有欄干。 四方亭正面側面都是三開間，明間闊，開門，梢間窄，有窗。 柱上有斗栱。 兩重椽子。 屋頂是四角攢尖，尖上有剎，剎頂有鍊四道，繫於四阿(第九圖)。『二一七窟五台山圖中有『大法華之寺』，中有八角亭(第三圖)，台基欄杆與四角的同，但有八面，每面一間，四面開門，四面開窗。 頂上也有剎，剎上的鍊子繫到屋頂角上。 這種八角亭子常常有位置在走廊瓦上，或在轉角的地方的。 法隆寺，

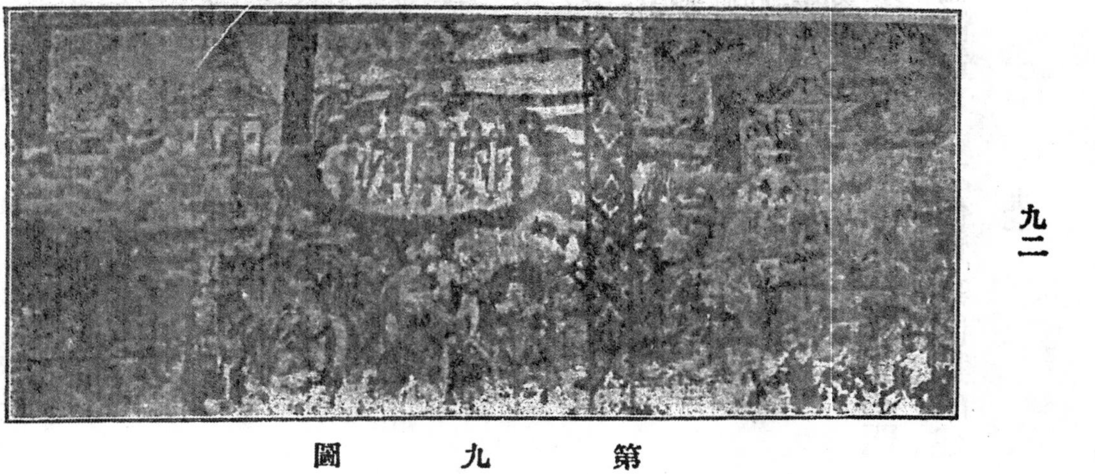

第九圖

東院，夢殿初成於天平十一年，（七四〇，唐玄宗開元二十八年）雖然後來經過多次的修葺，但規模仍同原物，可以借鑑八角亭實物的形制。（第十圖）

圓亭比較少見，大致與八角亭同。但額枋及椽簷，線皆爲圓形。屋頂與脊，刹上無鍊子。

（七）臺　「臺」這名詞是我隨便假定以代表一種建築物的，一時還無更妥當的名稱，所以暫用。　所謂臺者，是一種高的建築，下部或用木或用磚石，築成高基，再在基上建築起房子來。　第七十窟右壁右半畫中，有這種臺三座。　兩座是木臺一座是磚的。

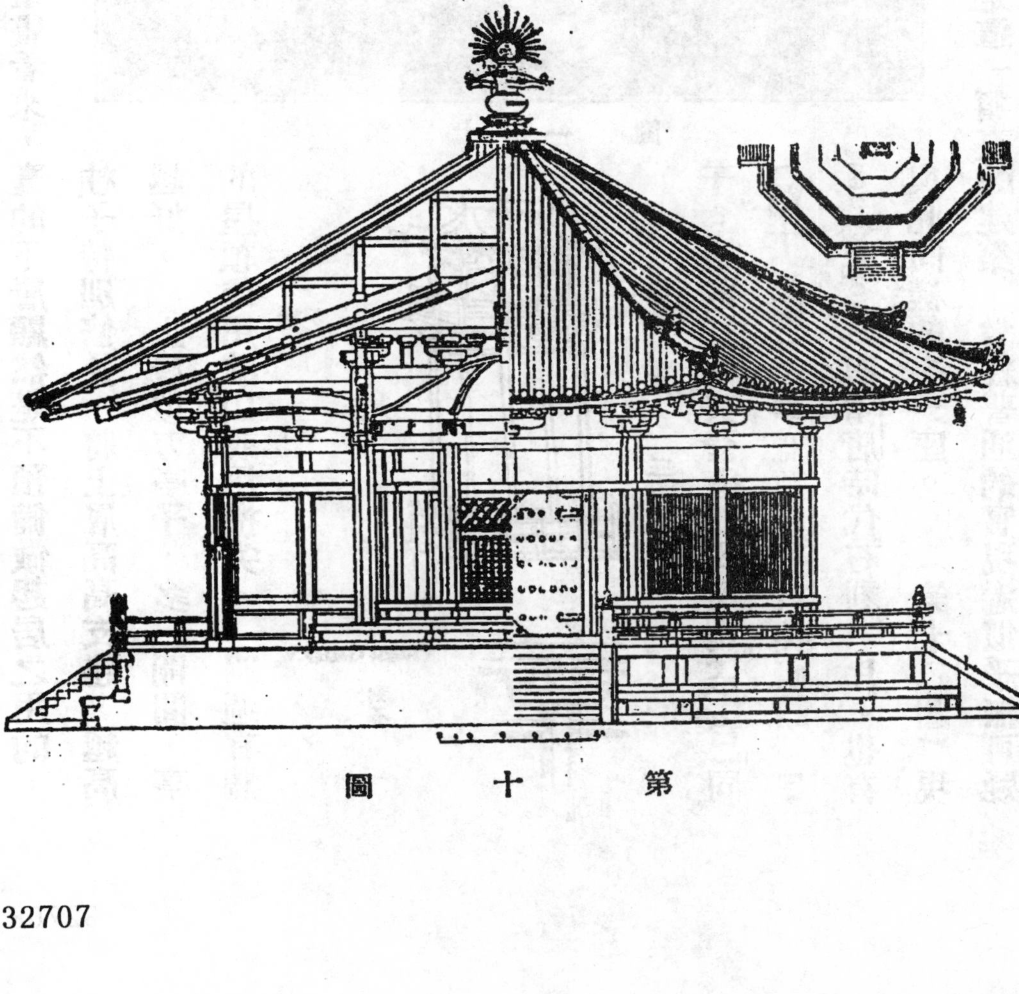

第　十　圖

臺與樓所不同處只在下層的用途；照壁畫看來，臺的下層顯然是不預備做起居之用的，

第十一圖

柱子特別修長，將上層高高支起，越高越好。　上層似方亭子，多三開間，亭的屋頂或用歇山或用攢尖。　四週有欄干。台的結構與營造法式所謂「平台」同（第十一圖）。華盛頓富利河美術館（Freer Gallery）有隋唐時代石刻一片，也有與此同樣的臺一座。　（第十二圖）現時我們雖已沒有這種實物的遺存，但是這一類臺的建築，曾經普通的實現過似乎無可疑

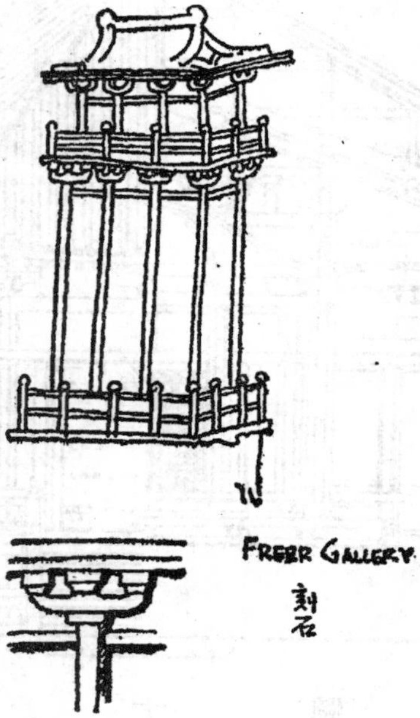

第十二圖

的。

（八）圍墻　以廊而兼墻的，上文已討論過，多是木架建築。　還有用磚壘墻的，但不似廊墻之多。　在貧苦的住宅前，木柵做圍墻的也有。

（九）城　軍事防禦工程，在唐代已甚發達，大概一直到火器發明，城的建築沒甚大變更。　磚城的建造，在唐以前一定已有，但是大規模的用磚築城，大概較晚。　一直到明朝，北京的城還是土築的　現存的北京城和其許多各省縣城差不多全是嘉靖（十六世紀中葉）以後的工程。　在敦煌壁畫中表現的城很多，全是磚築（第十三圖）。　城多方形，在兩面或四面正中有城門樓。　城樓基頗窄而高聳，不像現在我們平常所見的權衡。壁畫中的建築物，在比例上還能忠實的描寫，我們相信畫中所表現的那些特殊的城門樓的比例權衡的確是忠於當時情形，不然不至數十壁全是如此高聳的。　門樓基之高，有樓高三倍，這也不是我們常見的權衡。　樓基就是門洞所穿過的部分，內外都比城墻厚出許多，下大上小，收分很明顯。　樓基頂上，有掛落斗栱，在此以上纔是樓的本身。樓的本身比較很矮小，面闊五間，進深三間，周圍有欄干，簷下有斗栱，屋頂多用歇山。　底下門洞狹而高，頂不發券，而成八角形，結構的詳情畫中不易看出。　另一種門洞是顯然平頂，不發券而用木門楣，楣上還用人字栱一道。　至於城門的門扇畫中多看

第十三圖

不出。城牆之上，有作女牆和堞眼的，但也有不作的。有許多城牆並沒有多少厚度之表示，同時上邊也沒有堞眼，甚可令人懷疑或許有上不去的城牆。

角樓在城的建築上差不多不能缺少，連普通圍墻的轉角處都有角樓，城墻更不說。現在我們所見明清式角樓平面多是曲尺形，隨着城墻而轉角。燉煌壁畫所見，比較簡單得多，結構與上文所講城門樓全同，只是下不開門洞，地位是在墻的轉角而不在墻的正中。　角樓本是一座正方形的建築物，比城門樓矮小一些。

(十)塔　唐代建築之現存者就是許多的塔，這問題是唐建築研究中材料最豐富的一部分。　現存的唐塔都是磚的或石的，木塔在國內已沒有存在的了，然而磚塔及模仿木塔，所以要先從木塔看起。(第十四圖)

木塔多高四層，平面四方形，三開間，立在石或磚的台基上。　第一層中間開門，梢間開窗，注上每層遞減矮小，中間開窗。　全部就是將若干四方亭壘成。　按日本現存同時遺物，與畫中所見極相似。　結構是用木架正中用中柱一根，由台基一直伸到尖上伸出瓦外唐代木塔一定也是依此法建造的。

石塔遺物極多，其中有一種墓塔，名雖叫塔，實是一座四方形的單層石亭。　這類最早遺物，山東歷城神通寺有北齊的「四門塔」。　到唐朝這種四門塔極多，在壁畫中也可以找出。(第十五圖)　塔的平面是四方形，四面有栱門，房簷用磚或石逐層支出，以替斗栱，營造法式稱疊澁造。屋頂成攢尖形，上有寶瓶或刹一類的頂尖。　這種「四門

第十四圖

塔」若干個壘起，便成多層石塔。壁畫上和實物存者都可以看出此例，（第十五圖）還有一種特殊的塔，下層是木，上層是石，兩者性質和結構法完全不同，而能強合爲一物。尤其不合理的是木在下而石居上。現存遺物中還沒有發現過這種東西，但在壁

畫中所見却有兩三項之多。（第十五圖）

印度式窣堵坡（Stupa）在畫中只見一處，最奇怪的是印度宗教思想影響如此大，

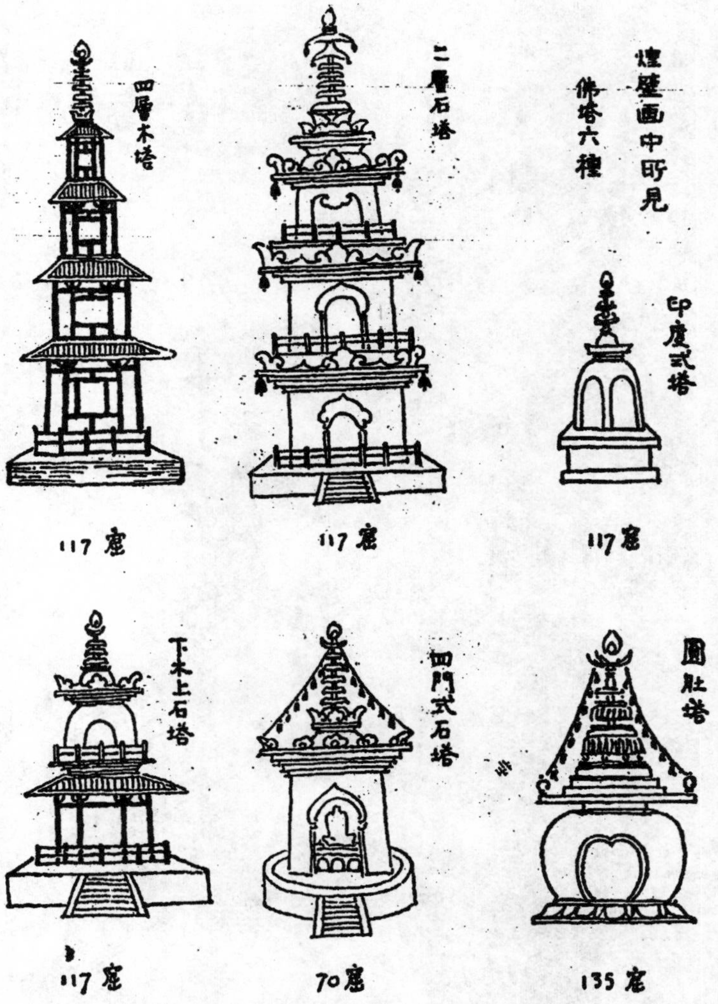

第十五圖

而印度塔，雖在與西域交通的孔道上還這樣少見。

西安慈恩寺大雁塔，是玄奘法師建築藏經之所，現尚巍然獨立，為我國建築珍品。（第十六圖）尊嚴美麗全在各部權衡得當。詳細研究，可看出當時是想用磚來模仿木塔的。各層的大小高低，和磚砌成的柱，枋，直栱，坐斗等等，都可看出木形的源流來。

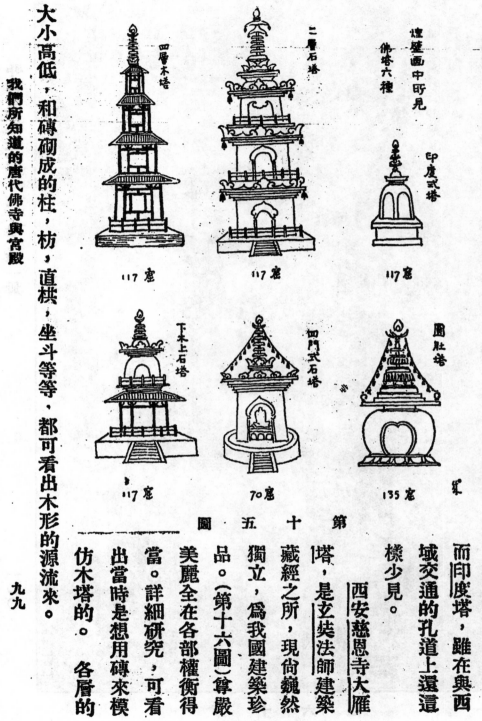

第十六圖

更有一種磚塔，四方形，初層甚高，立在台基上，以上多層極矮少，如西安大薦福寺小雁塔，遺物甚多，但在燉煌壁畫中始終沒有發現此類。

(十一)橋　在畫中多次發現，全是木造的，微微栱起，兩旁有欄干，與日本現時木橋極相似。(第三圖)

(十二)墓　在第八窟畫中繪有一座墳墓，周圍有極矮的墻，正面敞開，無門。墳本身爲一半圓形的堆，立在不甚高的台基上。

(三)各部詳細研究—結構特徵

一個時代藝術的特徵，往往在各部細微的部分，最容易顯出，大體能隨時相同，細微的手法卻人人各異。上文所講，只略舉其大體，至於詳細特徵，還須分部研究。

(一)材料　木向來是中國建築的主要材料，唐朝並不是例外。方法是以木做房架，成爲骨幹，然後將牆壁窗牖望板頂瓦等等加上。若沒有木架骨幹，便不能產生這種特徵；中國建築的特徵，就完全是這材料及其結構法的結果。木之外，磚和石也是常用的，但皆限於台基台階等。城墻多用磚土，而普通住宅，柱間的墻，用磚之外多以木條竹蔑抹泥灰者，日本的建築直到今日仍用此法。屋頂用瓦，現時所常見的琉璃瓦，當時只作家常用具，還未成一種建築材料。金屬用於建築上的，有門上裝飾，欄干的包裹，刹上的寶盤鍊鐸等等。

(二)色彩　幸而燉煌壁畫處於乾燥地方，經過千數百年仍能把顏色保存下來，唐代建築的色彩，我們居然尚得窺見一些。　主要的顏色顯然是紅色的，差不多所有用木料處都是紅的。　泥灰或磚墻全是白色，與木質部分成一種鮮明的反襯。　斗栱的栱是赭色，(此點尚待證明，其他顏色，經過長久的化學作用，都有變成赭色的可能。)昂是紅色，而栱與昂的狹面則塗白色。　椽子紅色，椽頭白色。　屋頂爲灰色，即「青瓦」的原色，當時尚未有琉璃的點綴與鮮明也。　這種用色，與現在明清式建築幾乎完全不同的，而與日本的則頗類似。

(三)台基　在中國建築中台基從來皆佔重要的位置。　帝堯「堂崇三尺」就是指台基的高度說。　在明清的建築中，台基竟發達到最高點，故宮裏便有許多的例。　唐式的台基較後世的簡單且莊嚴。(第十七圖)　最下層是覆蓮花「圭脚」，再上「土襯」或散水磚，有時用兩層方磚平壘而成。　土襯之上爲「下枋」，下枋之上爲「束腰」，束腰之上爲「上枋」。　後世在束腰與上下枋之間所必有的梟混，在唐朝的台基上還不曾有的。　在束腰層中，有多數的短柱，如現在所見的角柱一樣的，將束腰分爲若干正方格。　(參看本期第十四頁劉士能先生譯玉虫廚子補注中樓閣山塔座。)　這些短柱上都有横紋，也許是代表石上斧鑿之紋。正方格中刻着大朵正面的花，上枋下枋的邊上，則刻着連續的花紋。這座石的台基當時或許用鮮明的彩色塗抹，在壁畫中繪的當然是有彩色的。隋唐造象之有彩色者，現在尚有實例，而古希臘神廟及高矗(Gothic)式教堂，也多用彩色油在石上，所以我相信當時石上塗色甚爲可能，但在發現實例以前，只能說姑且如此假定，以待將來辯正。

由平地上台基，有階級或踐蹸或輦道。輦道上刻有花紋，或鑿片或分朵不等。沿着台基和堦級的邊上有欄干，當另條討論。(第十七圖)台基的上面是用方磚墁地，根據壁畫，磚上也有花紋的表示但實際上似乎不十分合理。

在水邊上的建築，台基的做法有兩種。一種是用磚石將岸邊砌齊，方法與普通台基相同，在束腰部分，也是用間柱分爲方格，內刻蓮花。一種是由陸地向水上伸張，用木樁或木

第十七圖

柱立在水中，在上面安置梁枋，再鋪地板。在地板與椿之間，多有用斗栱的。在台的周圍，也安裝欄干。（第十七圖）

（四）柱　唐朝的柱顯然比現在的柱細而且長。　在燉煌壁畫及大雁塔門楣石上都看得很清楚。　柱的上端直接頂着斗栱的坐斗，下端立在柱頂石上。柱有圓的，方的，和八角的不等。　八角柱在畫中看不出來，但在天龍山石窟有北齊和隋的八角柱。　嵩山會善寺淨藏禪師塔（第十八圖）也有八角柱。　所以八角柱在唐以前一定是很通用的。　柱多油紅色，在較華麗的殿上，柱的中段常有花紋裝飾，爲後世所少見。　柱頂石多作覆蓮花，和一種鼓邊形，別種花紋一定尙有，但在畫中尙未見到

第十八圖

。（第十九圖）

（五）額枋　額枋的功用在將柱的上端架住牽制兩柱不使傾斜，同時也可以將房頂的重量，勻到柱上。淨土圖中所見額枋，有單層重層兩種。重層者略似現在的大小額枋。但兩額枋中間，現在放『由額墊板』的分位，是空的，或用泥灰抹上，或用短小的直料支住。（第六八十一圖）

（六）斗栱　斗栱發達史，就可以說是中國建築史。最古遺物，當推漢石闕上所見。斗栱發達的傾向，是由簡至繁。在雲岡（北魏）龍門（北魏至唐）天龍山（北齊隋唐）石窟所見的斗栱，差不多全是『一斗三升』在柱頭上，中間（卽李明仲營造法式所謂補間）有人字栱。斗栱本身沒有比一斗三升更複雜的。大雁塔門楣石佛殿圖，就有比較複雜的斗栱。（節八圖）此圖所畫斗栱結構與現在斗栱不同之要點在斗栱顯然分上下二層。下層有正心栱與翹相交，放在坐斗上，而坐斗並無斗口，以承受翹栱，只是平放在斗上。栱與翹相交點之上，又有一坐斗，中有十字斗口，以承受正心枋（？）與二翹。正心枋與二翹相交處，又有一坐斗，以承受上層的正心枋與梁頭（？）。二翹與下層正心枋相交後，向外支出，比頭

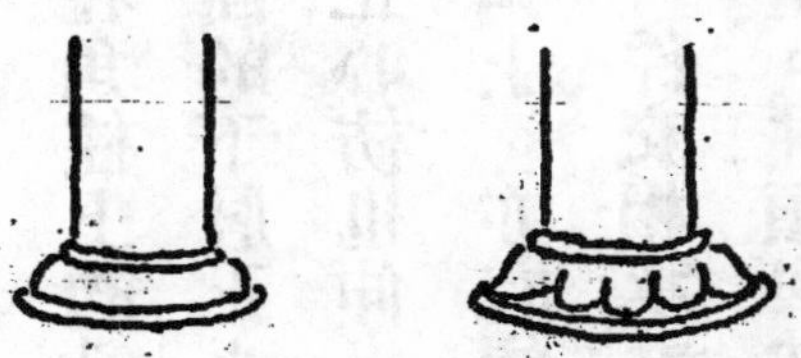

第十九圖

燉煌壁畫中所見柱頂石二種

翹還遠出一跳，以支着廂栱。 廂栱上又是三升，以支着挑檐桁 上層與正心枋相交處，有短小梁頭伸出，長約一拽架。 上下二層正心枋與大小額枋的大小約同，也是我們所宜注意的。

在角柱上的斗栱，正面與側面各有一攢，正面的下層正心枋伸出成側面的二翹，側面的正心枋也伸出成二面的二翹。 在四十五度角上，亦有相同的翹二件，廂栱正面側面各一件交相承在二斜翹端上斗裏，以支住挑檐桁。柱頭與柱頭之間，額枋之上，下層正心枋之上，有人字栱，上下層正心枋之間，用直料（日本稱束）支撐。

這圖的年代，雖不能確定，但以塔的年代而定，當屬初唐。 塔初建於永徽三年（六五二，）長安年中（七〇一—七〇四）改築現

第二十圖

脊磚塔，門楣石當屬長安期物。 圖中斗栱構造，複雜過於六朝，而不及燉煌壁畫。 所謂「昂」者，至此仍未發現，與之類似的只有二層正心栱座斗上所露出一點梁(？)頭。 同時日本法隆寺中門，金堂，五重塔，都沒有與後世所謂昂一樣的東西，只有似昂而尙未完全歸入斗栱之內，而下端亦未製成昂嘴之形者。 所以昂的成熟，當在盛唐以後。

燉煌壁畫中所得見的斗栱約有數種。 最簡單的，只是一斗三升，補間用人字栱（第二十圖）。 最複雜的，如第八窟中所見（第二十一圖），在柱頭上用正心栱及翹各一件，自第二層起，每層有一昂嘴，形尖而向下，與李明中營造法式的昂嘴頗相似；每層有正心枋一道。 補間鋪作也較門楣石畫複雜。 額枋之上有駝峯一件，是人字栱的

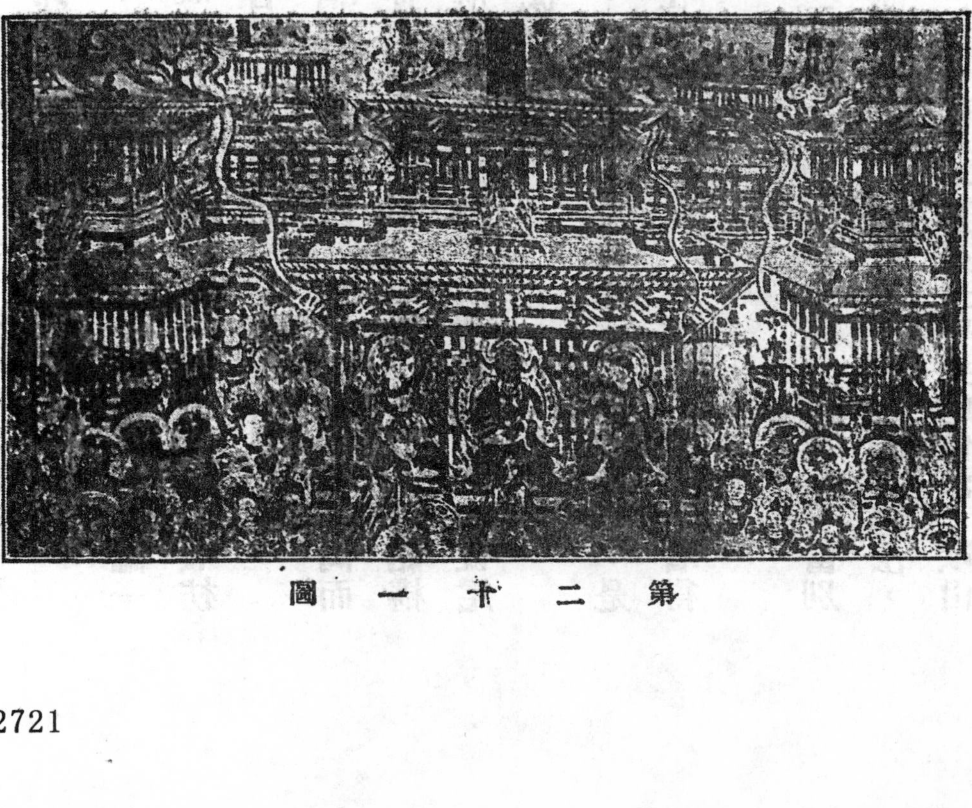

第二十一圖

變相，自第二層以上，栱昂做法與柱頭斗栱同。可惜壁畫照片不甚清晰，不能得一個更準確的分析。此外兩層或單層，有昂嘴或無昂嘴的，有補間鋪作或沒有的都有。但是唐式最大特徵，與宋元明清都不同者有三點：（一）斗。每層能自成一攢，無論一層之上一層或下一層拆去，此層斗栱仍不失為一成攢斗栱，下層之正心枋卽可成為額枋。（二）每層自有正心枋比較明清之多層密壘為合理。各層正心枋間用灰泥抹塞。（三）每間只有補間斗栱一攢，宋式可用兩攢，明清更多無限制。唐式與宋元式相同而與明清不同之點在昂之後尾；唐宋元昂尾都一直伸至下金桁之下，與椽子平行，是結構必須，明清的昂其實是翹加上尖的昂嘴，沒有結構的價值。雖有所謂溜金斗，將後尾「起秤桿」，但也是一種裝飾，完全失去了結構的機能了。

（七）椽子　椽子是兩重，與現在的做法完全相同。下層簷椽是圓的，上層飛簷椽，是方的；而且排列很密，空擋也不過一椽徑，與現在的完全相同。在大雁塔門楣石看得最清楚。

（八）屋頂　屋頂有廡殿（卽四阿），歇山，及攢尖三大類。廊的屋頂是一長排，又當別論。在所有的壁畫中，竟沒有發現一座硬山或懸山的房頂，所以硬山懸山的結構法，在唐朝已否實用，乃至已否發明，頗足令人懷疑。硬山在今日是最普通的做法，歇山

32722

廡殿，非較華麗的建築不用，而在燉煌壁畫中，雖至小的民居也用歇山，所以令人對於硬山不得不疑爲較晚的發明。

房頂是用瓦蓋的。筒瓦用的很多，在大雁塔門楣石上看得尤其清晰，其他壁畫，也可隱約看出。正脊的兩端有鴟尾，大雁塔石及燉煌第十八窟都有準確清晰的圖，可以看出一斑（第八及廿二圖）。至於脊的本身，做法雖不得其詳，但是用多段湊成，且上面用筒瓦覆蓋，是顯然易見的。垂脊也與正脊同，由多段接成，上有筒瓦覆蓋，下端微微翹起，或做成擴頭，或用寶珠壓住。在正殿上，垂脊下端有兩寶珠，大概就是明清式「垂獸」與「仙人」的前身。

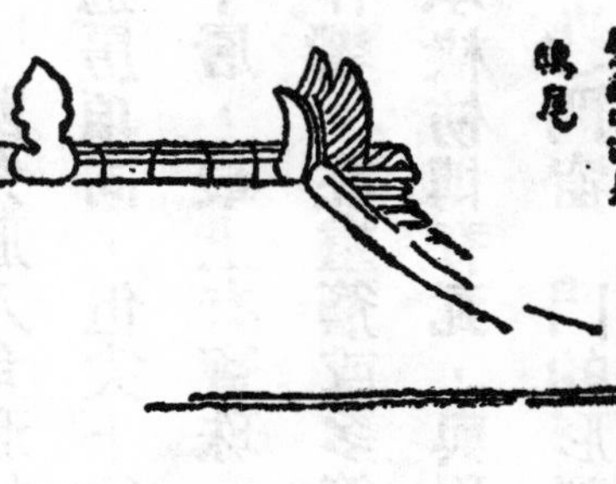

第二十二圖

有一個問題頗令人不能解決的，就是檐角是否翹飛。雲岡石刻，大雁塔石，及燉煌壁畫中的檐完全是一條直線，絕無翹飛的表示，而法隆寺的三座建築物與唐招提。大殿却皆翹起；以燉煌描寫之忠實，想不至忽略此點。至營造法式却翹起頗高。豈是翹飛角檐爲唐代中國西部所不常用耶？

歇山收山頗深，所以山花的三角形部分頗小。且無山花板，將內部的梲梁露出，頗似現在的懸山做法，比用山花板掩蓋既合理又美觀得多。山尖之下更有垂魚，在清式建築中已不見了。

正脊的正中，有寶珠爲飾，只適用於宗教建築上。

四角形八角形的亭，或塔最上層，都用攢尖屋頂，按角數定脊數。脊的做法與普通房頂同，但尖上須用一寶珠或刹爲頂。若用刹，多由寶瓶中伸出中柱，上安露盤若干層，最上有寶珠（第三及十五圖）。刹上有若干道鍊子下繫屋角，鍊上懸鐸，隨風釘鐺作響。在重簷或多簷的房頂各層下檐都須特別的做法。按圖推測，在下層金柱上，有承椽枋博脊瓦，與現在所用的方法是大同小異的。

（九）門窗　門的形制也遍覓不得。畫裏的門都是敞着的不見門扇，法隆寺金堂門上有門釘，嵩山會善寺淨藏禪師塔門上也有門釘。（第十八圖）我們再看白香山詩『往往朱門內，房廊相對空』（凶宅）『誰家起甲第，朱門大道邊』？（傷宅）。兩者參照，也可以得一個門的印像了。

窗的構造最爲特殊。在柱與柱之間，安裝榻板與上檻，在此二者之間，又安裝窗框。在柱與框之間，用灰泥抹塞。榻板之下，（現在檻墻的部位）用短柱一二根支撐，空檔也抹灰泥。窗的空開處，用多根直立的櫺子，在淨藏禪師塔，法隆寺，唐招提寺

，燉煌壁畫都是同樣的。　窗是糊紙的，在白香山廬山草堂記裏有「冪窗用紙」之句，文
詩中有「開窗不糊紙」之句，所以知道用紙糊窗是當時的做法。（第七廿三圖）
竹簾掛在窗外或廊檐上，在壁畫中所見甚多。

（十）欄干　在水邊，台基周圍，台階垂帶上，樓上的露廊邊，都有欄干的設備（第十七圖）。欄干是木製，在兩端或轉角用樹望柱，上安銅蓋頂，作寶珠形。　兩望柱之間再分成若干格，用蜀柱分隔。　蜀柱下段是方形，上段略似棱錐體，而輪廓微凹，　卽營造法式所稱癭項。　橫的部分共三層，最下平板，卽營造法式的地栿；中層也是平板，卽脣盆；上層是圓竿卽尋杖。　尋杖與癭項相接處，用銅片包釘，上安小寶珠一朵，大概就是宋以後雲栱的前身。脣盆地栿與蜀柱相接也用銅片包釘。　至今日本欄干尚多用銅片包釘者。在脣盆與地栿之間宋式稱爲束腰，用木槅做成略似萬字的

第二十三圖

幾何文，在法隆寺中門。上欄干上也有一樣的做法。不用萬字欄而用板刻花的也有，但不多見。（第二十四圖）

唐宋勾欄比較圖

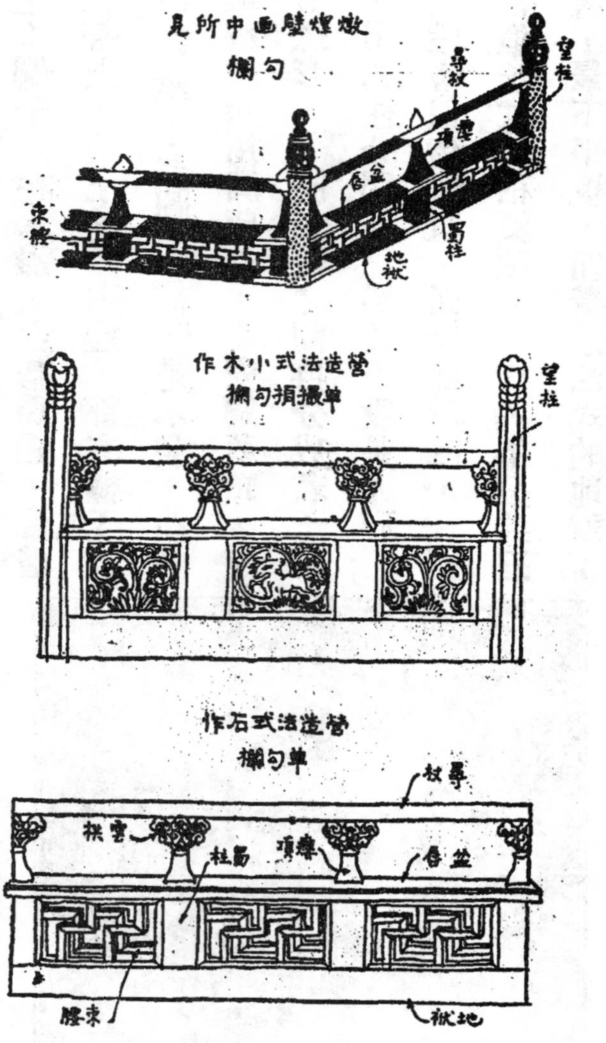

第二十四圖

石欄干大概是宋以後纔盛行而且明明白白的用石模仿木的做法。但因材料的不同而產生的一個極大區別就在望柱的增加。木欄干只須在轉角或極端處用望柱，而石欄干須每二塊欄板間用望柱一根，全部權衡因而改變，而且顏色由紅色變爲白色或青色，於是呈出完全另一種形態，這大概也是西方的影響。

（十二）天花、雲岡石窟中已有天花石刻。支條交相成井，在相交處用釘釘住，製成花形。天花板則刻團花，每井一團。在敦煌窟中，天花雖全是畫的，但仍可得見其結構之大略。 且在方形窟中，天花的中部做成藻井，畫成中央大團花。 大概攢尖的亭子內部天花皆是如此做法。（第廿五圖）

（十二）彫飾 建築彫飾大致可分立體平面二種。 屬於立體的如鴟尾，寶珠，剎，柱頂石，等等上文都已論及。 屬於平面的，以彩畫爲主。 彩畫之用於建築者，大多是長條形，用於梁枋檻框等處，方形

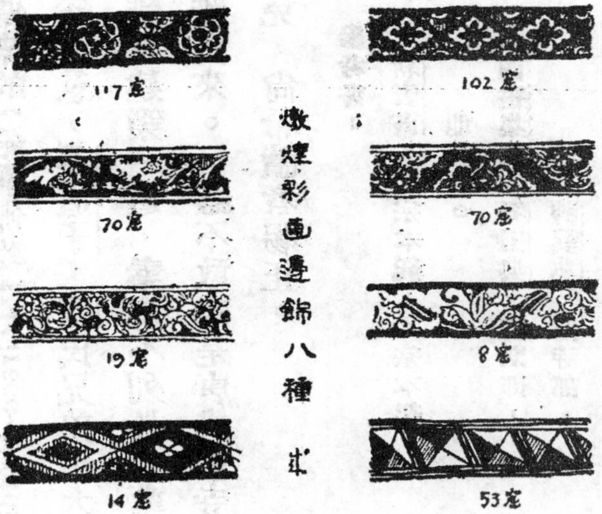

第二十六圖 敦煌彩畫邊飾八種

第二十五圖

圓形較少，只用於特殊地方如天花一類的地方。 第廿六圖是敦皇所見彩畫邊十種，略以示唐人裝飾美術之一部分，希臘影響之重，一望而知。

唐代藝術在中國藝術史上是黃金時代。 承秦漢六朝遺風，以漢族固有的基礎加上印度傳來的『希臘佛教』(Greco-Buddhist) 影響，成爲這成熟的藝術。 在畫塑方面，國人尚較注意，吳道子，閻氏兄弟，大小李将軍，楊惠之等之作品及其特徵，尚爲國人所知。惟有建築一道，素來不列於文藝之門，士大夫所不道，殊爲可惜。 現在姑就所知，拉雜寫來。 雖不敢說是唐式佛寺宮殿建築之全豹，但可略窺大概。 錯誤之處，在所不免，尚希讀者賜正。

廿一年，三月，九日，草于北平。

參考書：

新唐書，太宗本紀，元宗本紀，
地理志。
圖書集成，考工典，宮殿部，
神異典， 僧寺部，
坤輿典 建都部。
洛陽伽藍記 魏楊衒之撰。
陝西通志 卷七十二。
支那建築 伊東忠太 塚本靖 關野貞共著 卷上
支那四建築 伊藤清造著。
營造法式 宋李誡著。
日本古建築史，服部勝吉著，第一冊。
日本建築年表 横山信，高橋仁合編。
Les Grottes de Touen-Houeng, Paul Pelliot 著
Serindia, Sir Aurel Stein 著 第二冊第四冊
辭源
白香山集，廬山草堂記，凶宅，傷宅，竹窗。

舊京發見岐陽王世家文物紀事

瞿兌之

……六百年家史之公開……

……明初遺物之發現……

吾國近代史料，伏藏於家史之中者，至爲豐衍。獨惜乎享祚悠長之世族，但矜秘其蹔楹之藏，而不肯公之於世。殊不知世變之來，往往非一人一家之力所能抗拒。一旦逢水火刀兵之厄，則其累世什襲之文獻，若衣冠，若器用，若圖畫，若譜牒，終不免隨劫灰而埋沒，不獲俾世人共見焉。然吾國故乏保存公物之法，幸而有少數故家遺物，於歷劫之餘，猶能掇拾叢殘於萬一。物以希而愈貴，此家史所以爲研討近代文獻尤須注意者也。

近代之故家中，有能保有六七百年之歷史，綿延不斷者乎？曰有之，然不多也。有能保有其祖宗之遺物，煥然若新者乎？曰，千萬中不得一二也。有所藏遺物有關重要史跡，可以與史册互證者乎？則敢斷然曰，未之或聞也。

今於李岐陽世家得之矣。岐陽者，明太祖之外甥，隨太祖起兵，立大功，開國承家之李文忠也。其人其事，載於明史，盡人而知矣。文忠沒後，其子景隆復預建文北伐之

32729

役。燕王即位，景隆以迎降仍獲保全，然其後卒以罪被錮。至正統中，得赦。至弘治中復得封爵。嘉靖中裔孫齋燧曾充日本冊封使。明亡以後，子孫歸北，投入旗籍，遂居北都；仍以文學吏事顯。直至今日，雖淪爲故都之一編氓，猶謹守其歷經滄桑之先世文物，鮮有失墜。夫李氏之在有清，初無赫赫之名。然其祖在朱明，則國之懿親元從，佐成帝業，與中山（徐達）開平（常遇春）二王比肩，與朱氏同其休戚者也。閱時六百餘年，而當時手澤，赫然具在，令人仿彿若目覩明祖起兵時情景者。此豈非史蹟之至奇者耶？

此一叢故物中，有明祖所賜之墨勅，有親御之服物，有其歷世之畫像，有紀功之圖册，在在與明之國史有關。易詞以申言之，則此非獨李氏一姓之物，直可視爲明代國史之實證也。史料之可珍者，此眞第一等矣。

朱桂辛先生注意搜求近代建築之實證，因而注意於故家文獻。又夙知北平故家之不乏舊物也，於是稍有所聞，必進而求其脈絡，以冀直接間接獲有與建築相發明之罅隙。其得有岐陽世家文物也，實始於平番之一圖，及明代犀甲之二殘片。圖中繪西番屋式，與故書所載吻合，而犀甲又足以考漆工之進化。進而詢其來歷，始知其出自李氏。其廿一世孫國壽現居北平，沉於世亂衰微。稔知朱公以保存文獻爲職志，亦慨然出其所藏各種遺物，乃至影像墓圖契據分關，咸舉以相屬，供其考訂，乃屬本社同人，分任其事。並集貲覓工，爲之緝補蠹殘，重付裝褾。發篋陳書，就其遺文，一一排比參證。凡成李文忠集傳一篇，李景隆集傳一篇，李氏四世以下世系記一篇，李氏入淸以來世系記一篇，李氏族譜世系表一篇，李氏畫像考一篇，平番得勝圖考一篇。而李氏六百年之歷史昭然若揭，史册之遺文墜事，都得其歸宿矣。

李氏遺物之初來也，叢殘凌雜，爬梳實難，經數閱月之功力，明其世系，次其年月，分別部居，然後釐然稍可董理。今次第其諸物曰岐陽世家文物五十五種，列其目如次

第一　吳國公墨敕

按此敕署龍鳳九年，是明太祖卽位前之四年也。明初奉韓林兒正朔之事，爲明人所諱言，僅見於野史，此爲絕好之史證矣。紙墨如新，並有太祖手押。

第二　明太祖御帕並紀恩册

李景隆以懿親子弟，宴見宮中。太祖卽以所食點心裹之帕中，以賜景隆。退而藏其帕，以爲世寶，並爲紀恩册以記其事，亦見族譜。此帕今居然無恙，黃色未渝，絲縷猶靭。又於紀恩册中折出明弘治中曆書殘葉，足以證其確爲明時故物。蓋實物之能證史蹟者，似此眞罕見矣。

第三　岐陽武靖王像冊

第四　岐陽武靖王別傳一卷

按此卷爲明人寫本，與明史及李贄王世貞諸紀載相較，頗有異聞，可窺見洪武中多少佚聞秘事。

第五　李氏歷代行像一冊

第六　李氏族譜三卷

按此譜刊於康熙中，其十五世孫延基所修也。中含珍奇之史材不少，惜其體例蕪雜耳。

第七　萬歷誥敕一卷

第八　平番得勝圖附殘甲二片

按此圖雖未載明與李氏之關係，而圖中人名地名，斑斑可考，確爲萬歷初年洮州戰役紀功之作，與明史西域傳及甘省諸志相合。以之考證明代行軍制度，眞可寶之物也。殘甲相傳爲文忠所御，諒亦不虛。

注意：查文物編目第九原爲殘甲二片，手民誤附第八，第十應爲張三丰畫像，第十一應爲一世李貞畫像，以下遞推，合行更正，

第九　張三丰畫像

三丰爲近代神話傳說集中之人物。此像經李氏裔孫手跋，謂爲三丰所自繪，其

與李氏之關係的無可疑。此一證物當尤爲研究民俗學者所珍視也。

第十　隴西恭獻王李貞畫像一世始祖

第十一　皇姊孝親曹國長公主像畫一世配

第十二　岐陽武靖王李文忠畫像二世

第十三　岐陽王配曹國夫人畢氏畫像

第十四　三世襲曹國公李景隆畫像

第十五　三世曹國夫人袁氏畫像

第十六　四世贈南京錦衣衛指揮使李佑畫像

第十七　四世追贈臨淮侯夫人金氏畫像

第十八　五世追贈臨淮侯李蕚畫像

第十九　五世贈臨侯夫人關氏畫像

第二十　六世南京錦衣衛指揮使李璿畫像

第廿一　六世贈臨淮侯夫人許氏畫像

第廿二　七世襲臨淮侯李沂畫像

第廿三　七世臨淮侯夫人田氏畫像

第廿四　八世太保襲臨淮侯李庭竹畫像
第廿五　八世臨淮侯夫人徐氏畫像
第廿六　九世太保襲臨淮侯李言恭畫像
第廿七　九世臨淮侯夫人史氏畫像
第廿八　十世贈臨淮侯後軍都督府僉書李宗城畫像
第廿九　十世贈臨淮侯夫人徐氏畫像
第三十　十一世襲臨淮侯李邦鎮畫像
第卅一　十一世臨淮侯夫人陽氏畫像
第卅二　十二世太師柱國臨淮侯李弘濟畫像
第卅三　十二世臨淮侯夫人徐氏畫像
第卅四　十三世凊封資政大夫李祖述畫像
第卅五　十三世凊封夫人方氏畫像
第卅六　十三世方夫人行樂圖
第卅七　十三世方夫人行樂圖
第卅八　十三世方夫人影像

第卅九　十四世資政大夫世襲三等阿達哈哈番李德燦像

第四十　十四世中憲大夫台州府同知李德燿像

第四一　十四世誥封恭人郭氏復姓金氏畫像

第四二　十五世中憲大夫福建水口鹽運同知李延基像

第四三　十五世誥封恭人張氏畫像

第四四　十六世奉政大夫江蘇太湖同知李世金像

第四五　十六世誥封宜人毛氏畫像

第四六　七世李濂配繆淑人畫像李性之母贈臨淮侯夫人

第四七　十世李宗娀半身畫像

第四八　李德燿行樂圖手卷

第四九　李延基自題行樂圖立軸

第五十　李延基行樂圖李秩繪

第五一　李延基親書手卷

第五二　李世金小像

第五三　李世運小像一軸

第五四　李氏地契

第五五　李祖權自繪祖塋圖

曰『岐陽』者，明其所托始也。曰『世家』者，依史遷之例，著其源流也。總而目之曰岐陽世家文物。將俟裝褾竣事，擇期公開展覽，并爲謀收貯保存之方焉。凡所董理，皆有疏記，則彙而次之曰『岐陽世家文物考述』，當付梓別行。並俟他日，訪其故里遺族，更求墓碣之屬，從事補訂焉。

述其要既竟，因之更有感焉。蓋李文忠者一奇人，而李氏之家史，一非常之家史也。何以言之？文忠以太祖懿親，遇合甚奇，功績甚顯，而卒不免於讒死。其讒死也，又不著於國史。懸一疑案，直至今日，參合諸家紀載，而後知其不得正命以終。此一奇也。文忠身爲武將，而不知其好學能文，且流風餘韻，及於數世。而劉基，宋濂，章溢，胡翰，方孝孺諸人之登庸，文忠與有力焉。遂開明初浙派文人預政之局。此二奇也。李氏子孫多長於文學，言恭與王世貞諸人游，可想見其秉有鐘鼎山林之氣。明代貴戚中，固絕無而僅有者。即求之其他士族中，亦豈易有此悠永之世澤。而宗城當萬曆中，以襲侯奉使日本。才非專對，誤於僉壬。其事值嘉靖倭寇入犯之後，中朝有此冊封關白秀吉爲日本國王之舉，在亞東外交史上，遺留一段饒有興趣之事實，尤足令人慨歎不置云。

民國廿一年，三月，廿一日，記於北平。

哲匠錄序

叙例

本編所錄諸匠，肇自唐虞，迄於近代；不論其人爲聖爲凡，爲創爲述，上而王侯將相，降而梓匠輪輿，凡於工藝上曾著一事，傳一藝，顯一技，立一言者，以其於人類文化有所貢獻。悉數裒冣，而以「哲」字嘉其稱，題曰：「哲匠錄。」實本表彰前賢，策勵後生之旨也。

羣書所載，凡與本編有關涉者，瀏覽所及，多至千數百言之傳記，少至隻詞片語，靡不甄錄。甄錄之準則，以茲編以刋載古今工藝顓家爲主恉，故姓名爵里及生存年代而外，間采其言論行事有關工藝者；餘如德業功勳，鎖聞軼事，或擇尤酌錄，或概從闕略。惟以「無徵不信」，故凡所引據，附錄原文；且俾閱者有所依據而正其疵謬。

本編分十四類——營造，叠山，鍛冶，陶瓷，髹飾，雕塑，儀象，攻具，機巧，攻玉石，攻木，刻竹，細書畫異畫，女紅——每類之中又分子目。其奄有衆長者則連類互見。

本編次比，斷代相承；又以其人之生存年代爲先後。間有時代全同，難以區分者，則視其所作藝事之先後爲準。

凡無類可歸，無時代可考，事近夸誕，語涉不經……者，均暫入附錄。

書畫篆刻，作者如林；和墨斲琴，別有紀述；其餘類此，卓爾不羣。今略依李氏藝術家徵略舊例，暫不著錄。

余蓄意搜集哲匠事實亦既有年，炳燭讀書，隨付札擈。友朋同好輒復各舉所知，奔走相告。所采既多，容有偶忘來歷，久不董理，慮將墜佚。爰屬梁君述任分別部居，發凡起例，一一爲之疏通證明，咸如其朔，俾釐然可觀焉。

古今載籍，浩如煙海；涉獵所屆；奚及萬一。挂漏之譏，固所難免。顧念作始本難，而茲業又復偉大，原非竭一二人之駑鈍所能集事。同人不揣棉薄，創此「椎輪」，冀以嚶鳴之誠，幸獲麗澤之益，而俾「大輅」之成。博洽君子，或餉以資料，裨補其闕漏；或錫以鴻文，糾繩其謬訛；惠而教之，則幸甚矣。

中華民國二十一年三月廿一日紫江朱啓鈐識

哲匠錄目錄

第一　營造

唐虞　垂　鯀

夏　禹

周—春秋　輪扁　工師翰　奚斯　匠慶　蔦艾獵　王爾　梓慶

漢　胡寬　公玉帶　丁緩　李菊　仇延　魏霸　宋典　陳球　曹操

晉　陳勰　張華　王彬　高堂隆　任汪　張漸　郝輔　毛安之　任射　叱干阿利

宋　謝莊

梁　康絢

陳　沈衆　蔡儔

北魏　郭善明　李沖　穆亮　蔣少游　董爾　王遇　郭安興　王椿　祖瑩　長孫稚
元孚　高隆之　李業興　辛術

北齊　李崇祖　馮子琮

北周　竇熾　樊叔略

隋　宇文愷　何稠　劉龍　黃亘　黃袞　李春

哲匠錄

紫江朱啓鈐桂辛輯本
新會梁啓雄述任校補

第一　營造

唐虞

垂 亦作倕

垂，堯舜時共工。創製規・矩・準・繩・鐘・弓・矢・耒耨・耜・銚・等器物。

書舜典帝曰俞咨垂汝共工　又顧命垂之竹矢傳　垂舜共工

世本作篇倕作規矩準繩秦嘉謨輯（以下略稱秦輯）引玉篇夫部　又垂作鐘秦輯引風俗通義　又垂作耒耨秦輯引齊民要術　又垂作耜秦輯引廣韻六止　又垂作銚秦輯引詩釋文

荀子解蔽倕作弓注　倕舜之共工

尸子古者倕爲規矩繩準使天下倣焉

楚辭懷沙巧倕不斲注　倕堯巧工也

呂氏春秋重己倕至巧也人不愛倕之指而愛己之指注 倕堯之巧工也

山海經十八海內經不距之山巧倕葬其西注 倕堯之巧工也郝懿行箋疏郭知爲堯臣者以虞書云咨倕女共工垂倕蓋一人也 又倕是始作下民百巧

案：山海經舊題「禹伯益作」，一實戰國好奇之士，雜錄奇書而成。然以去古未遠，所載事蹟，尚有可靠。

禮記明堂位垂之和鐘注 垂堯之共工

淮南子本經訓周鼎著倕使銜其指以明大巧之不可爲也注 倕堯之巧工 又說山訓人不愛倕之手而愛己之指

潛夫論讚學篇巧倕之爲規矩準繩以遺後工

路史帝堯命垂爲工作和鐘利器用 又帝舜以垂爲宗工辨材楛利器用注 宗工司空之職使之代禹垂有創物之巧舉極其精故竹矢猶爲後世寶

鯀 亦作鮌或作骸又作鯀

鯀，堯舜工官，封於崇，故號崇伯。禹父。其世系以年代湮遠，傳說紛岐，姑作存疑。首築城郭以爲守。始布土均定九州─洪水滔天，鯀奉命治水；九年而水不息；帝令祝融殺鯀於羽郊，而舉其子禹以竟其業。

書堯典鯀哉傳鯀崇伯之名馬注鯀臣名禹父　舜典殛鯀於羽山

世本帝系篇顓頊生鯀秦輯引山海經海內經注鯀生高密是爲禹也秦輯引玉篇骨部　又鯀娶有辛氏女謂之女志是生高密秦輯引史記夏本紀索隱　又作篇鯀作城秦輯引禮記祭法正義

國語周語其在有虞有崇伯鯀播其淫心稱遂共工之過堯用殛之於羽山注鯀禹父崇鯀國伯爵也堯時在位而言有虞者鯀之誅舜之爲也

山海經海內經黃帝生駱明駱明生白馬白馬是爲鯀　又禹鯀是始布土均定九州　又洪水滔天鯀竊帝之息壤以湮洪水不待帝命帝令祝融殺鯀於羽郊

淮南子原道訓夏鯀作三仞之城

史記夏本紀禹之父曰鯀鯀之父曰帝顓頊顓頊之父曰昌意昌意之父曰黃帝禹者黃帝之玄孫而帝顓頊之孫也禹之曾大父昌意及父鯀皆不得在帝位爲人臣當帝堯時鴻水滔天浩浩懷山襄陵下民其憂堯求能治水者羣臣四嶽皆曰鯀可堯曰鯀爲人負命毀族不可四嶽曰等之未有賢於鯀者願帝試之於是堯聽四嶽用鯀治水九年而水不息功用不成於是帝堯乃求人更得舜舜登用攝行天子之政巡狩行視鯀之治水無狀乃殛鯀於羽山以死天下皆以舜之誅爲是於是舜舉鯀子禹而使續鯀之業索隱　皇甫謐云鯀帝顓頊之子字熙又連山易云鯀封於崇故國語謂之崇伯

漢書律歷志顓頊五代而生鯀

列子楊朱篇鮌治水土績用不就殛諸羽山注禹父若本又作鮌

夏

禹

禹，鯀子，名文命，字高密；西羌西夷人。堯命以爲司空，繼其父治水；禹沐淫雨，櫛疾風，決河，濬川，鑿龍門，闢伊闕，隨山刊木，奠高山大川；而洪水平，九州定。堯美其績乃賜姓姒氏，封爲夏伯。堯崩，舜復命居故官。勤儉謙恭，創製宮室，祭器等物。舜老，禹受舜禪有天下；在位十年，號曰夏后氏。

書舜典伯禹作司空帝曰俞咨禹汝平水土

夏書禹別九州隨山濬川任土作貢

論語泰伯子曰禹吾無間然矣菲飲食而致孝乎鬼神惡衣服而致美乎黻冕卑宮室而盡力乎溝洫

孟子滕文公上禹疏九河瀹濟漯而注諸海決汝漢排淮泗而注之江

莊子天下篇昔者禹之湮洪水決江河而通四夷九州也名山三百支川三千小者無數禹親自操橐耜而九雜天下之川腓無胈脛無毛沐甚雨櫛疾風置萬國

韓非子小過禹作祭器黑漆其外朱畫其內

呂氏春秋愛類篇龍門未開河出孟門東大溢是謂洪水禹鑿龍門乃南　又謹聽篇昔者禹一沐而三握髮一食而三起以禮有道之士通乎己之不足通乎己之不足則不與物爭矣

山海經十八海內經鯀復生禹帝乃命禹卒布土以定九州

世本帝系篇鯀生高密是爲禹也　又夏禹名曰文命黃帝之元孫帝顓頊之孫也繼舜命卽天子位號曰夏后氏（秦輯引史記夏本紀索隱）　又作篇堯使禹作宮室（秦輯引爾雅釋文）

賈誼新書脩政語上禹常晝不暇食而夜不暇寢方是時也憂務故也

淮南子脩務訓禹沐淫雨櫛疾風決河疏河鑿龍門闢伊闕脩彭蠡之防乘四載隨山刋木平治水土定千八百國　又曰禹爲水以身解於陽盱之河　又要略堯之時天下大水禹身執畚鍤以爲民先剔河而導九岐鑿江而通九路辟五湖而定東海

周——春秋

輪扁

輪扁，齊桓公時斲輪之匠。晉司馬彪莊子注云：「斲輪人名「扁」」。然則「輪」乃考工記「輪人」之輪，以其職業稱之，非扁之姓也。

莊子天道篇桓公讀書於堂上輪扁斲輪於堂下釋椎鑿而上問於桓公曰敢問公之所讀爲何

言邪公曰聖人之言也曰聖人在乎公曰已死矣曰然則君之所讀者古人糟魄已夫桓公曰寡人讀書輪人安得議乎有說則可無說則死輪扁曰臣也以臣之事觀之斲輪徐則甘而不固疾則苦而不入不徐不疾得之於手而應之於心口不能言有數存焉於其間臣不能喻臣之子臣之子亦不能受之於臣是以行年七十而老斲輪古之人與其不可傳也死矣然則君之所讀者古人之糟魄已夫

工師翰

翰，齊桓公時工師，嘗爲桓公新路寢—嘉木以爲楹，文碣以薦址，畫藻以奠井，堅甓以厚墉，陶甓以飾黝；越五月而路寢成。

宋濂燕書齊路寢壞桓公欲新之召工師翰具材工師翰伐巨木於營丘山中若纖若黏若堯旆若豫章無疵取而泛之河蔽流而下工師翰麾衆徒操剞劂斲之運繩尺劇之閣閣然橐橐然聲達乎臨淄之郊越五月路寢成桓公環視之東阿之楹有用欂者桓公讓工師翰曰欂散木也膚理不密瀋液弗固嗅之腥爪之不知所窮爲栱爲棖且不可況爲負任器邪工師翰對曰臣之作斯寢也嘉木以爲楹文碣以薦址畫藻以奠井堅甓以厚墉陶甓以飾黝臣竊以爲盡善矣雖東阿之楹缺以一欂足之不虞君之見讓也桓公曰寢之聳者在宗廟承宗者在桴藉桴惟楹耳一楹蠹則寢隳奈何不讓工師翰曰臣聞國猶寢也一楹蠹則無寢若衆壬進尙可有國乎桓公曰

不可也工師翰曰君既不可何爲察其小而遺其大也桓公曰不知也工師翰曰臣請爲君言之擅執國柄者有雍巫焉內成食之姧者有夷鼓初焉長君之欲者有寺人貂焉外惡諸侯而凶德弗革者有開方焉是四人者皆蠢矣路寢能獨存邪桓公悟曰敬諾於是解四子政而召管仲任之齊國大治

奚斯孔疏據左傳謂「奚斯」公子魚之字。

奚斯，名魚，魯公子；嘗作新廟於魯。詩毛傳云：「新廟，閔公廟。」閔公薨，僖公以庶兄後閔公，爲之立廟；使奚斯敎令工匠，監護其事，屬付功役，課其章程，而爲之主帥。唯鄭箋則曰：「修舊曰新，新者姜嫄廟也。」似不確。

毛詩泮疏卷二十九魯頌閟宮篇徂來之松新甫之柏是斷是度是尋是尺松桷有舃路寢孔碩新廟奕奕奚斯所作毛傳新廟閔公廟也有大夫公子奚斯者作是廟也鄭箋修舊日新新者姜嫄廟也傳公承衰亂之政修周公伯禽之教故治正寢上新姜嫄之廟廟姜嫄之廟廟之先也奚斯作者敎護屬功課章程也至文公之時太室屋壞孔疏正義曰閔二年慶父出奔莒左傳曰以賂求共仲於莒莒人歸之及密使公子魚請不許哭而往共仲曰奚斯之聲也乃縊是奚斯爲公子也如傳文壽名魚而字奚斯又解奚斯所作之意正謂爲之主帥主帥敎令工匠監護其事屬付功役課其章程而已非親執斧斤而爲之也

32746

匠慶

匠慶，魯大匠。魯成公妾襄公母定姒薨。季文子以襄公幼弱，乃敢蔑視之而卑其母，且以定姒非嫡夫人，不欲成其爲小君之喪；故不殯於廟，又不爲備棺櫬。匠慶謂季文子曰：「子爲正卿，而以非禮待小君，若慢其母，是不終事君之道也。君長，誰受其咎與？」初，季文子爲己樹六檟於蒲圃東門之外，匠慶乃請之以爲定姒作櫬，文子爲正論所責，不敢止，遂得成禮。

春秋左氏傳襄公四年秋定姒薨不殯於廟無櫬不虞匠慶謂季文子曰子爲正卿而小君之喪不成不終君也君長誰受其咎初季孫爲己樹六檟於蒲圃東門之外匠慶請木季孫曰略匠慶用蒲圃之檟季孫不御君子曰志所謂多行無禮必自及也其是之謂乎

蔿艾獵

蔿艾獵，蔿賈子，春秋時楚令尹。築沂城，使封人——其時主築城者——計畫其事，以授司徒。左傳杜註謂：「艾獵孫叔敖也。」惟世本則謂：「艾獵爲叔敖之兄。」孔疏力辨世本之非。而雷學淇世本考證則云：「蓋蔿賈生艾獵、叔敖，獵之後爲蔿氏。有蔿子馮等，敖之後別爲孫氏。」二說孰確，待考。

春秋左氏傳宣公十一年令尹蔿艾獵城沂使封人慮事以授司徒量功命日分財用平板幹稱

舂築程土物議遠邇略基趾具餱糧度有司事三旬而成不愆於素

王爾

王爾，春秋時巧匠。

韓非子姦刼弑臣第十四無規矩之法繩墨之端雖王爾不能以成方圓

淮南子本經訓王爾無所錯其剞劂削鋸注 王爾古之巧匠也

文選西京賦命般爾之巧匠注 般魯般一云公輸之子魯哀公時巧人爾般爾皆古之巧者也

梓慶

梓慶，春秋時魯大匠，名慶，「梓」其官名也；或曰以官爲氏。嘗削木爲鐻——樂器。鐻成，見者驚服其神巧。淸俞樾曰：「左襄四年傳「匠慶」即此人，」待考。

莊子達生篇梓慶削木爲鐻鐻成見者驚猶鬼神

漢

胡寬

胡寬漢高祖時匠人。高祖既定都長安，太上皇徙居長安深宮；常思念故鄉，悽愴不樂。於是高祖詔胡寬建築城市街里以象豐，故號新豐。移諸豐民以實之。男女老幼各知其室，放犬羊鷄豕於通途亦識其家。移者皆悅其似而德之，故競加賞贈，致累百金。

西京雜記卷二太上皇徙長安居深宮悽愴不樂高祖竊因左右問其故以平生所好皆屠販少年酤酒賣餅鬥雞蹴踘以此爲歡今皆無此故以不樂高祖乃作新豐移諸故人實之太上皇乃悅故新豐多無賴無衣冠子弟故也高祖少時常祭枌榆之社及移新豐亦還立焉高祖既作新豐並移舊社衢巷棟宇物色惟舊士女老幼相攜路首各知其室放犬羊雞鴨於道途亦競識其家其匠人胡寬所營也移者皆悅其似而德之故競加賞贈月餘致累百金

公玉帶

公玉帶，漢濟南人。武帝欲治明堂於奉高（今山東泰安）旁，未曉其制度。帶乃進黃帝時明堂圖，於是上令作明堂於汶上如帶圖。

漢書卷二十五下郊祀志武帝封泰山泰山東北阯古時有明堂處處險不敞上欲治明堂奉高旁未曉其制度濟南人公玉帶上黃帝時明堂圖中有一殿四面無壁以茅蓋通水水圜宮垣爲複道上有樓從西南入名曰昆侖天子從之入以拜祀上帝焉於是上令奉高作明堂汶上如帶圖

丁緩　李菊

丁緩，李菊，皆漢成帝時匠人，爲趙飛燕女弟造昭陽殿。

西京雜記卷一趙飛燕女弟居昭陽殿中庭彤朱而殿上丹漆砌皆銅沓黃金塗白玉階壁帶往

32749

往爲黃金釭含藍田璧明珠翠羽飾之上設九金龍皆銜九子金鈴五色流蘇帶以綠文紫綬金銀花鏁每好風日幡旄光影照耀一殿鈴鏁之聲驚動左右中設木畫屏風文如蜘蛛絲縷玉几玉牀白象牙簟綠熊席席毛長二尺餘人眠而擁毛自蔽望之不能見坐則沒膝其中雜薰諸香一坐此席餘香百日不歇有四玉鎭皆達照無瑕缺窗扉多是綠琉璃亦皆達照毛髮不得藏焉椽桷皆刻作龍蛇縈繞其間鱗甲分明見者莫不競慄匠人丁緩李菊巧爲天下第一締構既成向其姊子樊延年說之而外稀知莫能傳者

仇延　附杜林等數十人

仇延，王莽時都匠，及杜林等數十人將作，壞徹上林苑中建章等十舘，取其材瓦以起九廟——（一）黃帝太初祖廟（二）帝虞始祖昭廟（三）陳胡王統祖穆廟（四）齊敬王世祖昭廟（五）濟北愍王王祖穆廟（六）濟南伯王尊禰昭廟（七）元城孺王尊禰穆廟（八）陽平頃王戚禰昭廟（九）新都顯王戚禰穆廟。殿皆重屋。太初祖廟東西南北各四十丈高十七丈；餘廟半之，爲銅欂櫨——杜上橫方木承棟者。飾以金銀彫文，窮極百工之巧。遞高增下。

漢書王莽傳地皇元年營長安城南提封百頃九月甲申莽立載行視親舉築三下司徒王尋大司空王邑持節及侍中常侍執法杜林等數十人將作崔發張邯說莽曰德盛者文縟宜崇其制度宣視海內且令萬世之後無以復加也莽乃博徵天下工匠諸圖畫以望法度算及吏民以義

入錢穀助作者駱驛道路壞徹城西苑中建章承光包陽大臺儲元宮及平樂當路陽祿館凡十餘所取其材瓦以起九廟是月大雨六十餘日令民入米六百斛爲郎其郎吏增秩賜爵至附城九廟一曰黃帝太初祖廟二曰帝虞始祖昭廟三曰陳胡王統祖穆廟四曰齊敬王世祖昭廟五曰濟北愍王王祖穆廟凡五廟不墮云六曰濟南伯王尊禰昭廟七曰元城孺王尊禰穆廟八曰陽平頃王戚禰昭廟九曰新都顯王戚禰穆廟殿皆重屋太初祖廟東西南北各四十丈高十七丈餘廟半之爲銅薄櫨飾以金銀琱文窮極百工之巧帶高增下功費數百鉅萬卒徒死者萬數三年正月九廟蓋構成納神主莽謁見大駕乘六馬以五采毛爲龍文衣著角長三尺華蓋車元戎十乘在前因賜治廟者司徒大司空錢各千萬侍中中常侍以下皆封封都匠仇延爲邯淡里附城

魏霸

魏霸，字喬卿。東漢和帝時將作大匠。典作順陵。

後漢書本傳魏霸字喬卿濟陰句陽人永元十六年徵拜將作大匠明年和帝崩典作順陵時盛冬地凍中使督促數罰縣吏以厲霸霸撫循而已初不切責而反勞之曰今諸卿被辱大匠過也吏皆懷恩力作倍功

宋典

宋典，東漢末桓靈帝時鈎盾令。嘗繕修南宮玉堂。

後漢書張讓傳使鈎盾令宋典修南宮玉堂

陳球

陳球，字伯眞，東漢靈帝時將作大匠。作桓帝陵園。

後漢書本傳陳球字伯眞下邳淮浦人徵拜將作大匠作桓帝陵園所省巨萬以上

曹操

曹操，字孟德，東漢獻帝時爲大將軍，進位丞相，封魏王。子丕篡漢，追尊爲武帝。爲人多機智，才力絕人，及造作宮室，繕治器械，無不爲之法則，曲盡其意。

魏志武帝本紀注引夏侯湛魏書太祖才力絕人及造作宮室繕治器械無不爲之法則皆盡其意

晉

陳勰

陳勰，晉太康間都水使者，宣帝廟及太廟殿壞，更營新廟，遠致名材，雜以銅柱。陳勰爲匠，作者六萬人，越十九月乃成。

晉書五行志太康五年五月宣帝廟地陷梁折八年正月太廟殿又陷故作廟築基及泉其年九

月遂更營新廟遠致名材雜以銅柱陳勰爲匠作者六萬人至十年四月乃成十一月庚寅梁又折明年帝崩而王室亂

晉讚曰陳勰以工巧見知

張華

張華，字茂先：晉武帝時范陽方城人也。嘗畫建章千門萬戶圖。

晉書本傳武帝嘗問漢宮室制度及建章千門萬戶華畫地成圖左右屬目帝甚異之時人比之子產

王彬

王彬，字世儒，晉元帝時大匠。營創新宮。

晉書王廙傳弟彬字世儒改築新宮爲大匠以營創勳勞賜爵關內侯遷尙書右僕射卒官年五十九贈特進衞將軍加散騎帝侍謚曰肅

高堂隆

高堂隆，晉人，刻鄴宮屋材。

王隱晉書高堂隆刻鄴宮屋材云後若千年當有天子居此宮惠帝止鄴宮治屋者土剝更泥作一屋始見刻字計年正合 二字一作在今時清畢沅湯球輯引藝文類聚及太平御覽

32753

任汪　張漸

任汪，晉石勒時少府；張漸，都水使者。監營鄴宮。

晉書載記石勒令少府任汪都水使者張漸等監營鄴宮

郕輔

郕輔，晉樂陵人，爲石勒材官將軍。曾營襄國宮殿臺榭。

後趙錄郕輔樂陵人也好學多材藝巧思機智妙於當時襄國宮殿臺榭皆輔所營也（清湯球輯十六國春秋後趙錄引太平御覽）

毛安之

毛安之，晉孝武帝時大匠。曾營築太極殿。

徐廣晉紀孝武寧康二年尚書令王彪之等啓改作新宮太元三年二月內外軍六千人始營築至七月而成太極殿高八丈長二十七丈廣十丈尚書謝萬監視賜爵關內侯大匠毛安之關中侯（清黃奭輯子史鉤沉引世說方正篇注但毛安之作王安之）

任射

任射，晉呂光時人。有奇巧，太殿傾，運巧致思，土木俱正。

凉州記呂光時有任射者得罪自匿爲王欣家奴發覺應死射有奇巧王爾魯般之儔也故赦之

及大殿歲久傾敗任射運巧致思土木俱正（清張澍輯引太平御覽）

叱干阿利

叱干阿利，晉赫連勃勃將。作大匠，蒸土築城，造五兵，鑄銅鼓。

晉書赫連勃勃載記改元爲鳳翔以叱干阿利領將作大匠發嶺北夷夏十萬人於朔方水北黑水之南營起都城勃勃自言朕方統一天下君臨萬邦可以統萬爲名阿利性尤工巧然殘忍刻薄乃蒸土築城錐入一寸卽殺作者而並築之勃勃以爲忠故委以營繕之任又造五兵之器精銳尤甚既成呈之工匠必有死者射甲不入則斬弓人如其入也便斬鎧匠又造百鍊剛刀爲龍雀大環號曰大夏龍雀銘其背曰古之利器吳楚湛盧大夏龍雀名冠神都可以懷遠可以柔邇如風靡草威服九區世甚珍之復鑄銅爲大鼓飛廉翁仲銅駝龍獸之屬皆以黃金飾之列于宮殿之前凡殺工匠數千以是器物莫不精麗

水經注叱干阿利改築大城名曰統萬城蒸土加功雉堞雖久崇墉若新

宋

謝莊

謝莊，字希逸；宋文帝時陳郡陽夏人，嘗製木方，圖山川土地於其上，各有分理，離之則州別郡殊，合之則寓內爲一。

宋書本傳謝莊字希逸陳郡陽夏人太常弘微子也年七歲能屬文通論語及長韶令美容儀太祖見而異之製本（案南史作木）方丈圖山川土地各有分理離之則州別郡殊合之則寓內為一

梁

康絢

康絢，字長明。梁高祖時華山藍田人。高祖欲堰淮水以灌壽陽，假絢節都督淮上諸軍事並護堰作役人。淮水漂疾，堰屢決潰，乃冶鐵器—釜、鬵、鋘、鋤、—數千萬斤沉于堰所；又伐樹為幹，填以巨石，加土其上。

梁書本傳魏降人王足陳計求堰淮水以灌壽陽高祖使水工陳承伯材官將軍祖暅視地形咸謂淮內沙土漂輕不堅實其功不可就高祖弗納發徐揚人率二十戶取五丁以築之假絢節都督淮上諸軍事並護堰作役人及戰士有衆二十萬於鍾離南起浮山北抵巉石依岸以築土合脊於中流十四年堰將合淮水漂疾輒復決潰衆患之或謂江淮多有蛟能乘風雨決壞崖岸其性惡鐵因是引東西二冶鐵器大則釜鬵小則鋘鋤數十萬斤沉于堰所猶不能合乃伐樹為井幹填以巨石加土其上

陳

沈衆　蔡儔

沈衆，紫儔；皆陳高祖永定間人。太極殿被火焚，詔中書令沈衆，兼起部尙書。少府卿蔡儔，兼將作大匠重建之；成，帝於殿東堂宴羣臣，設金石之樂。

陳書高祖本紀永定二年秋七月起太極殿初侯景之平也火焚太極殿承聖中議欲營之獨闕一柱至是有瀆木大十八圍長四丈五尺流泊陶家後渚監軍鄒子度以聞詔中書令沈衆兼起部尙書少府卿蔡儔兼將作大匠起太極殿冬十月甲寅成十二月丙寅帝於太極殿東堂宴羣臣設金石之樂

北魏

郭善明

郭善明，北魏高宗時巧人。北京即平城，故城在今山西大同縣。宮殿多其製作。

魏書藝術傳高宗時郭善明甚機巧北京宮殿多其製作

李冲

李冲，字思順，北魏高祖將作大匠。機敏有巧思，營北京明堂、圜丘、太廟。高祖遷都雒陽，冲奉敕營雒都初基及安處郊兆，新起堂寢等。

魏書本傳冲機敏有巧思北京明堂圜丘太廟及洛都初基安處郊兆新起堂寢皆資於冲勤志彊力孜孜無怠旦理文簿兼營匠制几案盈積剞劂在手終不勞厭也 又詔曰昔軒皇誕御垂

32757

棟宇之構爰歷三代興宮觀之式然茅茨土階昭德於上代層臺廣廈崇威於中業良由文質異宜華朴殊禮故也是以周成繼業營明堂於東都漢祖聿興建未央於咸鎬蓋所以尊嚴皇威崇重帝德豈好奢惡儉苟敝民力者哉我皇運統天協纂乾厤鋭意四方未遑建制宮室之度頗爲未允太祖初基雖粗有經式自茲厥後復多營改至於三元慶饗萬國充庭觀光之使具瞻有闕朕以寡德猥承洪緒運屬休期事鍾昌建宜遵遠度式茲宮宇指訓規模事昭於平日明堂太廟已成於昔年又因往歲之豐資藉民情之安逸將以今春營改正殿違犯時令行之惕然但朔土多寒事殊南夏自非裁度當春興役徂暑則廣制崇基莫由克就成功立事非委賢莫可改制規模非任能莫濟尚書沖器懷淵博經度明遠可領將作大匠司空長樂公亮（穆亮）可與大匠共監興繕其去故崇新之宜修復太極之制朕當別加指授

穆亮

穆亮，字幼輔，北魏高祖時司空。太和十七年高祖遷都雒陽，穆亮營造新都宮室。

洛陽伽藍記叙魏太和十七年高祖遷都雒陽詔司空公穆亮營造宮室

魏書本傳亮代人穆崇之子字幼輔官至驃騎大將軍尚書令司空公謚曰匡

蔣少游　董爾（北史作董爵）

蔣少游，北魏高祖時都水使者，兼將作大匠。高祖將於平城營太廟太極殿，少游詣洛量準魏晉基趾。又嘗修改華林殿沼，及金墉門樓。

董爾，高祖時將作大匠，與蔣少游、王遇、等參建太廟。又與李冲、穆亮同經營洛都

魏書藝術傳蔣少游東安博昌人也於平城將營太廟太極殿遣少游乘傳詣洛量準魏晉基趾後爲散騎侍郎副李彪使江南高祖修船乘以其多有思力除都水使還前將軍兼將作大匠仍領水池湖泛戲舟檝之具及華林殿沼修舊增新改作金墉門樓皆所措意號爲妍美雖有文藻而不得伸其才用恒以剞劂繩尺碎劇忽忽徙倚園湖城殿之側識者爲之歎慨而乃坦爾爲己任不告疲恥又兼太常少卿都水如故景明二年卒贈龍驤將軍青州刺史諡曰質有文集十卷餘少游又爲太極模範與董爾王遇等參建之皆未成而卒

王遇

王遇，字慶時，北魏世宗時將作大匠。監作北部（即平城）。方山靈泉，道俗居宇，文明太后陵廟，及洛京東郊馬射壇殿；又脩廣文昭太后墓園，太極殿，及東西兩堂內外諸門。

魏書本傳遇字慶時世宗初兼將作大匠性巧彊於部分北都方山靈泉道俗居宇及文明太后陵廟洛京東郊馬射壇殿修廣文昭太后墓園太極殿及東西兩堂內外諸門制度皆遇監作雖年在耆老朝夕不倦

郭安興

郭安興，北魏宣武帝孝明帝時殿中將軍。與柳儉關文備同時，並機巧。洛中製永寧寺九層佛圖，安興爲匠。

魏書藝術傳世宗肅宗時豫州人柳儉殿中將軍關文備郭安興並機巧洛中製永寧寺九層佛圖安興爲匠也

王椿

王椿，字元壽，北魏宣武帝孝明帝間人。有巧思，凡所營製園宅等可爲後世法。正光中，元乂將營明堂辟雍，欲徵爲將作大匠，椿固辭不就。

北史王叡傳叡子襲襲弟椿字元壽正始中拜太原太守坐事免椿園宅華廣聲伎自適或有勸椿仕者椿笑而不答雅有巧思凡所營製可爲後法由是正光中元乂將營明堂辟雍欲徵爲將作大匠椿聞而固辭

祖瑩　長孫稚　元孚

祖瑩，字元珍，北魏孝武帝時太常卿，嘗與長孫稚元孚，更造太常樂庫；既就，命曰「大成樂。」

長孫稚，字承業，孝武帝時錄尚書事。

元孚，孝武帝時侍中。

魏書本傳莊帝末爾朱兆入洛軍人焚燒樂署鍾石管弦略無存者敕瑩與錄尚書事長孫稚侍中元孚典造金石雅樂三載乃就

高隆之

高隆之，字延興，東魏孝靜帝時尚書右僕射。天平元年，遷都於鄴；其明年，隆之領營構大將，以十萬夫徹洛陽宮殿，運其材入鄴，而與參軍辛術鎮南將軍李業興共營構新宮，且定其制；閶闔門初成，隆之乘馬遠望，謂匠人曰：「西南獨高一寸」，量之果然，其明敏如此。增築南城，周二十五里。又以漳水近帝城，時虞汎溢，故起長堤以防之；而鑿渠引水，周流城郭；更製水碾磑：並有利於時。

北史本傳高隆之字延興洛陽人也領營構大將以十萬夫徹洛陽宮殿運於鄴構營之制皆委隆之增築南城周二十五里以漳水近帝城起長堤以防汎溢又鑿渠引漳水周流城郭造水碾磑並有利於時隆之性好小巧至於公家羽儀百戲服制時有改易

李業興

李業興，東魏孝靜帝時鎮南將軍；與辛術高隆之等共營鄴都；及繕治三署樂器、衣服、百戲、之屬。

魏書本傳遷鄴之始起部郎中辛術奏曰今皇居徙御百度創始營構一興必宜中制上則憲章前代下則模寫洛京今鄴都雖舊基址毀滅又圖記參差事宜審定臣雖曰職司學不稽古通直

散騎常侍李業興碩學通儒博聞多識萬門千戶所宜訪詢令求就之披圖案記考定事非參古雜今折中爲制召畫工並所須調度具造新圖申奏取定庶經始之日執事無疑詔從之天平二年除鎭南將軍尋爲侍讀於時尙書右僕射營構大將高隆之被詔繕治三署樂器衣服及百戲之屬乃奏請業興共參其事

辛術

辛術，字懷哲，東魏孝靜帝時起部郎中；與高隆之等共典營構鄴都宮室。

北史辛雄傳術字懷哲少明敏有識度解褐司空胄曹參軍與僕射高隆之共典營構鄴都宮室術有思理百宮尅濟

北齊

李崇祖

李崇祖，字子述；業興子。北齊文宣帝營構三臺，材瓦工程，皆其所算。

北史儒林傳李崇祖字子述文襄集朝士命盧景裕講易崇祖時年十一論難往復景裕憚之業興助成其子至於忿鬩文襄色甚不平姚文安難服虔左傳解七十七條名曰駁妄崇祖申服氏名曰釋謬齊文宣營構三臺材瓦工程皆崇祖所算也封屯留侯

馮子琮

馮子琮，性聰敏，涉獵書傳。北齊武成帝禪位後主，詔子琮爲少帝監造大明宮於晉陽。

北齊本傳世祖在晉陽既居舊殿少帝未有別所詔子琮監造大明宮宮成世祖親自巡幸怪其不甚宏麗子琮對曰至尊幼年纂承大業欲令敦行節儉以示萬邦兼此北連天闕不宜過復崇峻世祖稱善

北周

竇熾

竇熾，字光成；北周宣帝時扶風平陵人。宣帝營建東京（即洛陽），以熾爲京洛營作大監，宮苑制度，取決於彼。

周書本傳竇熾字光成扶風平陵人也宣帝營建東京以熾爲京洛營作大監宮苑制度皆取決焉

樊叔略

樊叔略，陳留人；有巧思。北周宣帝時爲營構東都（洛陽）監。宮室制度，皆叔略所定。

北史循吏傳樊叔略陳留人也宣帝營建東都以叔略有巧思拜營構監宮室制度皆叔略所定

隋

宇文愷

宇文愷，字安樂；少有器局，好學深思，而尤多伎藝。隋文帝時，初官營宗廟副監。開皇二年，作新都于龍首山——大興城——上以愷有巧思，詔領營新都副監；凡所規畫，皆出於愷。後決渭水達河以通運漕，愷復總督其事。十三年，詔營仁壽宮於岐州之北；上復以愷有智思，於是檢校將作大匠，（隋制未除授正官而領其務者為檢校官）歲餘拜仁壽宮監，授儀同三司；尋為將作少監。又為文獻皇后營山陵。煬帝即位，遷都洛陽，以愷為營東都副監，並營顯仁宮，南接皁澗，北跨洛濱，發大江之南，五嶺以北奇材異石，輸之洛陽，又求海內嘉木異草珍禽奇獸以實園苑。尋遷將作大匠。大業三年，帝北巡，欲誇示突厥，令愷為大帳，其下可坐數千人。又詔發丁男百餘萬築長城，令愷規度其事。其年八月，為帝造觀風行殿，上容侍衛者數百人，下施輪軸，倏忽推移。又作行城，周二千步，以板為幹，衣之以布，飾以丹青，樓櫓悉備。四年，累拜工部尚書。初高祖欲重建古明堂，愷依月令文造明堂木樣以進；以諸儒異議，久之不決，乃罷之。及大業中，愷又造明堂議及樣奏之，帝可其奏；會征高麗，未能果行。八年，征遼軍進至遼水，高麗兵阻水拒守，隋兵不得濟，帝命愷造浮橋三道於遼水上。以度遼之功進位金紫光祿大夫。其年卒於官，時年五十八。帝甚惜之，謚曰康。撰東都記圖二十卷，明堂圖議二卷，釋疑一卷。見行於世。

隋書本傳宇文愷字安樂杞國公忻之弟也在周以功臣子年三歲賜爵雙泉伯七歲進封安平郡公邑二千戶愷少有器局家世武將諸兄並以弓馬自達愷獨好學博覽書記解屬文多伎藝號爲名父公子初爲千牛累遷御正中大夫儀同三司高祖爲丞相加上開府中大夫及踐阼誅宇文氏愷初亦在殺中以其與周本別兄忻有功於國使人馳赦之僅而得免後拜營宗廟副監太子左庶子廟成別封甑山縣公邑千戶及遷都上以愷有巧思詔領營新都副監高熲雖總大綱凡所規畫皆出於愷後決渭水達河以通運漕詔愷總督其事後拜萊州刺史甚有能名兄忻被誅除名於家久不得調會朝廷以魯班故道久絕不行令愷修復之既而上建仁壽宮訪可任者右僕射楊素言愷有巧思上然之於是檢校將作大匠歲餘拜仁壽宮監授儀同三司尋爲將作少監文獻皇后崩愷與楊素營山陵事上善之復爵安平郡公邑千戶煬帝即位遷洛陽以愷爲營東都副監尋遷將作大匠愷揣帝心在宏侈於是東京制度窮極壯麗帝大悅之進位開府拜工部尚書及長城之役詔愷規度之時帝北巡欲誇戎狄令愷爲大帳其下坐數千人帝大悅賜物千段又造觀風行殿上容侍衛者數百人離合爲之下施輪軸推移倏忽有若神功戎狄見之莫不驚駭帝彌悅焉前後賞賚不可勝紀自永嘉之亂明堂廢絕隋有天下將復古制議者紛然皆不能決愷博考羣籍奏明堂議表曰臣聞在天成象房心爲布政之宮在地成形景午居正陽之位觀雲告月順生殺之序五室九宮統人神之際金口木舌發令兆民玉瓚黃琮式嚴宗祀

何嘗不矜莊扆宁盡妙思於規摹凝睟冕旒致子來於矩矱伏惟皇帝陛下提衡握契御辯乘乾咸五登三復上皇之化流凶去暴丕下武之緒用百姓之異心驅一代以同域康哉康哉民無能而名矣故使天符地寶吐醴飛甘造物資生澄源反朴九圍淸謐四表削平襲我衣冠齊其文軌茫茫上玄陳珪璧之敬肅肅淸廟感霜露之誠正金奏九韶六莖之樂定石渠五官三雍之禮乃卜瀍西爰謀洛食辨方面勢仰禀神謀敷土濬川爲民立極乘聿遵先言表置明堂爰詔下臣占星揆日於是採崧山之秘簡披汶水之靈圖訪通議於殘亡購冬官於散逸總集衆論勒成一家昔張衡渾象以三分爲一度裴秀輿地以二寸爲千里臣之此圖用一分爲一尺推而演之冀輪奐有序而經構之旨議者殊途或以綺井爲重屋或以圓楣爲隆棟各以臆說事不經見今錄其疑難爲之通釋皆出證據以相發明議曰臣愷謹案淮南子曰昔者神農之治天下也甘雨以時五穀蕃植春生夏長秋收冬藏月省時考終歲獻貢以時嘗穀祀於明堂明堂之制有蓋而無四方風雨不能襲燥濕不能傷遷延而入之臣愷以爲上古朴略刱立典刑尚書帝命驗曰帝者承天立五府以尊天重象赤曰文祖黃曰神斗白曰顯紀黑曰玄矩蒼曰靈府注云唐虞之天府夏之世室殷之重屋周之明堂皆同矣尸子曰有虞氏曰總章周官考工記曰夏后氏世室堂脩二七博四脩一注云脩南北之深也夏度之步今堂脩十四步其博益以四分脩之一則明堂博十七步半也臣愷按三王之世夏最爲古從質尚文理應漸就寬大何因夏室乃大殷堂相形爲論

理恐不爾記云堂脩七博四脩若夏度以步則應脩七步注云今堂脩十四步乃是增益記文殷
周二堂獨無加字便是其義類例不同山東禮本輒加二七之字何得殷無加尋之文周闕增筵
之義研覈其趣或是不然讎校古書並無二字此乃桑間俗儒信情加減黃圖議云夏后氏益其
堂之大一百四十四尺周人明堂以爲兩杼間馬宮之言止論堂之一面據此爲準則三代堂基
並方得爲上圓之制諸書所說並云下方鄭注周官獨爲此義非直與古違異亦乃乖背禮文尋
文求理深恐未愜尸子曰殷人陽館考工記曰殷人重屋堂脩七尋堂崇三尺四阿重屋注云其
脩七尋五丈六尺放夏周則其博九尋七丈二尺又曰周人明堂度九尺之筵東西九筵南北七
筵堂崇一筵五室凡二筵禮記明堂位曰天子之廟複廟重檐鄭注云複廟重屋也注王藻云天
子廟及露寢皆如明堂制禮圖云於內堂之上起通天之觀觀八十一尺得宮之數其聲濁君之
象也大戴禮曰明堂者古有之凡九室一室有四戶八牖以茅蓋上圓下方外水曰璧雝赤綴戶
白綴牖堂高三尺東西九仞南北七筵其宮方三百步凡人民疾六畜疫五穀災生於天道不順
天道不順生於明堂不飾故有天災則飾明堂周書明堂曰堂方百一十二尺高四尺階博六尺
三寸室居內方百尺室內方六十尺戶高八尺博四尺作洛曰明堂太廟露寢咸有四阿重亢重
廊孔氏注云重亢累棟重廊累屋也禮圖曰秦明堂九室十二階各有所居呂氏春秋曰有十二
堂與月令同並不論尺丈臣愷案十二階雖不與禮合一月一階非無理思黃圖曰堂方百四

十四尺法坤之策也方象地屋圓楣徑二百一十六尺法乾之策也圓象天室九宮法九州太室方六丈法陰之變數十二堂法十二月三十六戶法極陰之變數七十二牖法五行所行日數八達象八風法八卦通天臺徑九尺法乾以九覆六高八十一尺法黃鍾九九之數二十八柱象二十八宿堂高三尺土階三等法三統堂四向五色法四時五行殿門去殿七十二步法五行所行門堂長四丈取太室三之二垣高無蔽目之照牖六尺其外倍之殿垣方在水內法地陰也水四周於外象四海圓法陽也水闊二十四丈象二十四氣水內徑三丈應觀禮經武帝元封二年立明堂汶上無室其外略依此制泰山通議今亡不可得而辨也元始四年八月起明堂辟雍長安城南門制度如儀一殿垣四面門八觀水外周堤壤高四尺和集築作三旬五年正月六日辛未始郊太祖高皇帝以配天二十二日丁亥宗祀孝文皇帝於明堂以配上帝及先賢百辟卿士有益者於是秩而祭之親扶三老五更袒而割牲跪而進之因班時令宣恩澤諸侯王宗室四夷君匈奴西國侍子悉奉貢助祭禮圖曰建武三十年作明堂明堂上圓下方上圓法天下方法地十二堂法日辰九室法九州室八牖八九七十二法一時之王室有二戶二九十八戶法土王十八日內堂正壇高三尺土階三等胡伯始注漢官云古清廟蓋以茅今蓋以瓦瓦下籍茅以存古制東京賦曰乃營三宮布政頒常複廟重屋八達九房造舟清池惟水泱泱薛綜注云複重廇覆謂屋平覆重棟也續漢書祭祀志云明帝永平二年祀五帝於明堂五帝坐各處其方黃帝在未皆

如南郊之位光武位在青帝之南少退西面各一犢奏樂如南郊臣愷按詩云我將祀文王於明堂我將我享維牛維羊據此則備太牢之祭今云一犢恐與古殊自晉以前未有鴟尾其圓牆璧水一依本圖晉起居注裴頠議曰尊祖配天其義明著廟宇之制理據未分直可爲一殿以崇嚴祀其餘雜碎一皆除之臣愷案天垂象聖人則之辟雍之星既有圖狀晉堂方構不合天文既闕重樓又無璧水空堂乖五室之義直殿違九階之文非古欺天一何過甚後魏於北臺城南造圓牆在璧水外門在水內迥立不與牆相連其堂上九室三三相重不依古制室間通巷違舛處多其室皆用墼累極成褊陋後魏樂志曰孝昌二年立明堂議者或言九室或言五室詔斷從五室後元乂執政復改爲九室遭亂不成宋起居注曰孝五帝大明五年立明堂其牆宇規範擬則太廟唯十二間以應朞數依漢汶上圖儀設五帝位太祖文皇對饗鼎俎簠簋一依廟禮梁武卽位之後移宋時太極殿以爲明堂無室十二間禮疑議云祭用純漆俎瓦樽文於郊質於廟止一獻用清酒平陳之後臣得目觀遂量步數記其尺丈猶見基內有焚燒殘柱毀斫之餘入地一丈儼然如舊柱下以樟木爲跗長丈餘闊四尺許兩兩相並瓦安數重宮城處所乃在郭內雖湫隘卑陋未合規摹祖宗之靈得崇嚴祀周齊二代闕而不修大饗之典於焉靡託自古明堂圖惟有二本一是宗周劉熙阮諶劉昌宗等作三圖略同一是後漢建武三十年作禮圖有本不詳撰人臣遠尋經傳傍求子史研究衆說總撰今圖其樣以木爲之下爲方堂堂有五室上爲圓觀觀有四

門帝可其奏會遼東之役事不果行以度遼之功進位金紫光祿大夫其年卒官時年五十八帝甚惜之諡曰康撰東都圖記二十卷明堂圖議二卷釋疑一卷見行於世子儒童游騎尉少子溫起部承務郎

隋書煬帝紀大業元年春三月丁未詔尙書令楊素納言楊達將作大匠宇文愷營建東京徙豫州郭下居人以實之又於阜澗營顯仁宮採海內奇禽異獸草木之類以實園苑徙天下富商大賈數萬家於東京

隋書禮儀志高祖平陳收羅杞梓郊丘宗社典禮粗備唯明堂未立開皇十三年詔命議之禮部尙書牛弘國子祭酒辛彥之等定議事在弘傳後檢校將作大匠事宇文愷依月令文造明堂木樣重檐複廟五房四達丈尺規矩皆有準憑以獻高祖異之命有司於郭內安業里爲規兆方欲崇建又命詳定諸儒爭論莫之能決弘等又條經史正文重奏時非議既多久而不定又議罷之及大業中愷又造明堂議及樣奏之煬帝下其議但令於霍山採木而建都興役其制遂寢

何稠

何稠，字桂林；智思精巧，用意微妙，博覽圖籍，多識舊物。隋高祖時，波斯獻金線錦袍，組織殊麗；上命稠效爲之；稠錦既成，踰所獻者。時中國久絕琉璃之作，稠以綠瓷爲之，與眞不異。仁壽初，與宇文愷參與文獻皇后山陵制度。高祖病篤，亦以後事屬之。大業初煬帝幸揚州，令稠營造輿服羽儀送至江都，於是稠作黃麾三萬六千人仗，及輅輦車輿，皇后鹵簿，百官儀服。依期製就，送於江都；而於其式制，則參會古今，多所損益，——袞冕畫日月星辰，皮弁用漆紗爲之。又造戎車萬乘，鈎陳八百連，及任意車。遼東之役，宇文愷造遼水橋未就，稠完成之。初稠製行殿及六合城，至是帝於遼左，與高麗相對；令稠於夜中復施之，比明而畢；高麗望見，謂若神功。積官至右光祿大夫。從幸江都；遇宇文化及作亂，以爲工部尙書。化及敗，陷於竇建德，建德復以爲工部尙書舒國公。建德敗，歸於大唐，授將作小匠，卒。

隋書本傳何稠字桂林國子祭酒妥之兄子也父通善斲玉稠性絕巧有智思用意精微年十餘歲遇江陵陷隨妥入長安仕周御飾下士及高祖爲丞相召補參軍兼掌細作署開皇初授都督累遷御府監歷太府丞稠博覽古圖多識舊物波斯嘗獻金綿錦袍組織殊麗上命稠爲之稠錦既成踰所獻者上甚悅時中國久絕琉璃之作匠人無敢厝意稠以綠瓷爲之與眞不異尋加員外散騎侍郞開皇末桂州俚李光仕聚衆爲亂詔稠召募討之師次衡嶺遣使者諭其渠帥洞主莫崇解兵降款桂州長史王文同鏁崇以詣稠所稠詐宣言曰州縣不能綏養致邊民擾叛非崇之罪也乃命釋之引崇共坐并從者四人爲設酒食而遣之崇大悅歸洞不設備稠至五更掩入其洞悉發俚兵以臨餘賊象州逆帥杜條遼羅州逆帥龐靖等相繼降款分遣建州開府梁昵討

叛夷羅壽羅州刺史馮暄討賊帥李大檀並平之傳首軍門承制署首領爲州縣官而還衆皆悅服有欽州刺史甯猛力帥衆迎軍初猛力倔强山洞欲圖爲逆至是惶懼請身入朝稠以其疾篤因示無猜貳遂放還州與之約曰八九月間可詣京師相見稠還奏狀上意不懌其年十月猛力卒上謂稠曰汝前不將猛力來今竟死矣稠曰猛力共臣爲約假令身死當遣子入侍越人性直其子必來初猛力臨終誡其子長眞曰我與大使爲約不可失信於國士汝葬我訖卽宜上路長眞如言入朝上大悅曰何稠著信蠻夷乃至於此以勳授開府仁壽初文獻皇后崩與宇文愷參典山陵制度稠性少言善候上旨由是漸見親昵及上疾篤謂稠曰汝既曾葬皇后今我方死宜好安置屬此何益但不能忘懷耳魂其有知當相見於地下上因攬太子頸謂曰何稠用心我付以後事動靜當共平章大業初煬帝將幸揚州謂稠曰今天下大定朕承洪業服章文物闕略猶多卿可討閱圖籍營造輿服羽儀送至江都也其日拜太府少卿稠於是營黃麾三萬六千人仗及車輿輦輅皇后鹵簿百官儀服依期而就送於江都所役十萬餘人用金銀錢物鉅億計帝使兵部侍郎明雅選部郎薛邁等勾覈之數年方竟毫釐無舛稠參會今古多所改創魏晉以來皮弁有纓而無笄導稠曰此古田獵之服也今服以入朝宜變其制故弁施象牙簪導自稠始也又從省之服初無佩綬稠曰此乃晦朔小朝之服安有人臣謁帝而去印綬兼無佩玉之節乎乃加獸頭小綬及佩一隻舊制五輅於轅上起箱天子與參乘同在箱內稠曰君臣同所過爲相逼乃

廣爲盤輿別構欄楯侍臣立於其中於內復起須彌平坐天子獨居其上自餘麾幢文物增損極多事見威儀志帝復令稠造戎車萬乘鈎陳八百連帝善之以稠守太府卿後三歲兼領少府監遼東之役攝右屯衛將軍領御營弩手三萬人時工部尙書宇文愷造遼水橋不成師不得濟右屯衛大將軍麥鐵杖因而遇害帝遣稠造橋二日而就初稠制行殿及六合城至是帝於遼左與賊相對夜中施之其城周迴八里城及女垣合高十仞上布甲士立仗建旗四隅置闕面別一觀觀下三門遲明而畢高麗望見謂若神功是歲加金紫光祿大夫期年攝左屯衛將軍從至遼左十二年加右光祿大夫從幸江都遇宇文化及作亂以爲工部尙書化及敗陷於竇建德建德復以爲工部尙書舒國公建德敗歸於大唐授將作小匠卒

迷樓記大夫何稠進御童女車車之制度絕小祇容一人有機處于其中以機礙女子手足纖毫不能動帝以處女試之極喜召何稠語之曰卿之巧思一何神妙如此以千金贈之旌其巧也何稠出爲人言車之機巧有識者曰此非盛德之器也稠又進轉關車用挽之可以升樓閣如行平地車中御女則自搖動帝尤喜悅帝語稠曰此車何名也稠曰此任意造成未有名也願帝賜佳名帝曰卿任其巧意以成車朕得之任其意以自樂可名任意車也何稠再拜而去

劉龍

劉龍，河間人。性彊明，有巧思。初仕齊，爲齊後主修三爵臺。及隋高祖踐阼，復仕隋；官將作大匠，與高熲等創造新都於龍首山——大興城。

隋書何稠傳開皇時有劉龍者河間人也性强明有巧思齊後主知之令修三爵臺甚稱旨因而歷職通顯及高祖踐阼大見親委拜右衞將軍兼將作大匠遷都之始與高熲參掌制度代號爲能

黃亘　黃袞

黃亘，隋煬帝時朝散大夫；及其弟散騎侍郎袞，俱巧思絕人。何稠每有製作，亘袞必先爲之立様；當時工人皆稱其善，莫能有所損益。

隋書何稠傳大業時有黃亘者不知何許人也及其弟袞俱巧思絕人煬帝每令其兄弟直少府將作於時改創多務亘袞每參典其事凡有所爲何稠先令亘袞立様當時工人皆稱其善莫能有所損益亘官至朝散大夫袞官至散騎侍郎

項昇

項昇，隋煬帝時浙人。爲帝造迷樓——樓閣高下，軒窗掩映。幽房曲室，玉欄朱楯，互相連屬，回環四合，曲屋自通。千門萬戶，上下金碧，金虬伏于棟下，玉獸蹲乎戶旁，壁砌生光，瑣窗射日。

迷樓記煬帝晚年尤沉迷女色他日顧謂近侍曰人主享天地之富亦欲極當年之樂自快其意

今天下安富無外事此吾得以遂其樂也今宮殿雖壯麗顯敞苦無曲房小室幽軒短檻若得此則吾期老於其中也近侍高昌奏曰臣有友項昇浙人也自言能搆宮室翌日召而問之昇曰臣先乞奏圖後數日進圖帝披覽大悅即日詔有司供其材木凡役夫數萬經歲而成樓閣高下軒窗掩映幽房曲室玉欄朱楯互相連屬回環四合曲屋自通千門萬戶上下金碧金虬伏于棟下玉獸蹲乎戶旁壁砌生光瑣窗射日工巧云極自古無有也費用金玉帑庫爲之一虛人誤入者雖終日不能出帝幸之大喜顧左右曰使眞仙遊其中亦當自迷也可目之曰迷樓詔以五品官賜昇仍給內庫帛千疋賞之詔選後宮良家女數千以居樓中每一幸有經月不出

李春

李春，隋匠，建眞定府趙州洨河上安濟橋。製造奇特，唐張嘉貞有銘。

畿輔通志山川部安濟橋在眞定府趙州南五里洨河上一名大石橋製造奇特隋書匠李春之跡也唐中書令張嘉貞有銘

（未完）

論中國建築之幾個特徵

林徽音

中國建築爲東方最顯著的獨立系統；淵源深遠，而演進程序簡純，歷代繼承，線索不紊，而基本結構上又絕未因受外來影響致激起複雜變化者。不止在東方三大系建築之中，較其他兩系—印度及亞拉伯（回教建築）—享壽特長，通行地面特廣，而藝術又獨臻於最高成熟點。即在世界東西各建築派系中，相較起來，也是個極特殊的直貫系統。大凡一系建築，經過悠長的歷史，多參雜外來影響，而在結構，佈置乃至外觀上，常發生根本變化。或循地理推廣遷移，因致漸改舊制，頓易材料外觀；待達到全盛時期，則多已脫離原始胎形，另具格式。獨有中國建築經歷極長久之時間，流佈甚廣大的地面，而在其最盛期中或在其後代繁衍期中，諸重要建築物，均始終不脫其原始面目，保存其固有主要結構部分，及佈置規模，雖則同時在藝術工程方面，又皆無可置議的進化至極高程度。更可異的是：產生這建築的民族的歷史却並不簡單；且並不缺乏種種宗教上，思想上，政治組織上的聳出變化；更曾經多次與强盛的外族或在思想上和平的接觸，—（如印度佛教之傳入）—，或在實際利害關係上發生衝突戰鬥。

這結構簡單，佈置平整的中國建築初形，會如此的泰然，享受幾千年繁衍的直系子嗣，自成一個最特殊，最體面的建築大族，實是一樁極值得研究的現象。

※ ※ ※

雖然，因爲後代的中國建築，卽達到結構和藝術上極複雜精美的程度，外表上却仍呈現出一種單純簡樸的氣象，一般人常誤會中國建築根本簡陋無甚發展，較諸別系建築低劣幼稚。

這種錯誤觀念最初自然是起於西人對東方文化的粗忽觀察，常作浮躁輕率的結論，以致影響到中國人自己對本國藝術發生極過當的懷疑乃至於鄙薄。好在近來歐美疊出深刻的學者對於東方文化慎重研究，細心體會之後，見解已迥異從前，積漸澈底會悟中國美術之地位及其價值。但研究中國藝術尤其是對於建築。比較是一種新近的趨勢，外人論著關於中國建築的，尙極少好的貢獻，許多地方尙待我們建築家今後急起直追，搜尋材料考據，作有價値的研究探討，更正外人的許多隔膜和謬解處。

在原則上，一種好建築必含有以下三要點：實用；堅固；美觀。實用者：切合於當時當地人民生活習慣，適合於當地地理環境。堅固者：不違背其主要材料之合理的結構原則，在尋常環境之下，含有相當永久性的。美觀者：具有合理的權衡（不是上重下輕巍然欲傾，上大下小勢不能支，或孤聳高峙或細長突出等等違背自然律的狀態）

要呈現穩重，舒適，自然的外表，更要誠實的呈露全部及部分的功用；不事掩飾，不矯揉造作，勉强堆砌。美觀，也可以說，卽是綜合實用，堅穩，兩點之自然結果。中國建築，不容疑義的，曾經包含過以上三種要素。所謂曾經者，是因爲在實用和堅固方面，因時代之變遷已有疑問。近代中國與歐西文化接觸日深，生活習慣已完全與舊時不同，舊有建築當然有許多跟着不適用了。在堅穩方面，因科學發達結果，關於非永久的木料，已有更滿意的代替，對於構造亦有更經濟精審的方法。

已往建築因人類生活狀態時刻推移，致實用方面發生問題以後，仍然保留着牠的純粹美術的價值，是個不可否認的事實。和埃及的金字塔，希臘的巴瑟農廟（Parthenon）一樣，北京的壇，廟，宮，殿，是會永遠繼續着享受榮譽的，雖然他們本來實際的功用已經完全失掉。純粹美術價值，雖然可以脫離實用方面而存在，牠却絕對不能脫離堅穩合理的結構原則而獨立的。因爲美的權衡比例，美觀上的多少特徵，全是人的理智技巧，在物理的限制之下，合理的解決了結構上所發生的種種問題的自然結果。人工創造和天然趨勢調和至某程度，便是美術的基本，設施彫飾於必需的結構部分，是錦上添華；勉强結構純爲裝飾部分，是畫蛇添足，足爲美術之玷。

中國建築的美觀方面，現時可以說，已被一般人無條件的承認了。但是這建築的優點，絕不是在那淺現的色彩和彫飾，或特殊之式樣上面，却是深藏在那基本的，產生這美觀的結構原則裏，及中國人的絕對了解控制彫飾的原理上。我們如果要讚揚我們本國光榮的建築藝術，則應該就他的結構原則，和基本技藝設施方面稍事探討；不宜只是一味的，不負責任，用極抽象，或膚淺的詩意美諛，披掛在任何外表形式上，學那英國紳士駱斯肯（Ruskin）對高矗式（Gothic）建築，起勁的唱些高調。

✿　✿　✿

建築藝術是個在極酷刻的物理限制之下，老實的創作。人類由使兩根直柱架一根橫楣，而能穩立在地平上起，至建成重樓層塔一類作品，其間辛苦艱難的展進，一部分是工程科學的進境，一部分是美術思想的活動和增富。這兩方面是在建築進步的一個總題之下，同行並進的。雖然美術思想這邊，常常背叛他們共同的目標—創造好建築—脫逾常軌，盡她弄巧的能事，引誘工程方面犧牲結構上誠實原則，來將就外表取巧的地方。在這種情形之下時，建築本身常被連累，損傷了真的價值。在中國各代建築之中，也有許多這樣證例，所以在中國一系建築之中的精品，也是極罕有難得的。

大凡一派美術都分有創造，試驗，成熟，抄襲，繁衍，墮落，諸期，建築也是一樣。初期作品創造力特強，含有試驗性。至試驗成功，成績滿意，達盡善盡美程度，則進到完全成熟期。成熟之後，必有相當時期因承相襲，不敢，也不能，逾越已有的則例；這期常常是發生訂定則例章程的時候。再來便是在瑣節上增繁加富，以避免單調，冀求變換，這便是美術活動越出目標時。這時期始而繁衍，繼則墮落，失掉原始骨幹精神，變成無意義的形式。墮落之後，繼起的新樣便是第二潮流的革命元勳。第二潮流有鑑於已往作品的優劣，再研究探討第一代的精華所在，便是考據學問之所以產生。

中國建築的經過，用我們現有的，極有限的材料作參考，已經可以略略看出各時期的起落興衰。我們現在也已走到應作考察研究的時代了。在這有限的各朝代建築遺物裏，很可以觀察，探討其結搆和式樣的特徵，來標證那時代建築的精神和技藝，是興廢還是優劣。但此節非等將中國建築基本原則分析以後，是不能有所討論的。

☆ ☆ ☆

在分析結搆之前，先要明瞭的是主要建築材料，因爲材料要根本影響其結搆法的。中國主要建築材料爲木，次加磚石瓦之混用。外表上一座中國式建築物，可明顯的分作三大部：台基部分；柱梁部分；屋頂部分。台基是磚石混用。由柱腳至梁上結搆部分，直接承托屋頂者則全是木造。屋頂除少數用茅茨，竹片，泥磚之外自然全是用瓦。這三部分—台基，柱梁，屋頂—可以說是我們建築最初胎形的基本要素。

易經實「上古穴居而野處，後世聖人易之以宮室，上棟下宇以待風雨」。還有史記裏：「堯之有天下也，堂高三尺。……」可見這「棟宇」及「堂」(基)在最古建築裏便佔定了牠們的部位勢力。自然最經過繁重發達的是「棟」——那木造的全部，所以我們也要特別注意。

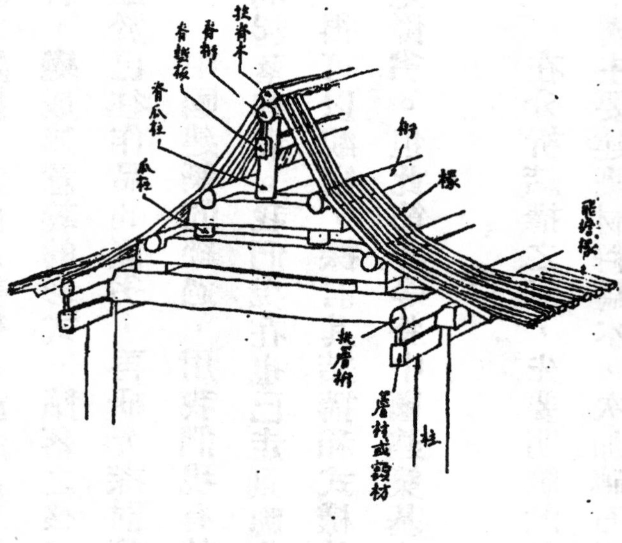

第一圖

※　※　※

木造結構，我們所用的原則是「架構制」Framing System。在四根垂直柱的上端，用兩橫梁兩橫枋週圍牽制成一「間。架」，(樑與枋根本爲同樣材料，梁較枋可略壯太。在「間」之左右稱桁或樑，在間之前後稱枋)。再在兩梁之上樂起層疊的梁架以支橫桁，桁通二「間」之左右兩端，從梁架頂上「脊瓜柱」上次第降下至前枋上爲止。桁上釘椽，並排櫛篦，以承瓦板，這是「架構制」骨幹的最簡單的說法。

總之「架構制」之最負責要素是：(一)那幾根支重的垂直立柱；(二)使這些立柱，互相發生連絡關係的樑與枋；(三)橫樑以上的構造：梁架，橫桁，木椽，及其他附屬木造，完全用以支承屋頂的部分。

「間」在平面上是一個建築的最低單位。普通建築全是多間的且爲單數。有「中間」或「明間」「次間」「稍間」「套間」等稱。

中國「架構制」與別種制度（如高矗式之「砌栱制」，或西歐最普通之古典派「壘石」建築）之最大分別；（一）在支重部分之完全倚賴立柱，使牆的部分不負結構上重責，只同門窗隔屏等，盡相似的義務—間隔房間，分割內外而已。（二）立柱始終保守木質不似古希臘之迅速代之以壘石柱，且增加負重牆，（Bearing wall）致脫離「架構」而成「壘石」制。

這架構制的特徵，影響至其外表式樣的，有以下最明顯的幾點：（一）高度無形的受限制，絕不出木材可能的範圍。（二）即極莊嚴的建築，也是呈現絕對玲瓏的外表。結構上既絕不需要堅厚的負重牆，除非故意爲表現雄偉的時候，酌量增用外，（如城樓等建築）任何大建，均不需牆壁堵塞部分。（三）門窗部分可以不受限制；柱與柱之間可以完全安裝透光線的細木作—門屏窗牖之類。實際方面，即在玻璃未發明以前，室內已有極充分光線。北方因氣候關係，牆多於窗，南方則反是，可伸縮自如。

這不過是這結構的基本方面，自然的特徵。還有許多完全是經過特別的美術活動，而成功的超等特色，使中國建築佔極高的美術位置的，而同時也是中國建築之精神所在。這些特色最主要的便是屋頂，台基，斗栱，色彩，和均稱的平面佈置。

※　※　※

屋頂本是建築上最實際必需的部分，中國則自古，不殫煩難的，使之盡善盡美。使切合於實際需求之外，又特具一種美術風格。屋頂最初卽不止爲屋之頂，因雨水和日光的切要實題，早就擴張出簷的部分。使簷突出並非難事，但是簷深則低，低則阻礙光線，且雨水順勢急流，簷下濺水問題因之發生。爲解決這個問題，我們發明飛簷，用雙層瓦椽，使簷沿稍翻上去，微成曲線。又因美觀關係，使屋角之簷加甚其仰翻曲度。這種前邊成曲線，四角翹起的「飛簷」，在結構上有極自然又合理的佈置，幾乎可以說牠便是結構法所促成的。

如何是結構法所促成的呢？簡單說：例如「廡殿」式的屋瓦，共有四坡五脊。正脊尋常稱房脊，牠的骨架是脊桁。那四根斜脊，稱「垂脊」，牠們的骨架是從脊桁斜角，下伸至簷桁上的部分，稱由戧及角梁。桁上所釘並排的椽子雖像全是平行的，但因偏左右的幾根又要同這「角梁平行」，所以椽的部位，乃由眞平行而漸斜，像裙裾的開展。

角梁是方的，椽爲圓徑（有雙層時上層便是方的；角梁雙層時則仍全是方的。）角梁的木材大小幾乎倍於椽子，到椽與角梁並排時，兩個的高下不同，以致不能在牠們上面舖釘平板，故此必需將椽依次的抬高，令其上皮同角梁上皮平。在抬高的幾根椽子底下填補一片三角形木板稱「枕頭木」。如圖二。

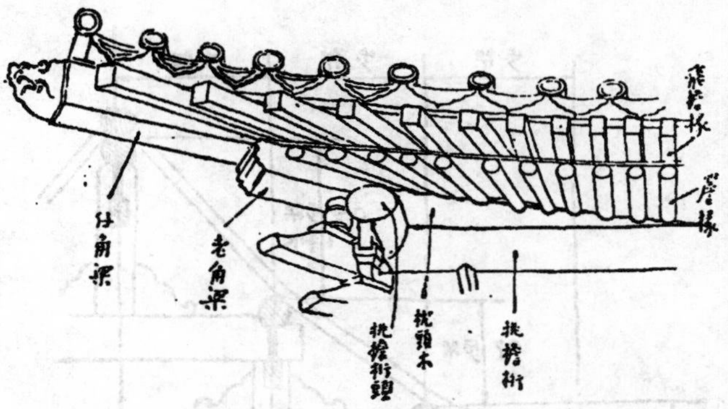

第二圖

這個曲線在結構上幾乎不可信的簡單，和自然，而同時在美觀方面不知增加多少神韻。飛簷的美，絕用不着考據家來指點的。不過注意那過當和極端的傾向常將本來自然合理的結構變成取巧和複雜。這過當的傾向，外表上自然也呈出脆弱，虛張的弱點，不爲審美者所取，但一般人常以爲愈巧愈繁必是愈美，無形中多鼓勵這種傾向。南方手藝靈活的地方，過甚的飛簷便是這種證例。外觀上雖是浪漫的恣態，容易引誘讚美，但到底不及北方的莊重恰當，合於審美的最眞純條件。

屋頂曲線不止限於挑簷，卽瓦坡的全部也不是一片直坡傾斜下來。屋頂坡的斜度是越往上越增加。如圖三。

這斜度之由來是依着梁架疊層的加高，這制度稱做「舉架法」這舉架的原則急其明顯，舉架的定例也極簡單只是疊次將梁架上瓜柱增高，尤其是脊瓜柱特別高。

使簷沿作仰翻曲度的方法，在增加第二層檐椽。這層椽甚短只駄在頭檐椽上面，再出挑一節。這樣則檐的出挑雖加遠，而不低下阻蔽光線。

第三圖

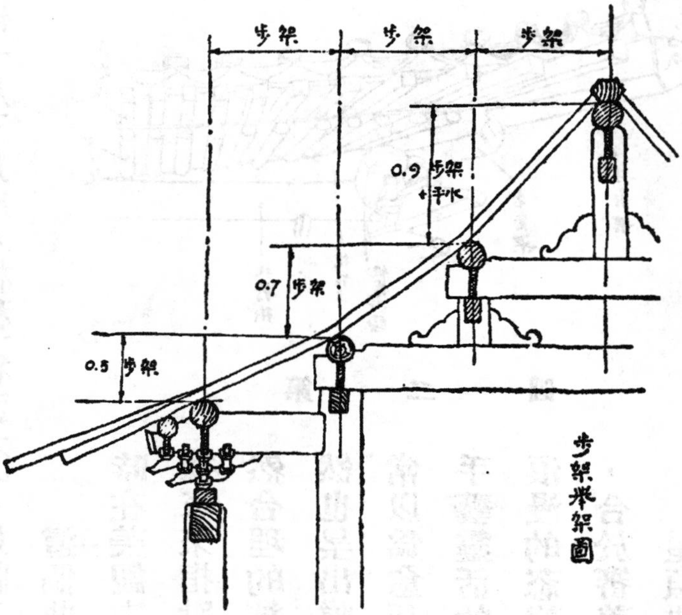

總說起來，歷來被視爲極特異神秘之屋頂曲線，並沒有什麼超出結搆原則，和不自然造作之處，同時在美觀實用方面均是非常的成功。這屋頂坡的全部曲線，上部巍然高舉，簷部如翼輕展，使本來極無趣，極笨拙的屋頂部，一躍而成爲整個建築的美麗冠冕。

在周禮裏發現有「上欲尊而宇欲卑；上尊而宇卑，則吐水疾而霤遠」之句。這句可謂明晰的寫出實際方面之功效。

既講到屋頂，我們當然還要注意到屋瓦上的種種裝飾物。上面已說過，彫飾必是設施於結搆部分才有價值，那麼我們屋瓦上的脊瓦吻獸又是如何？

脊瓦可以說是兩坡相聯處的脊縫上一種鑲邊的辦法，當然也有過當複雜的，但是誠實的來裝飾一個結搆部分，而不肯勉强的來掩飾一個結搆樞鈕或關節，是中國建築最長之處。

瓦上的脊吻和走獸，無疑的，本來也是結搆上的部分。現時的龍頭形「正吻」古稱「鴟尾」最初必是總管「扶脊木」和脊桁等部分的一塊木質關鍵。這木質關鍵突出脊上，略作鳥形，後來略加點綴竟然刻成鴟鳥之尾，也是很自然的變化。其所以爲鴟尾者還帶有一點象徵意義，因有傳說鴟鳥能吐水拿他放在瓦脊上可制火災。

走獸最初必爲一種大木釘，通過垂脊之瓦，至「由戧」及「角梁」上，以防止斜脊上面瓦片的溜下，唐時已變成兩座「寶珠」在今之「戧獸」及「仙人」地位上。後代鴟尾變成「龍吻」，寶珠變成「戧獸」及「仙人」，尚加增「戧獸」「仙人」之間一列「走獸」，也不過是彫飾上變化而已。

並且垂脊上戧獸較大，結束「由戧」一段，底下一列走獸裝飾在角梁上面，顯露基本結搆上的節段，亦甚自然合理。

南方屋瓦上多加增極複雜的花樣，完全脫離結構上任務純粹的顯示技巧，甚屬無聊，不足稱揚。

外國人因爲中國人屋頂之特殊形式，逈異於歐西各系，早多注意及之。論說紛紛，妙想天開；有說中國屋頂乃根據遊牧時代帳幕者，有說象形蔽天之松枝者，有目中國飛簷爲怪誕者，有謂中國建築類兒戲者，有的全由走獸龍頭方面，無謂的探討意義，幾乎不值得在此費時反證。總之這種曲線屋頂已經從結構上分析了，又從彫飾設施原則上審察了，而其美觀實用方面又顯著明晰，不容否認。我們的結論實可以簡單的承認牠藝術上的大成功。

※　※　※

中國建築的第二個顯著特徵，並且與屋頂有密切關係的，便是「斗栱」部分。最初檐承於椽，椽承於檐桁，桁則架於梁端。此梁端卽是由梁架延長，伸出柱的外邊。但高大的建築物出簷既深，單指梁端支持，勢必不勝，結果必產生重疊的木「翹」支於梁端之下。但單藉木翹不够擔全簷沿的重量，尤其是建築物愈大，兩柱間之距離也愈遠，所以又生左右岔出的橫「栱」來接受檐桁。這前後的木翹，左右的橫栱，結合而成「斗栱」全部。（在栱或翹昂的兩端和相交處，介於上下兩層栱或翹之間的斗形木塊稱「枓」）。「昂」最初爲又

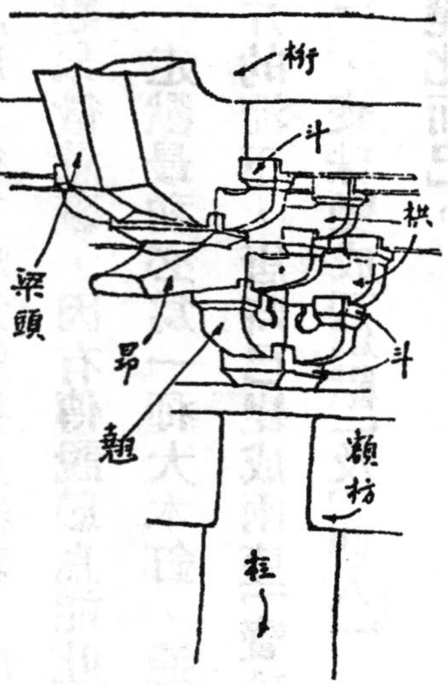

第四圖

一種之翹，後部斜伸出斗栱後用以支「金桁」

料栱是柱與屋頂間的過渡部分。使支出的房簷的重量漸次集中下來直到柱的上面。料栱的演化，每是技巧上的進步，但是後代斗栱（約略從宋元以後），便變化到非常複雜，在結搆上已有過當的部分，部位上也有改變。本來斗栱只限於柱的上面（今稱柱頭科）後來爲外觀關係，又增加一攢所謂『平身科』者，在柱與柱之間。明淸建築上平身科加增到六七攢，排成一列，完全成爲裝飾品，失去本來功用。「昂」之後部功用亦廢除，只餘前部形式而已。

不過當複雜的斗栱，的確是柱與簷之間最恰當的關節，集中橫展的屋簷重量，到垂直的立柱上面，同時變成簷下一種點綴，可作結搆本身變成裝飾部分的最好條例。可惜後代的建築多減輕斗栱的結搆上重要，使之幾乎純爲奢侈的裝飾品，令中國建築失却一個優越的中堅要素。

斗栱的演進式樣和結搆限於篇幅不能再仔細述說，只能就牠的極基本原則上在此指出牠的重要及優點。

✣ ✣ ✣

斗栱以下的最重要部分，自然是柱，及柱與柱之間的細巧的木作。　魁偉的圓柱和細緻的木刻門窗對照，又是一種藝術上滿意之點。不止如此，因爲木料不能經久的原始緣故，中國建築又發生了色彩的特徵。　塗漆在木料的結構上爲的是：(一)保存木質抵制風日雨水，(二)可牢結各處接合關節，(三)加增色彩的特徵。這又是兼收美觀實際上的好處，不能單以色彩作奇特繁華之表現。彩繪的設施在中國建築上，非常之愼重，部位多限於簷下結構部分，在陰影掩映之中。主要彩色亦爲「冷色」如青藍碧綠，有時略加金點。其他簷以下的大部分顏色則純爲赤紅，與簷下彩繪正成反照。中國人的操縱色彩可謂輕重得當。設使濫用彩色於建築全部，使上下耀目輝煌，必成野蠻現象，失掉所有莊嚴和諧。別系建築頗有犯此忌者，更可見中國人有超等美術見解。

至彩色琉璃瓦產生之後，連黯淡無光的青瓦，都成爲片片堂皇的黃金碧玉，這又是中國建築的大光榮，不過濫用雜色瓦，也是一種危險，倖免這種引誘，也是我們可驕傲之處。

※　※　※

還有一個最基本結構部分—台基—雖然沒有特別可議論稱揚之處，不過在全個建築上看來，有如許壯偉巍峨的屋頂如果沒有特別舒展或多層的基座托襯，必顯出上重下輕之勢，所以既有那特種的屋頂，則必需有這相當的基座。架構建築本身輕於壘砌建築，中國又少有多層樓閣，基礎結搆頗爲簡陋。大建築的基座加有相當的石刻花紋，這種花紋的分配似乎是根據原始木質台基而成，積漸施之於石。與台基連帶的有石欄，石階，輦道的附屬部分，都是各有各的功用而同時又都是極美的點綴品，

※　※　※

最後的一點關於中國建築特徵的，自然是牠的特種的平面佈置。平面佈置上最特殊處是絕對本均衡相稱的原則，左右均分的對峙。這種分配倒並不是由於結搆，主要原因是起於原始的宗教思想和形式，社會組織制度，人民俗習，後來又因喜歡守舊仿古，多承襲傳統的慣例。結果均衡相稱的原則變成中國特有一個固執嗜好。

例外於均衡佈置建築，也有許多。因莊嚴沉悶的布置，致激起故意浪漫的變化；此類若園庭，別墅，宮苑樓閣者是，平面上極其曲折變幻，與對稱的佈置正相反其性質。中國建築有此兩種極端相反佈置，這兩種莊嚴和浪漫平面之間，也頗有混合變化的實例，供給許多有趣的研究，可以打消西人浮躁的結論，謂中國建築佈置上是完全的單調而且缺乏趣味。但是畫廊亭閣的曲折纖巧，也得有相當的限制。過於勉强取巧的人工雖可令尋常人驚嘆觀止，却是審美者所最鄙薄的。

※　※　※

在這裏我們要提出中國建築上的幾個弱點。（一）中國的匠師對木料，尤其是梁，往往用得太費。他們顯然不明瞭橫梁載重的力量只與梁高成正比例，而與梁寬的關係較小。所以梁的寬度，由近代的工程眼光看來，往往嫌其太過。同時匠師對於梁的尺寸，因沒有計算木力的方法，不得不盡量的放大，用極大的 Factor of safety，以保安全。結果是材料的大靡費。（二）他們雖知道三角形是唯一不變動的幾何形，但對於這原則極少應用。所以中國的屋架，經過不十分長久的歲月，便有傾斜的危險。我們在北平街上，到處可以看見這種傾斜而用磚墻或木柱支撐的房子。不惟如此，這三角形原則之不應用，也是屋梁費料的一個大原因，因爲若能應用此原則，梁就可用較小的木料。（三）地基太淺是中國建築的大病。普通則例規定是台明高之一半，下面再墊上幾步灰土。這種做法很不澈底，尤其是在北方，地基若不刨到結冰線（Frost line）以下，建築物的堅實方面，因地的凍冰，一定要發生問題。好在這幾個缺點，在新建築師的手裏，並不成難題。我們只怕不了解，了解之後，要去避免或糾正是很容易的。

結構上細部樞鈕，在西洋諸系中，時常成爲被憎惡部分。建築家不惜費盡心思來掩蔽牠們。大者如屋頂用女兒墻來遮掩，如梁架內部結構，全部藏入頂蓬之內；小者如釘，如合葉，莫不全是要掩藏的細部。獨有中國建築敢袒露所有結構部分，毫無畏縮遮掩的習慣，大者如樑，如椽，如梁頭，如屋脊，小者如釘，如合葉，如箍頭，莫不全數呈露外部，或略加彫飾，或佈置成紋，使轉成一種點綴。幾乎全部結構各成美術上的貢獻。這個特徵在歷史上，除西方高矗式建築外，惟有中國建築有此優點。

現在我們方在起始研究，將來若能將中國建築的源流變化悉數考察無遺，那時優劣諸點，極明瞭的陳列出來，當更可以慎重討論，作將來中國建築趨途的指導。省得一般建築家，不是完全遺棄這已往的制度，則是追隨西人之後，盲目抄襲中國宮殿，作無意義的嘗試。

關於中國建築之將來，更有特別可注意的一點：我們架構制的原則適巧和現代「洋灰鐵筋架」或「鋼架」建築同一道理；以立柱橫梁牽制成架為基本。現代歐洲建築為現代生活所驅，已斷然取革命態度，儘量利用近代科學材料，另具方法形式，而迎合近代生活之需求。若工廠，學校，醫院，及其他公共建築等為需要日光便利，已不能仿取古典派之壘砌制，致多牆壁而少窗牖。中國架構制既與現代方法恰巧同一原則，將來只需變更建築材料，主要結構部分則均可不有過激變動，而同時因材料之可能，更作新的發展，必有極滿意的新建築產生。

營造法式板本之一大刦

此次上海之變，商務印書館突被兵火。所有歷年苦心搜集之珍異圖書，悉成煨燼。其爲文化上之大刦，較之董卓西行，梁元失守，尤爲奇痛。本社所尤爲鄭重致其哀悼者，李氏營造法式一書，崇寧雕板後甫二十三年，經靖康之亂，汴京文物，爲女眞所焚，此書板本亦因之而毀。紹興重刊之板，則自南宋亡後亦復無存。今乙丑（一九二五）本乃薈集許多遺本，以最新科學藝術模印而成，精美名貴，久爲中外人士所稱賞。此板陶氏涉園初印發行止一千部，隨即以板歸該館，續經印板售。正在通告發行之中，今茲遂付一炬，何啻將亡而復存之希世名著，更成絕版經邪？追想靖康德祐之前事，眞不勝感慨係之！

社員通訊

劉士能論城墻角樓書

前在北平見南策兄所繪皇城角樓各圖，及閱社刊元大都宮苑圖考內角樓諸條，極感興趣。日來偶檢故籍，知此式淵源甚古，非元代所創。蓋古行封建之制，列疆分土，爲城自固。城皆方形，每面闢門；門上有闕。石鼓文郭作，齊公豆郭作，皆城闕二者之象形（中爲城之平面圖上下爲闕之平面圖）。惟門闕視線所屆，僅及一方，於是城之四隅復有城隅之制。其式特高，所以壯觀瞻，便瞭望，嚴警備以匡闕之不逮。故龜甲文郭作（見殷虛書契），足徵古代城四隅建角樓之狀。以上就先民創物締字而言。若典籍所載，則考工記謂「王宮門阿之制五雉，宮隅之制七雉，城隅之制九雉」。鄭注宮隅城隅爲角浮思，角卽隅。賈疏引漢東闕罘罳災（見前漢書文帝本紀），謂浮思卽小樓，其說甚確。故角樓肇源三代，殆非誣妄。焦大都之角樓，沿襲我國舊制，毫無疑義；惟施諸離宮太廟寺觀，則恐爲有元一代所僅有耳。其後成祖營北都，胥遵南京規制，見明史成祖本紀。惟當時匠工，未必盡屬南人，矧去元未久，未能忘情舊制，殆亦事理之常。故皇城四隅，陸續建角樓，清承明統，一仍舊觀。現存角樓，皆三簷十字脊，與天籟閣宋人黃鶴樓圖及北盟會編綴耕錄故宮遺錄等所述略同，則元宋舊偲。吾循羣經宮室圖引廣雅釋名古今注等，謂浮思係合板爲屏以障城，非小樓，不知考工記原文下有『宮隅之制，以爲諸侯之城制』二語，苟爲板屏，必不適城制。焦氏割經取義，非公允之論也。魏晉六朝間，典籍雖乏涉及角樓者，惟旁證頗多：如銅爵三臺，在鄴都北城西北隅，因城爲基址見鄴中記。百尺樓在洛陽金鏞城東北隅見水經注及洛陽伽藍記。皆因城隅點綴景物，可謂爲角樓變體，一也。隋史卷十二禮儀志，謂大業四年，煬帝北巡出塞，行宮設六合城，方一百二十步，高四丈二尺城高三丈六尺女牆板高六尺，以木爲之，開南北門。又於城四角起敵樓二，門觀門樓檻，皆丹青綺畫。八年征遼，亦設六合城，週迴八里，高十仞。四隅有闕，面別一觀；下開三門。雖巡幸權宜之物，而門觀隅樓，規制謹嚴，必以實際城闕爲藍本無疑，二也。至唐元稹詩『星稀轉角樓』一語，殆爲角樓二字見緒紀載之始。希伯和燉煌圖錄內第七十洞壁畫就壁畫內人物服飾論此洞似建於唐，有城二區，其一四面皆闢門原書第二冊第七十圖，其一僅南北二面闢門第二冊第七十四圖，皆具門樓及四隅角樓。雖絕塞邊城，形質簡樸，乃竟與隋史所稱二六合城一一巧合。又宋史禮志宋史卷一百十三，謂宋諸帝於正月望夜，御東西角樓觀燈。又云於東華左右掖門角樓等起山棚張樂陳燈。遼史地理志遼史卷三十八遼東京宮城四隅有角樓，相去各二里；則隋宋間盛行角樓，依諸例得以證實。故元人僅於繪畫中領略一二者，反藉蕞爾角樓，流傳今日，豈非彌足珍異耶？夜長無事，雜書所見，質之南策兄，未審以爲然否？

廿年十二月十六日草於南京中央大學

關霍初報告樂浪發掘漢墓之近聞

樂浪漢墓之發現，久爲世界學術界所注目。聞朝鮮古跡研究會於上年九月中旬，經朝鮮總督府博物館之囑託小泉及澤兩氏，開始發掘平壤郊外南井里第一百十六號墳。至十一月中旬事竣。多數古墳，雖被盜掘，然無何等形跡。經踴躍工作之後，果得發見鞏固無比之大木槨一座。南北長八米突，東西寬五米突。頂板三層，均係堅實木材所構，規模之大向所未見。槨之南側有附葬品室一，中介以門以通主室之內。有紅漆黑漆大棺各一具。又黑漆小棺一口浮於水中。附葬品室內計有耳桮羽觴十餘個，金帶鉤，書笈硯匣，石片製扁平硯，無脚儿案，漆製圓筒，想係用以藏置畫卷者，鏡一奩(化粧匣)，高約五寸，陶壺，龍文漢鏡，筐篚等，其他此類逸品多至一百八十件。羽觴(耳桮)有長至七八寸五六寸者，種種不一，內面均塗紅豔之漆。其中之一刻有『元始四年廣漢郡工官造乘輿肆』等字。其次則爲多人之名氏如羽觴之製造者漆工畫師等，其筆畫之細，非肉眼所可辨識。書笈畫有美麗飾紋，狀似唐草式之圖案，然色彩畢具殊爲精巧。無脚儿案案面塗以朱漆而有飾紋及靑龍等湧現其上。竹筐高八寸，橫一尺一寸，闊六寸，筐蓋之組織一如柳條包，全面均漆褐色。外部四角及其上邊畫有古代聖賢數近五十。上自孔孟以至文獻所載諸賢無不畢集。姓名且不遺漏，均以朱字詳書其上。精巧奪目。筐中有石化栗十餘枚，想係供祀之物。硯匣兼備筆搖。此外尚有酒杓一柄，其長七寸有餘。在附葬品室之四圍發見壁畫，其圖爲人物鳳凰。筆法雖較粗率，但木槨墳而飾以壁畫，此爲最初之發見。主室之木棺三具每具重約三噸，至爲堅牢。其中之一內外兩部及折角之處均朱漆綾紋。棺蓋厚約一尺，均緘以木楔，啓視各棺，小棺內有戒指五枚，手鐲二事，木製漆沓及髮一束，類似女物。朱漆大棺之內發見人骨一具，生氣盎然。殊不類似經過二千年之年月。黑漆大棺內有笄兩事，五銖錢五十餘枚，指環一枚。主室東壁發見木馬七匹，其中之三尚保完形。有作佇立狀者，有作行走狀者，有曲其足者，無不畢肖。馬鞍等物似出名工之手轡耳靏以及樹皮韁繩等，其工之精實堪驚異。墓中所葬究何人邪。附葬室內所獲之白木牌，或可略窺端倪。該牌長六寸，闊二寸五分，厚二分，至今黑色字跡儼然尚存。其文如下：練三匹

故吏朝鮮丞田　謹遺再拜奉祭　凡十七字。此項研究將爲攷古學界之要題，十一月二十一日，曾陳列平壤府立博物館內公開展覽云。

本社紀事

甲社內事件

(一)改組　本年度七月依照改組計劃，分為文獻法式兩組，聘定社員梁思成君為法式主任於九月一日開始工作，選定測繪助理邵力工宋麟徵。適東北大學建築系學生因九一八之難來平，本社酌量收容高級生中成績較優者數人，在梁君指導之下，從事輔助繪圖工作。文獻主任由社員闞霍初君充任，十月，闞君辭職，由社長朱桂辛先生兼任。

(二)工程做法補圖　法式組工作主旨在建築之結構方面，而研究結構法首須作實物之測繪。清式建築，在此方面原已有工部工程做法則例一書，可作原則的（非歷史的）研究底本。原書每卷附圖一張，為建築物之大木架橫斷圖，既嫌草陋，尤病不確。社長朱先生於數年前已有補製工程做法則例圖之舉，曾聘大木，琉璃，彩畫等匠師，製為補圖四百餘幅。然此類匠家，對於繪圖法，絕無科學訓練，且對原書做法，或誤釋或不解，以致所製各圖多不適用。法式組今年度主要工作，即在此圖之整理，將原書中所說明各建築物，為製平面，立面，剖面圖，務求對於各建築物之做法，一一解釋準確精詳。共計約百餘幅共圖四百餘種。其中彩畫約佔五分之一。現已工作過半，預計六月中可以全部告竣。

（三）編訂營造算例　營造算例本爲匠家秘傳手抄本，爲建築原則算法，略似"Architect's Handbook"。其體材爲一種『原則的』解釋，不似工程做法則例所用之『烹飪教科書式』體材。本社發現此種抄本多本，已自二卷一期起在本刊陸續登載。初次刊行，完全依照原本，只求早日供諸讀者。現經梁思成君編訂，命名曰『營造算例』，分爲章節，加以標點，重新刊行。現已出版。

（四）清式營造則例　梁思成君新著，現已脫稿。原工程做法則例及營造算例二書，前者既非做法，又非則例，嚴格命名，只能稱爲『木料尺寸書』，後者則爲算例，對于做法，仍多不詳，而二書對於建築專門名詞之定義，尤無一字之解釋，使讀者只見滿紙怪名詞而無從下手。營造則例一書，首重名詞之解釋，然後用準確之圖，任『做法』『則例』解釋之責。自木石磚瓦以至彩畫共分六章。插圖二十，圖版二十餘幅，內彩畫四幅。於研究清式建築初闢途徑，想當爲建築界所樂睹也。

（五）圓明園復舊圖　本社自去歲三月廿一日開圓明園罹劫七十年紀念展覽會後，仍以一部分精力作圓明園研究。圓明園匾額清單已於本刊二卷一期發表。同時繪圖員金勳卽開始作圓明園復舊圖。金君圖方盈丈，繪製經年而成。金圖完後，又由梁思敬君根據金君數年前實測圓明園平面圖及此圖作成圓明園透視鳥瞰圖一幅。現二圖皆相繼告成，名園盛代印象可以窺見一斑矣。

（六）梓人遺制　梓人遺制八卷，焦竑經籍志著錄，本社曾在本刊第一卷第一期啟事徵求。後由國立北平圖書館館刊第四卷第二號載及英倫所藏事。其後英倫博物院東方圖書部主任翟博士 Dr. L. Giles 來函，謂近在英倫訪得，計圖十七葉，係 C.H. Brewill-Taylor 氏所藏。是書久佚，近經北平圖書館館長袁守和先生向倫敦英倫博物院照原樣攝得影片寄來，惜祇一卷。擬卽照樣印行。正在整理中。

（七）旅行未果　去年秋季，法式組本有平東旅行之計畫，藉以搜求並研究遼代木建築遺物數事。於預定出發前二日，天津便衣隊暴動，北平謠言甚盛，故未果行。俟時局稍定，而天已嚴寒，不便工作。平東之行遂亦中止。現春又歸來，法式組擬於下月再求計畫之實現，甚望不致再因時局而中止也。

（八）借用圖書館　本社編纂瞿兌之梁述任二君工作時間多在圖書館內，蒙該館當局給予研究室及書庫之種種便利，本社至爲銘感。

（九）翻譯書籍　年來文獻組所譯東西文關於中國營造之論著，已譯成者凡十種，錄列如左，將自本期起，擇其最有價値者，在本刊陸續發表。

(一)屋瓦攷　葉慈著，瞿祖豫譯。

(二)北京城墻城門攷　壽瑞仁著，瞿祖豫譯。

以上英文。

(三)中國寶塔　鮑世曼著，艾克，瞿兌之，葉公超節譯。

以上德文。

(四)法隆寺與六朝建築式樣之關係　濱田耕作著，劉敦楨譯。

(五)玉蟲廚子之建築價値　田邊泰著，劉敦楨譯。

(六)支那建築史　伊東忠太著，杜俊起譯。

(七)實用漆工學　石井吉次郎，一戶清方合著，杜俊起譯。

(八)遼金南京燕京故城疆域攷　那波利貞著，杜俊起譯。

(九)中國古代之建築　伊藤清造著，杜俊起譯。

(十)美的淘汰，美的蒙迹　伊藤清造著，杜俊起譯。

以上日文

(十)本期社員之介紹結

(一)德國柏世曼博士(Dr. E. Boerschman)由中國駐柏林代辦公使梁龍君公函介紹，經本社聘爲通函研究員。來函從略。

(二)北平市工務局長法國工學士汪申伯君爲本社校理。

(三)東北政務委員法國工學士彭濟羣君爲本社評議。

(四)清華大學專任講師吳其昌君爲本社校理。

(五)東北大學講師梁啓雄君爲本社編輯。

乙協助社外事件

(一)中央大學委託代製模型圖樣　南京中央大學建築系教授劉敦楨，率領本系學生於暑期來平參觀本社工作，並擬合組旅行團，赴大同太原薊州正定等處實地調查。乃以時局中變，鐵路阻兵，未獲出發。祗能於近地着手。由本社派出技師，導引實測智化寺，爲搜輯明清建築上之細部各種實例。幷委託代製模型四種；彩畫作圖案一百餘幅，於十二月竣工，寄供該校參攷。

(二)繼續審定北平圖書館外簷彩畫圖案　本期繼續審定新建北平圖書館外簷彩畫圖案，及書庫外部改正油飾粉刷設計。全部工作，於九月下旬始告完畢，畫匠頭目祖鶴洲等，在朱先生指導之下，從事製作，共閱十月之久。而本社同人於洋灰之建築物上施用金彩油畫，亦獲得不少變狀之經驗。

（三）中法大學收獲樣子雷家圖樣目錄之審定　雷氏遺物本爲兄弟分據。其水車胡同一房，往年宣傳出賣，幸經北平市工務局長汪申伯君爲中法大學購存，送來目錄一册，約有一千餘幅之多。茲經審查原册所開名目，與去年北平圖書館購藏者重複者固多；而圓明園部分及內廷，行宮壇廟府第，在道光以後新歷史亦有可重視者。但內容如何，未見原圖，無從鑒別。姑以原册轉授圖書館員，并爲之區分大概，備編詳目，冀作進一步之整理。然輿市對於樣子雷過去之餘波，竟有仿製模型宣傳出售者。此等作僞程度，不難一望而知。有屢請本社專家，出爲鑒定，發現數起矣。書賈肆人僞拾木廠人家之估册賬簿，亦莫不視爲奇貨。吾輩之作俑，樣子雷竟成王麻子汪麻子之市招。此余不得不急起辨正者。其實雷家眞實之遺物，年來收集結果，可大致論斷如次；

（子）模型一類全在北平圖書館，間有一二件爲外人所獲，事在數年以前流出者。故宮文獻館所有各型，乃當年進呈燙樣，留中未發者。其尺寸矩矱，均與雷家圖樣做法估册檔案相合。

（丑）圖樣一項。在北平圖書館者約占四分之三，在中法大學者約占四分之一。此

外散佚市面歷年經本社搜獲及同好投贈作參攷者，亦可謂爲圖書館之附庸也。（東方圖書館搜獲尚有一小部分）

（寅）吾人建議。希望各部分所有圖型集中一處，匯合整理。查雷家圖樣名目；有白樣，有糙樣，有細樣，有寸樣，二分樣，一分樣，有進呈者，有留底者，有重改樣，同地名異，由於標寫不清，遂致難於辨別，如果汰其重複，傳寫異樣，分工合作，不期年彼此皆成爲有系屬之完本。雷氏兄弟分家各據一枝，不相通假，致有此歧形之事實。吾輩研究藝術，應具有整個之認識。甚望主持機關，同情於會合整理，以協調之精神，採用吾說也。

（四）乾隆御製銅版平番圖之紹介　去冬歲除，社員馬竹銘君介紹北平舊家所藏之乾隆平定回部・金川・安南・苗疆・銅版圖四大帙，共八十六幅。　原裝初印完整無缺，查係乾隆時頒賞躬親斯役之大學士阿桂（謚文成）之物（事蹟見先正事略）。其人戰績具在圖中，世守之珍，尤爲難得。平定回部圖十六幅，在巴黎製版，最爲精絕。其繪工出供奉內廷，西洋畫師人名具詳伯希和考證（見北平圖書館向達君詳紀）余幼時曾在外家見之，印諸腦際，在平求之多年不得者，一朝快睹，絕不容交臂失之。索價千金，力不能舉，爰商之袁守和館長，爲北平圖書館購存。名物有歸，不可不紀。

按此圖背景，關於營造圖案；有午門獻俘，紫光閣筵宴，永定門郊勞，熱河行宮演劇。攻金川圖有藏番碉堡招塔。平安南圖有戰船繩橋。攻苗疆圖有苗寨黎硐。於西南邊裔之民俗風土，一切營建，足資參考。但碉堡形勢結構，多取北平香山健銳營設備作藍本，似製版時畫師目光未經身臨蠻徼，宜其不如回部圖之眞切也。

（五）明岐陽王世家文物之整理　。朱先生發見明岐陽王李文忠家歷代圖像數十件。幷就殘叢文物中研究搜輯，同人加入整理工作，頗感興趣。瞿兌之君有紀事一文，爲發表編目之初步（見本期本刊）。一俟考證脫稿，裝裱就緒，卽當展覽，徵求學者訂正。

本社收到寄贈圖書目錄

本社創立以來承海內外同志及團體予以物質之援助感惠良多茲截至二十一年三月二十一日止除前刊登謝外謹將所得書報之寄贈者續登於左以誌不忘

寄贈者	書名	卷冊	摘要
故宮博物院	故宮舊宮圖	二張	
又	故宮週刊	一冊	交換
又	史料旬刊	第十七期至卅九期共廿三冊	交換
歷史博物館	三盃山十字寺景教石刻拓片	全份	
北平圖書館	北平圖書館館刊	第五卷三四號二冊	交換
人文圖書館	人文月刊	自第二卷六期至十期共五冊	交換
燕京大學	燕京學報	第九期一冊	交換
輔仁大學	輔仁學誌	第二卷第二期一冊	交換
中法大學	月刊	第一卷第一第二期二冊	交換
中央研究院	院務彙報	第二卷第五第六期二冊	
歷史語言研究所	安陽發掘報告	第一二三期三冊	

寄贈者	書名	卷冊	摘要
歷史語言研究所	集刊	第一本四冊 第二本二冊	
藝林月刊社	盤山	一冊	
傅芸子君	太和門兩旁廡房補修丈尺做法清冊	一冊	
盧慎之君	黑龍江全省輿圖	一張	
又	學校建築圖	一張	
陶蘭泉君	髹飾錄	十部	
田邊泰君	相模國分寺建築論	一冊	
又	石製鴟尾	一冊	
京城帝國大學法文學會	朝鮮支那文化之研究	一冊	
又	造園叢書目錄	一冊	
日本建築士會雜誌	第九卷二號—第十卷二號	七冊	交換

寄贈者	書名	卷冊	摘要
滿洲建築協會	雜誌第十一卷八號—第十二卷二號	六冊	交換
國際建築協會	雜誌第七卷八號—第八卷三號	七冊	交換
日本建築學會	建築雜誌第四五輯五四八號—五五四號	六冊	交換
大塚巧藝社	民家圖集	十二冊	
日本帝室博物館	御物上代染織文	二冊	
又	歐米博物館之設施	一冊	
村田治郎君	關帝廟建築史	一冊	
又	滿洲佛教建築史概說	一冊	
又	東洋建築系統史論	三冊	
又	鴟尾原始考	一冊	
伊藤清造君	國際建築	一冊	
鹽谷溫君	河南省歷史地圖	一張	
闞霍初君	東北叢鐫一期至二十期	二十冊	
齊如山君	戲劇週刊	一冊	
中日文化協會	東北文化半月刊	十冊	

寄贈者	書名	卷冊	摘要
東北文化社	東北年鑑	一冊	
岩村書記官	東方學報	二冊	
紐約建築雜誌社	雜誌	四冊	
德國鮑斯曼君	大燕洲雜誌	一冊	
又	中國建築	一冊	
又	天龍山石窟	一冊	
又	中國建築雕飾	一冊	
又	中國寶塔上卷	一冊	
郭世五君	項子京瓷譜提要	一冊	
德國艾克君	福清之石塔	一冊	

中國營造學社彙刊

第三卷 第二期

民國廿一年六月

婉猗圖

獨樂寺專號

32809

中國營造學社彙刊第三卷第二期目錄

獨樂寺專號

論著

薊縣獨樂寺觀音閣山門考　梁思成

薊縣觀音寺白塔記　梁思成

日本古建築物之保護　關野貞講　吳魯強 劉敦楨 譯

哲匠錄　梁啟雄

本社紀事

本期勘誤表

頁	行	字	誤	正
一	末	七	寺	塔
四	六		外檐柱頭	外檐轉角
九	十	一	餘	除
十一			二十五圖	二十六圖
十二	八	二八	註	註
十三	三	十一	面闊深	面闊進深
十八	三	二八	茸	葺
二十	十一	十七	間	間
廿一	二	末	彩畫等	彩畫等等
廿四	八	三	楹	檻
三〇	十三		第七圖	第九圖
三〇	十五		二十五圖	二十六圖
三二	末		圖八	圖七
三五	十二		第八圖第十四圖	第十圖第十五圖
三六	十三		第八圖	第十圖
三六	插圖		第十六圖檄枪	枪檄
三九	八		卷首圖八	圖七
四〇	插圖		第十八圖補間作	補間鋪作
四一	十二		第十圖	第十一圖
四三	一		第十七圖	第十八圖
四三	四		圖七及八	圖七
四四	十一	十一	脊	背
四六	六	廿	踈	疎
四七	十一		第九圖	第十圖
四七	十三	三及十	朔	塑
五八	四		第廿九圖	第卅圖
六二	十		第廿三圖	第廿四圖
六三	二		第卅六圖	第三十五圖
七〇	七	二	跳則	跳頭則
七四	一	十九	較	轉

頁	行	字	誤	正
七四	插圖		第四十九圖	第四十九圖 a
七五	插圖		第四十九圖	第四十九圖 b
七八	一	八	例	列
七八	十二		隙，主	隙，非主
八一	一	七	則	用
八三	六	二一	是	流
八四	圖		第五十五圖	第五十六圖
八六	八	二一	各	外
八七	十一		漁洋…六十一圖	東陽…六十二圖
一〇一	末	十七	堪	楷
一〇四	三	十六	輝	輝
一〇八	十三	四	愛	受
一一〇	五	十七	根	跟
一一一	十一	二三	異	愈
一一三	十二	十九	驚	更
一一八	一	二三	因	困
一一八	五		助幇	幇助
一一八	十一	末	頂	項
一一九	九	二五	朽	朽
一二〇	八	十一	始	動
一二〇	十三	二三	定	完
一二一	十二	十六	柱	栓
一二三	二		七二立方呎	七・二立方呎
一二三	三	五	源	源
一二三	四	十六	加	減
一二三	六	九	五六十萬	五十六萬
一三四	十四	五	機	磯
一三六	一	四	折	折
一六二	十一	十一	圖	者
一六五	末	六	協助社外事外	協助社外事件

32812

卷首圖一 獨樂寺觀音閣山門平面圖

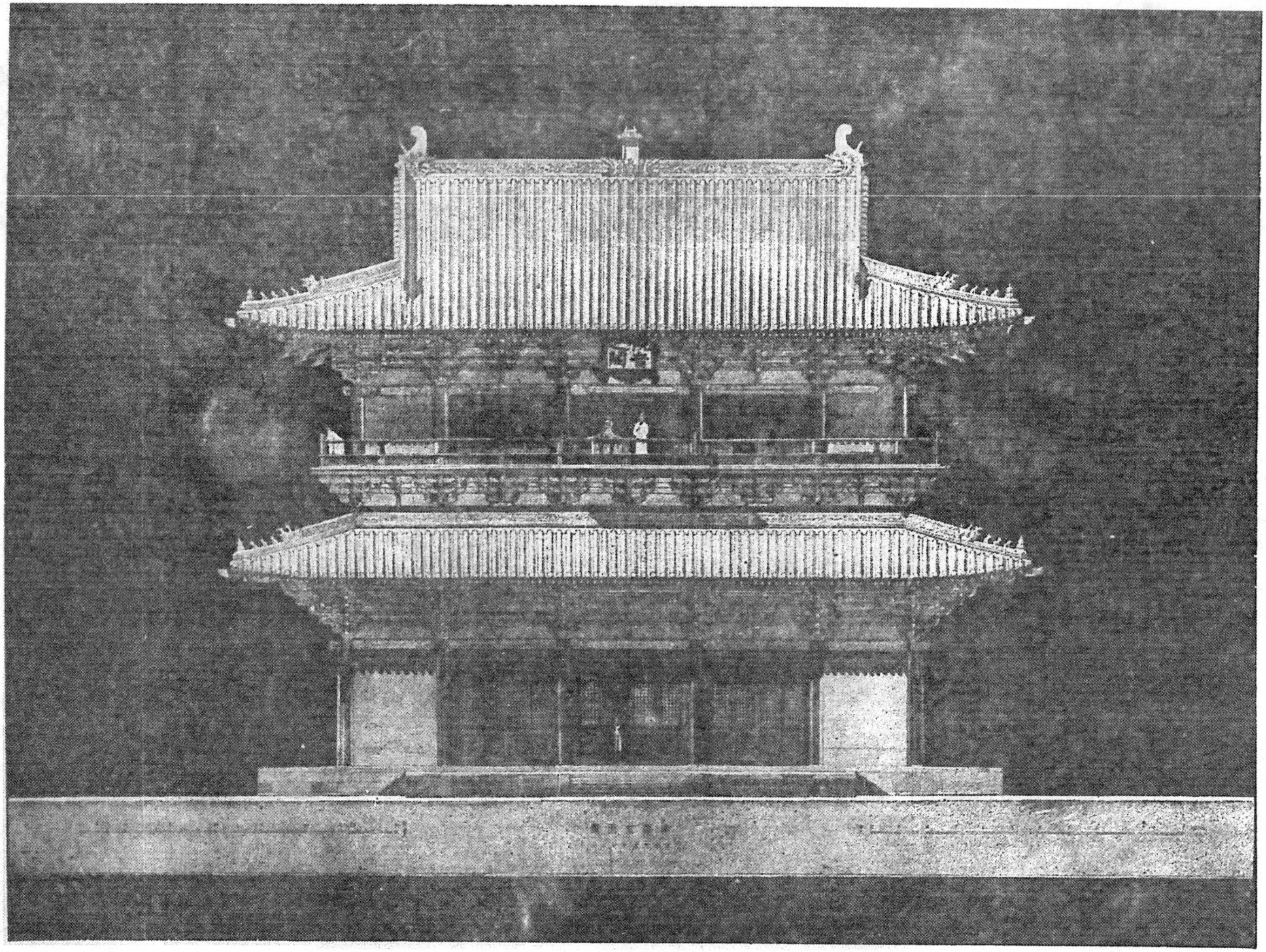

卷首圖二　觀音閣南面立面圖

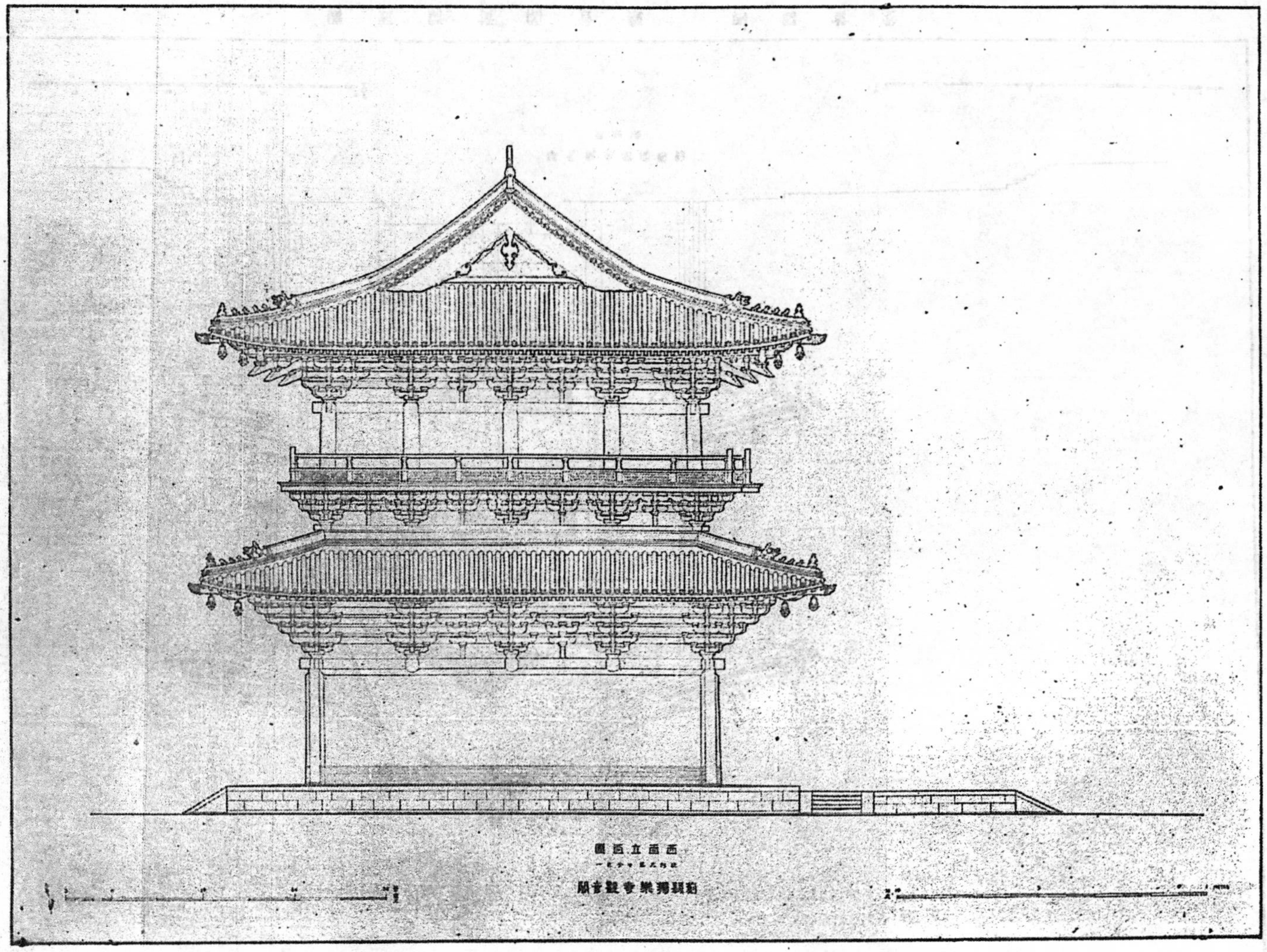

卷首圖三　觀音閣西面立面圖

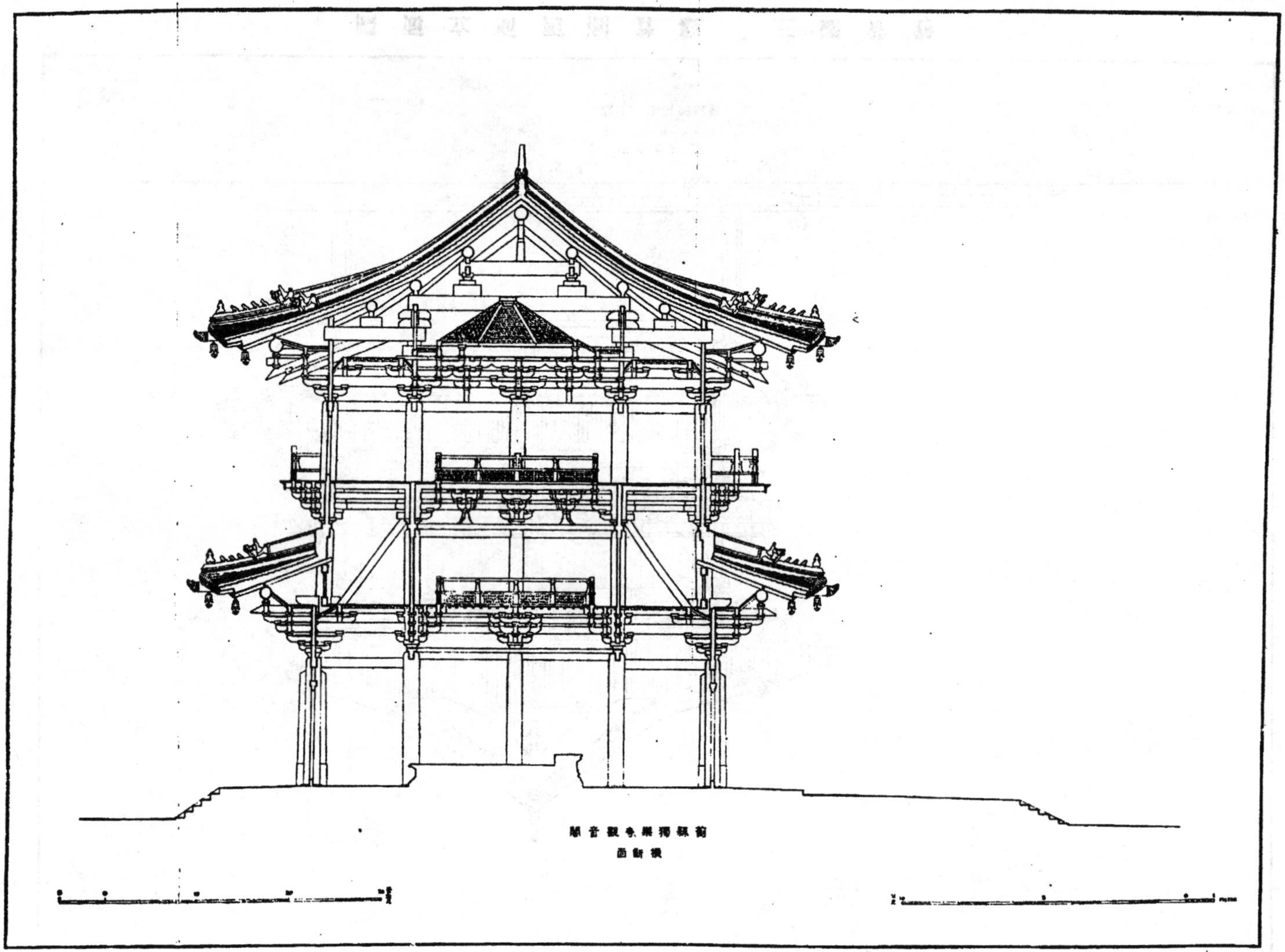

卷首圖四　觀音閣橫斷面圖

32816

卷首圖五　觀音閣縱斷面圖

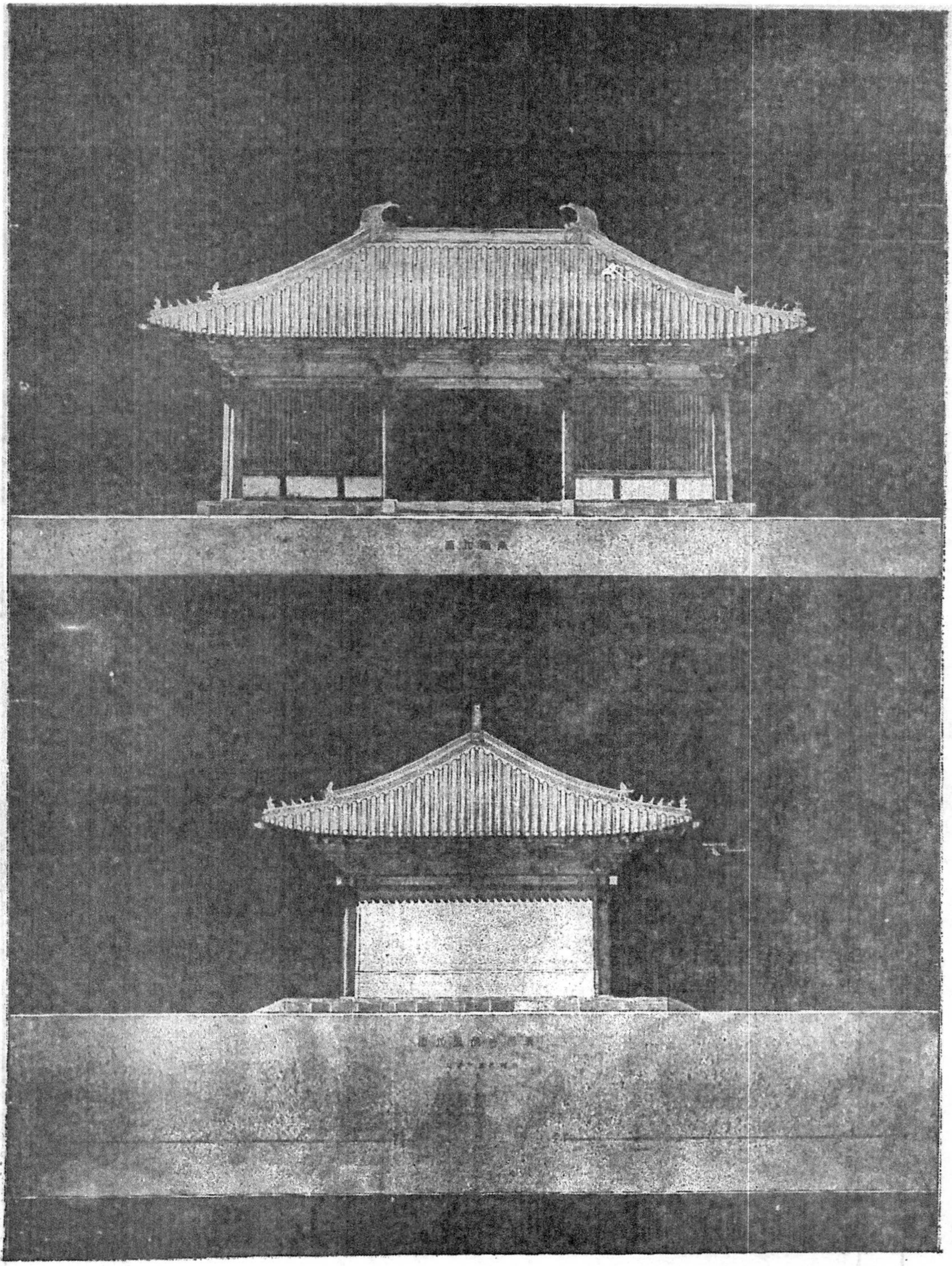

卷首圖六　山門立面圖

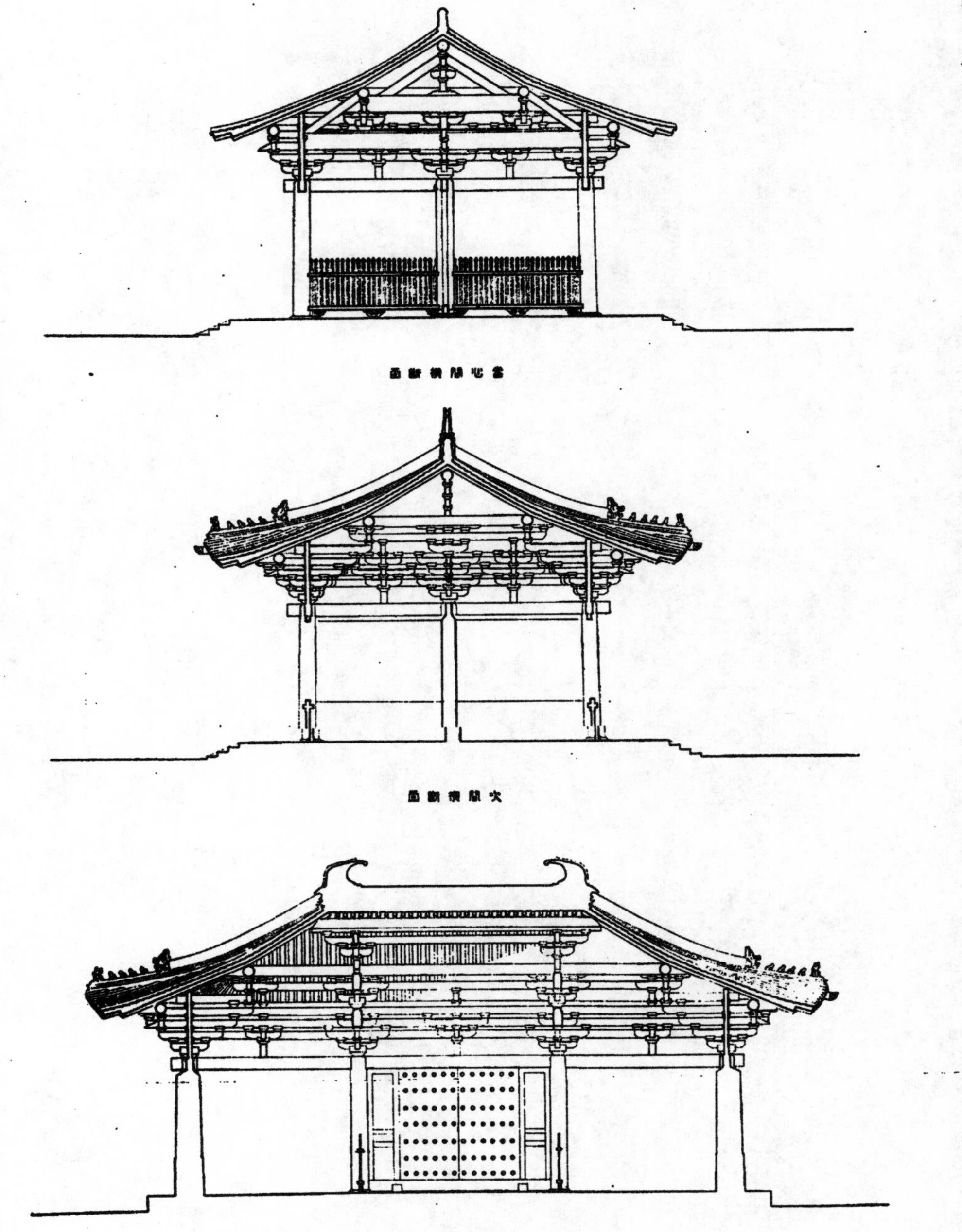

薊縣獨樂寺山門斷面圖

卷首圖七 山門橫斷面及縱斷面圖

薊縣獨樂寺觀音閣山門考目錄

緒言

一　總論

二　寺史

三　現狀

四　山門　外觀—平面—台基—柱及柱礎—斗栱—梁枋—角梁—舉架—椽—瓦—墻壁—門窗—彩畫—塑像—畫壁—匾

五　觀音閣　外觀—平面—台基及月台—柱及柱礎—斗栱—天花—梁枋—角梁—舉架—椽—兩際—瓦—墻壁—門窗—地板—欄干—樓梯—彩畫—塑像及須彌壇—匾

六　今後之保護

附錄　王于陛獨樂寺大悲閣記——王弘祚獨樂寺記

薊縣觀音寺白寺記

薊縣獨樂寺觀音閣山門考插圖目錄

卷首圖一　觀音閣及山門平面（清末狀況）
卷首圖二　觀音閣南面立面
卷首圖三　觀音閣西面立面
卷首圖四　觀音閣橫斷面
卷首圖五　觀音閣縱斷面
卷首圖六　山門南面及側面立面
卷首圖七　山門橫斷面及縱斷面
第一圖　薊州城圖
第二圖　獨樂寺平面現狀
第三圖　山門
第四圖　觀音閣遠望
第五圖　韋陀銅像
第六圖　後殿及香爐
第七圖　鐵鑪
第八圖　東院座落正廳

32822

第九圖　山門北面
第十圖　山門柱頭鋪作及補間鋪作
第十一圖　山門柱頭鋪作側樣
第十二圖　山門轉角鋪作並補間鋪作後尾
第十三圖　西安大雁塔門楣石柱頭鋪作
第十四圖　山門轉角鋪作
第十五圖　山門補間鋪作側樣
第十六圖　山門大樑椛檄
第十七圖　山門侏儒柱
第十八圖　山門脊槫與侏儒柱並內簷補間鋪作
第十九圖　山門鴟尾
第二十圖　山門東間天王塑像
第二十一圖　山門西壁天王畫像
第二十二圖　山門匾
第二十三圖　燉煌壁畫浄土圖
第二十四圖　觀音閣南面
第二十五圖　觀音閣一二三層平面圖

第二十六圖　觀音閣暗層內柱頭
第二十七圖　觀音閣下層外檐柱頭及補間鋪作
第二十八圖　觀音閣下層外檐柱頭鋪作側樣
第二十九圖　觀音閣下層外檐柱頭鋪作之替木
第三十圖　觀音閣下層外檐柱頭鋪作及轉角鋪作後尾
第三十一圖　觀音閣下層外檐柱頭鋪作及柱頭鋪作
第三十二圖　觀音閣西面各層斗栱
第三十三圖　觀音閣下層內檐平坐鋪作
第三十四圖　觀音閣下層內檐平坐柱頭鋪作側樣
第三十五圖　觀音閣外檐平坐柱頭鋪作側樣
第三十六圖　觀音閣外檐平坐山面補間鋪作側樣
第三十七圖　觀音閣中層內檐柱頭鋪作
第三十八圖　觀音閣中層內檐次間補間鋪作及轉角鋪作
第三十九圖　觀音閣中層內檐當心間補間鋪作後尾
第四十圖　觀音閣中層內檐次間補間鋪作後尾
第四十一圖　觀音閣中層內檐抹角補間鋪作
第四十二圖　觀音閣上層外檐柱頭鋪作

第四十三圖　觀音閣上層外檐柱頭鋪作側樣
第四十四圖　觀音閣上層外檐轉角鋪作櫨枓上各栱
第四十五圖　觀音閣上層內外檐柱頭及補間鋪作後尾
第四十六圖　觀音閣上層內檐枓栱
第四十七圖　觀音閣上層內檐北面柱頭及當心間補間鋪作
第四十八圖　日本奈良興福寺北圓堂內天花
第四十九圖　觀音閣梁荷載圖(a)死荷載(b)活荷載
第五十圖　遼宋清梁橫斷面比較
第五十一圖　觀音閣中層內部斜柱
第五十二圖　觀音閣兩際結構
第五十三圖　觀音閣瓦飾
第五十四圖　觀音閣上層外墻結構
第五十五圖　觀音閣中層內欄干並下層內檐鋪作
第五十六圖　觀音閣上層內欄干束腰紋樣
第五十七圖　觀音閣上層梯口
第五十八圖　觀音閣樓梯詳圖
第五十九圖　十一面觀世音像
第六十圖　東面侍立菩薩像
第六十一圖　觀音閣須彌壇及供桌
第六十二圖　觀音閣之匾

薊縣觀音寺白塔記插圖目錄

第一圖　白塔全影
第二圖　塔基南面詳影
第三圖　塔基東南面詳影
第四圖　塔前經幢

32826

薊縣獨樂寺觀音閣山門考

梁思成

緒言

近代學者治學之道，首重證據，以實物爲理論之後盾，俗諺所謂『百聞不如一見，』適合科學方法。藝術之鑑賞，就造形美術（Plastic art）言，尤須重『見』。讀跋千篇，不如得原畫一瞥，義固至顯。秉斯旨以研究建築，始庶幾得其門徑。

我國古代建築，徵之文獻，所見頗多，周禮考工，阿房宮賦，兩都兩京，以至洛陽伽藍記等等，固記載詳盡，然吾儕所得，則隱約之印象，及美麗之辭藻，調諧之音節耳。明清學者，雖有較專門之著述，如蕭氏元故宮遺錄，及類書中宮室建置之輯錄，然亦不過無數殿宇名稱，修廣尺寸，及『東西南北』等字，以標示其位置，蓋皆『聞』之屬也。讀者雖讀破萬卷，於建築物之眞正印象，絕不能有所得，猶熟誦史記『隆準而龍顏，美須髯；左股有七十二黑子』，遇劉邦於途，而不之識也。

造形美術之研究，尤重斯旨，故研究古建築，非作遺物之實地調查測繪不可。

我國建築，向以木料爲主要材料。其法以木爲構架，輔以墻壁，如人身之有骨節，而附皮肉。其全部結構，遂成一種有機的結合。然木之爲物，易朽易焚，於建築材料中，歸於「非永久材料」(Impermanent material)之列，較之鐵石，其壽殊短；用為構架，一旦焚朽，則全部建築，將一無所存，此古木建築之所以罕而貴也。然若環境適宜，保護得法，則千餘年壽命，固未嘗為不可能。去歲西北科學考察團自新疆歸來，得漢代木簡無數，率皆兩千年物，墨跡斑爛，紋質如新。固因沙漠乾躁，得以保存至今；然亦足以證明木壽之長也。

至於木建築遺例，最古者當推日本奈良法隆寺飛鳥期諸堂塔，蓋建於我隋代，距今已千三百載。然日本氣候濕潤，並非特宜於木建築之保存，其所以保存至今日者，實因日本內戰較少，卽使有之，其破壞亦不甚烈，且其歷來當道，對於古物尤知愛護，故保存亦較多。至於我國，歷朝更迭，變亂頻仍，項羽入關而「咸陽宮室火三月不滅」，二千年來革命元勳，莫不效法項王，以逞威風，破壞殊甚。在此種情形之下，古建築之得倖免者，能有幾何？故近來中外學者所發現諸遺物中，其最古者壽亦不過八百九十餘歲「註二」未盡木壽之長也。

薊縣獨樂寺觀音閣及山門，皆遼聖宗統和二年重建，去今（民國二十一年）已九百四十八年，蓋我國木建築中已發現之最古者。以時代論，則上承唐代遺風，下啟宋式營造，實研究我國建築蛻變上重要資料，罕有之寶物也。

翻閱方志，常見遼宋金元建造之記載；適又傳聞閣之存在，且偶得見其照片，一望而知其爲宋元以前物。平薊間長途汽車每日通行，交通尚稱便利。廿年秋，遂有赴薊計劃。行裝甫竣，津變爆發，遂作罷。至廿一年四月，始克成行。實地研究，登檐攀頂，逐部測量，速寫攝影，以紀各部特徵。

歸來整理，爲寺史之考證，結構之分析，及制度之鑑別。後二者之研究方法，在現狀圖之繪製（Measured Drawing）；與唐，宋（營造法式）明，清（工程做法則例）制度之比較；及原狀圖之臆造（Restoration Drawing）。（至於所用名辭，因清名之不合用，故概用宋名，而將清名附註其下。）計得五章，首爲總論，將寺閣主要特徵，先提綱領。次爲寺史及現狀。最後將觀音閣山門作結構及制度之分析。

餘觀音閣山門外，更得觀音寺遼塔一座，附刊於後。

此次旅行，蒙清華大學工程學系教授施嘉煬先生惠借儀器多種，薊縣王子明先生及薊縣鄉村師範學校校長劉博泉，教員王慕如，梁伯融，工會楊雅園諸先生多方贊助，與以種種便利。而社員邵力工，舍弟梁思達同行，不唯沿途受盡艱苦，且攀梁登頂，不辭危險，尤爲難能。歸來研究，得內子林徽音在考證及分析上，不辭勞，不憚煩，與以協作；又蒙清華大學工程教授蔡方蔭先生在比較計算上與以指示，始得此結果。而此次調查旅行之可能，厥爲社長朱先生之鼓勵及指導是賴，微先生之力不及此，尤思成所至感者也。

註一　山西大同下華嚴寺敎藏，建於遼興宗重熙七年，公元一〇三八。

一　總論

獨樂寺觀音閣及山門，在我國已發現之古木建築中，固稱最古，且其在建築史上之地位，尤爲重要。統和二年爲宋太宗之雍熙元年，北宋建國之第二十四年耳。上距唐亡僅七十七年，唐代文藝之遺風，尙未全靡；而下距營造法式之刋行尙有百十六年。營造法式實宋代建築制度完整之記載，而又得幸存至今日者。觀音閣山門，其年代及形制，皆適處唐宋二式之中，實爲唐宋間建築形制蛻變之關鍵，至爲重要。謂爲唐宋間式之過渡式樣可也。

獨樂寺伽藍之布置，今已無考。隋唐之制，率皆寺分數院，周繞迴廊（註二）。今觀音閣山門之間，已無直接聯絡部分；閣前配殿，亦非原物，後部殿宇，更無可觀。自經乾隆重修，建座落於東院，寺之規模，更完全更改，原有布置，毫無痕跡。原物之尙存者惟閣及山門。

觀音閣及山門最大之特徵，而在形制上最重要之點，則爲其與燉煌壁畫中所見唐代建築之相似也。壁畫所見殿閣，或單層或重層，簷出如翼，斗拱雄大。而閣及門所呈現象，與淸式建築固逈然不同，與宋式亦大異，而與唐式則極相似。熟悉燉煌壁畫中淨土圖（第二十三圖）者，若驟見此閣，必疑身之已入西方極樂世界矣。

其外觀之所以如是者，非故倣唐形，乃結構制度，仍屬唐式之自然結果。而其結構上最重要部分，則木質之構架—建築之骨幹—是也。

其構架約略可分爲三大部分；柱，斗栱，及梁枋。

觀音閣之柱，權衡頗肥短，較淸式所呈現象爲穩固。山門柱徑亦如閣，然較閣柱猶短。至於閣之上中二層，柱雖更短，而徑不改，故知其長與徑，不相牽制，不若淸式之有一定比例。此外柱頭削作圓形，（第二十五圖）柱身微側向內，皆爲可注意之特徵。

斗栱者，中國建築所特有之結構制度也。其功用在梁枋等與柱間之過渡及聯絡，蓋以結構部分而富有裝飾性者。其在中國建築上所佔之地位，猶 Order 之於希臘羅馬建築；斗栱之變化，謂爲中國建築制度之變化，亦未嘗不可，猶 Order 之影響歐洲建築，至爲重大。

唐宋建築之斗栱以結構爲主要功用，雄大堅實，莊嚴不苟。明清以後，斗栱漸失其原來功用，日趨弱小纖巧，每每數十攢排列簷下，幾成純粹裝飾品，其退化程度，已陷井底，不復能下矣。觀音閣山門之斗栱，高約柱高一半以上，全高三分之一，較之清式斗栱—合柱高四分或五分之一，全高六分之一者，其輕重自可不言而喻。而其結構，與清式宋式皆不同；而種別之多，尤爲後世所不見。蓋古之用斗栱，輒視其機能而異其形制，其結構實爲一種有機的（Organic），有理的（Logical）結合。如觀音閣斗栱，或承簷，或承平坐，或承梁枋，或在柱頭，或轉角，或補間，內外上下，各各不同，（註二）條理井然。各攢斗栱，皆可作建築邏輯之典型。都凡二十四種，聚於一閣，誠可謂集斗栱之大成者矣！

觀音閣及山門上梁枋之用法，尙爲後世所常見，皆爲普通之梁（Beam），無複雜之力學作用。其與後世制度最大之區別，乃其橫斷面之比例。梁之載重力，在其高度，而其寬度之影響較小；今科學造梁之制，大略以高二寬一爲適宜之比例。按清制高寬爲十與八或十二與十之比，其橫斷面幾成正方形。宋營造法式所規定，則爲三與二之比，較清式合理。而觀音閣及山門（遼式）則皆爲二與一之比，與近代方法符合。豈吾儕之科學知識，日見退步耶！

其在結構方面最大之發現則木材之標準化是也。清式建築，皆以「斗口」（註三）為單位，凡梁柱之高寬，面闊深之修廣，皆受斗口之牽制。制至繁雜，計算至難；其「規矩」對各部分之布置分配，拘束尤甚，致使作者無由發揮其創造能力。古制則不然，以觀音閣之大，其用材之制，梁枋不下千百，而大小只六種。此種極端之標準化，於材料之估價及施工之程序上，皆使工作簡單。結構上重要之特徵也。

觀音閣天花，亦與清代制度大異。其井口甚小，分布甚密，為後世所不見。而與日本鎌倉時代遺物頗相類似，可相較鑑也。

閣與山門之瓦，已非原物。然山門脊飾，與今日所習見之正吻不同。其在唐代，為鴟形之尾，自宋而後，則為吻，二者之蛻變程序，尚無可考。山門鴟尾，其下段已成今所習見之吻，而上段則尚為唐代之尾，雖未可必其為遼原物，亦必為明以前按原物仿造，亦可見過渡形制之一般。壞牆下部之裙肩，頗為低矮，只及清式之半，其呈現象，至為奇特。山西北部遼物亦多如是，蓋亦其特徵之一也。

觀音閣中之十一面觀音像，亦統和重塑，尚具唐風，其兩傍侍立菩薩，與盛唐造像尤相似，亦雕塑史中之重要遺例也。

註一　參閱本刊三卷一期拙著我們所知道的唐代佛寺與宮殿

註二　樓閣外周之露台（Balcony），古稱『平坐』。斗栱之在屋角者爲『轉角鋪作』，在柱與柱之間者爲『補間鋪作』。

註三　斗栱大斗安栱之口爲『斗口』。

二　寺史

薊縣在北平之東百八十里。漢屬漁陽郡，唐開元間，始置薊州。五代石晉，割以賂遼，其地遂不復歸中國。金曾以薊一度遺宋，不數年而復取之。宋元明以來，屢爲華狄衝突之地，軍事重鎭，而北京之拱衞也。薊城地處盤山之麓。盤山乃歷代詩人歌詠之題，風景幽美，爲薊城天然之背景。

薊旣爲古來重鎭，其建置至爲周全，學宮衙署，僧寺道院，莫不齊備（第一圖）。而千數百年來，爲薊民宗教生活之中心者，則獨樂寺也。寺在城西門內，中有高閣，高出城表，自城外十餘里之遙，已可望見。每屆廢歷三月中，寺例有廟會之舉，縣境居民，互數十里跋涉，參加盛會，以期『帶福還家』者。其在薊民心目中，實為無上聖地，如是者已數百年，薊縣耆老亦莫知其始自何年也。

獨樂寺雖為薊縣名刹，而寺史則殊渺茫，其緣始無可考。與薊人談，咸以寺之古遠相告；而耆老縉紳，則或謂屋脊小亭內碑文有『貞觀十年建』字樣，或謂為『尉遲敬德監修』數字，或將二說合而為一，謂為『貞觀十年尉遲敬德監修』者，不一而足。『敬德監修』，已成我國匠人歷代之口頭神話，無論任何建築物，彼若認為久遠者，概稱『敬德監修』。至於『貞觀十年』，只是傳說，無人目睹，亦未見諸傳記。即使

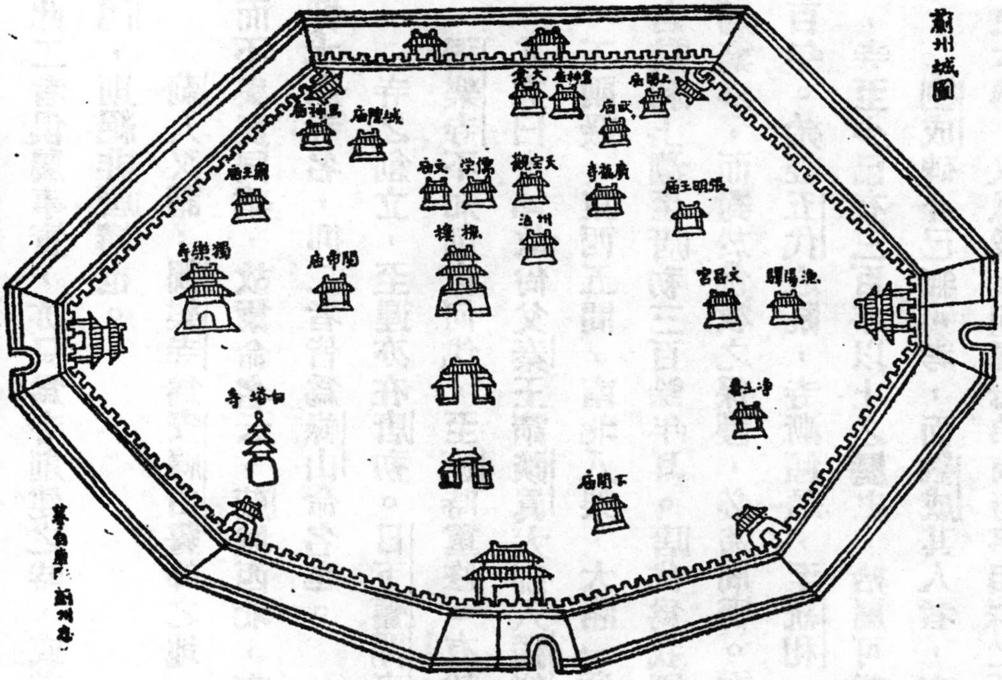

第一圖

32835

此二者俱屬事實，亦只爲寺創建之時，或其歷史中之一段。至於今日尙存之觀音閣及山門，則絕非唐構也。

薊人又謂：獨樂寺爲安祿山誓師之地。「獨樂」之名，亦祿山所命，蓋祿山思獨樂而不與民同樂，故爾命名云。薊城西北，有獨樂水，爲境內名川之一，不知寺以水名，抑水以寺名，抑二者皆爲祿山命名也。

寺之創立，至遲亦在唐初。日下舊聞考引盤山志云：（註一）

獨樂寺不知創自何代，至遼時重修。有翰林院學士承旨劉成碑。統和四年孟夏立石，其文曰：「故尙父秦王請談眞大師入獨樂寺，修觀音閣。以統和二年冬十月再建，上下兩級，東西五間，南北八架，大閣一所。重塑十一面觀音菩薩像。」

自統和上溯至唐初三百餘年耳。唐代爲我國歷史上佛敎最昌盛時代；寺像之修建供養極爲繁多，而對於佛敎之保護，必甚周密。在彼適宜之環境之下，木質建築，壽至少可數百年。殆經五代之亂，寺漸傾頹，至統和（北宋初）適爲須要重修之時。故在統和以前，寺至少已有三百年以上之歷史，殆屬可能。

劉成碑今已無可考，而劉成其人者，亦未見經傳。尙父秦王者，耶律奴瓜也。按遼史本傳，奴瓜爲太祖異母弟南府宰相蘇之孫，「有膂力，善調鷹隼」，蓋一介武夫。統和四年始建軍功。六年敗宋游兵於定州，二十一年伐宋，擒王繼忠于望都。當時前綫乃在河北省南部一帶，薊州較北，已爲遼內地，故有此建置，而奴瓜乃當時再建觀音閣之主動者也。

談眞大師，亦無可考，蓋當時高僧而爲宗室所賞識或敬重者。觀音閣之再建，是在其監督之下施工者也。

統和二年，即宋太宗雍熙元年，公元九八四年也。閣之再建，實在北宋初年。營造法式爲我國最古營造術書，亦爲研究宋代建築之唯一著述，初刊於宋哲宗元符三年（公元一一〇〇），上距閣之再建，已百十六年。而統和二年，上距唐亡（昭宣帝天祐四年，公元九〇七）僅七十七年。以年月論，距唐末尙近於法式刊行之年。且地處邊境，在地理上與中原較隔絕。在唐代地屬中國，其文化自直接受中原影響，五代以後，地屬夷狄，中國原有文化，固自保守，然在中原若有新文化之產生，則所受影響，必因當時政治界限而隔阻；故愚以爲在觀音閣再建之時，中原建築若已有新變動之發生，在薊北未必受其影響，而保存唐代特徵亦必較多。如觀音閣者，實唐宋二代間建築之過渡形式，而研究上重要之關鍵也。

閣之形式，確如碑所載，『上下兩級，東西五間，南北八架』。閣實爲三級，但中層爲暗層，如西式之 Mezzanine 者，故主要層爲兩級，暗層自外不見。南北八架云者，按今式稱爲九架，蓋謂九檁而椽分八段也。

自統和以後，歷代修葺，可考者只四次，皆在明末以後。元明間必有修葺，然無可考。

萬歷間，戶部郎中王于陛重修之，有獨樂大悲閣記，謂

……其載修則統和己酉也。經今久圮，一二信士謀所以爲繕葺計；前餉部柯公，(註二)實倡其事，感而興起者，殆不乏焉。柯公以遷秩行，予繼其後，既經時，塗暨之業斯竟。因瞻禮大士，下睹金碧輝映，其法身莊嚴鉅麗，圍抱不易盡，相傳以爲就刻一大樹云。

按康熙朝邑縣後志：

王于陛，字啟宸，萬歷丁未進士。以二甲授戶部主事，升郎中，督餉薊州。

丁未爲萬歷二十五年，（公元一五九五）。其在薊時期，當在是年以後，故其修葺獨樂寺，當在萬曆後期。其所謂重修，亦限於油飾彩畫，故云『金碧輝映，莊嚴鉅麗』，於寺閣之結構無所更改也。

明清之交，薊城被屠三次，相傳全城人民，集中獨樂寺及塔下寺，抵死保護，故城

雖屠，而寺無恙，此亦足以表示薊人對寺之愛護也。

王于陛修葺以後六十餘年，王弘祚復修之。弘祚以崇禎十四年（公元一六一四）『自盤陰來牧漁陽』。入清以後，官戶部尙書，順治十五年（一六五八）晉秩司農，奉使黃花山，路過是州，追隨大學士宗伯菊潭胡公來寺少憇焉。風景不殊。而人民非故；臺砌傾圮，而廟貌徒存。……寺僧春山遊來，訊予（弘祚）曰，『是召棠冠社之所憑也，忍以草萊委諸？』予唯唯，爲之捐資而倡首焉。一時賢士大夫欣然樂輸。而州牧胡君，（註三）毅然勸助，共襄盛舉。未幾，其徒妙乘以成功告，且曰寶閣配殿，及天王殿山門，皆煥然聿新矣。（修獨樂寺記）

此入淸以後第一次修葺也。其倡首者王弘祚，而『州牧胡君』助之。當其事者則春山妙乘。所修則寶閣配殿，及天王殿山門也。讀上記，天王殿山門，似爲二建築物然者，然實則一，蓋以山門而置天王者也。以地勢而論，今山門迫臨西街，前無空地，後距觀音閣亦只七八丈，其間斷不容更一建築物之加入，故『天王殿山門』者，實一物也。

乾隆十八年（一七五三）『於寺內東偏……建立座落，並於寺前改立柵欄照壁，巍然改觀』（薊州沈志卷三）。是殆爲寺平面布置上極大之更改。蓋在此以前，寺之布置，自山門至閣後，必週以廻廊，如唐代遺制。高宗於『寺內東偏』建立座落，『則寺內東偏」原有之建築，必被拆毀。不惟如是，於「西偏」亦有同時代建立之建築，故寺原有之東西廊，殆於此時改變，而成今日之規模。「巍然改觀」，不唯在「柵欄照壁」也。

乾隆重修於寺上最大之更動，除平面之布置外，厥唯觀音閣四角檐下所加柱（第二十三圖）。及若干部分之「清式化」。閣出簷甚遠，七百餘年，已向下傾圯，故四角柱之增加，爲必要之補救法，閣之得以保存，唯此是賴。

關於此次重修，尚有神話一段。薊縣老紳告予，當乾隆重修之時，工人休息用膳，有老者至，工人享以食。問味何如，老者曰，「鹽短，鹽短！」蓋魯般降世，而以上檐改短爲不然，故曰「簷短」云。按今全部權衡，上簷與下簷簷出，長短適宜，調諧悅目，簷短之說，不敢與魯般贊同。至於其他「清式化」部分，如山花板，博脊及山門雀替之添造，門窗隔扇之修改，內簷柱頭枋間之塡塞，皆將於各章分別論之。

高宗生逢盛世，正有清鼎定之後，國裕民安，府庫充實；且性嗜美術，好遊名山大川。凡其足跡所至，必重修寺觀，立碑自耀。唐宋古建築遺物之毀於其「重修」者，不知凡幾；京畿一帶，受創尤甚。而獨樂寺竟能經「寺內東偏」座落之建立，觀音閣山門尚僥倖得免，亦中國建築史之萬幸也。

光緒二十七年（一九〇一），「兩宮回鑾」之後，有謁陵（註四）盛典，道出薊州，獨樂寺因爲座落之所在，於是復加修葺粉飾。此爲最後一次之重修，然多限於油漆彩畫等：外表之點綴。，骨幹構架，仍未更改。今日所見之外觀，即光緒重修以後之物。

有清一代，因座落之關係，獨樂寺遂成禁地，廟會盛典，皆於寺前舉行。平時寺內非平民所得入，至清末遂有竊賊潛居閣頂之軼事。賊犯案年餘，無法查獲，終破案於觀音閣上層天花之上；相傳其中布置極爲完善，竟然一安樂窩。其上下之道，則在東梢間柱間攀上，磨擦油膩，尙有黑光，至今猶見。

鼎革以後，寺復歸還於民衆，一時香火極盛。民國六年，始撥西院爲師範學校。十三年，陝軍來薊，駐於獨樂寺，是爲寺內駐軍之始。十六年，駐本縣保安隊，始毀裝修。十七年春，駐孫口口部軍隊，十八年春始去。此一年中，破壞最甚。然較之同時東陵盜陵案，則吾儕不得不慶獨樂寺所受孫部之特別優待也。

北伐成功以後，薊縣黨部成立，一時破除迷信之聲，甚囂塵上，於是黨委中有倡議拍賣獨樂寺者。全薊人民，譁然反對，幸未實現。不然，此千年國寶，又將犧牲於「破除迷信」美名之下矣。

民國二十年，全寺撥爲薊縣鄉村師範學校，閣，山門，並東西院座落歸焉。東西院及後部正殿，皆改爲校舍，而觀音閣山門，則保存未動。南面柵欄部分，圍以土墻，於是無業游民，不復得對寺加以無聊之塗抹撕拆。現任學校當局諸君，對於建築，保護備至。觀音閣山門十餘年來，備受災難，今歸學校管理，可謂漸入小康時期，然社會及政府之保護，猶爲亟不容緩也。

註一　同治十一年李氏刻本盤山志無此段。

註二　薊州志官秩戸部分司題名，柯維蓁，萬歷中任是職，王子陛之前任。

註三　薊州志官秩知州題名：胡國佐，三韓人，廕生。修學宮西廡戟門，有記。陞湖廣德安府同知，去任之日，民攀轅號泣，送不忍舍，蓋德政有以及人也。

註四　清東陵在薊東遵化縣境。

三　現狀

統和原構，惟觀音閣及山門尙存，其餘殿宇，殆皆明清重建（第二圖）。今在街之南，與山門對峙者爲乾隆十八年所立照壁。街之北，山門之南爲墻，東西兩端闢門道，

而中部則用土坯壘砌，與原有紅墻，顯然各別。此土墻部分，原爲乾隆十八年立栅欄所

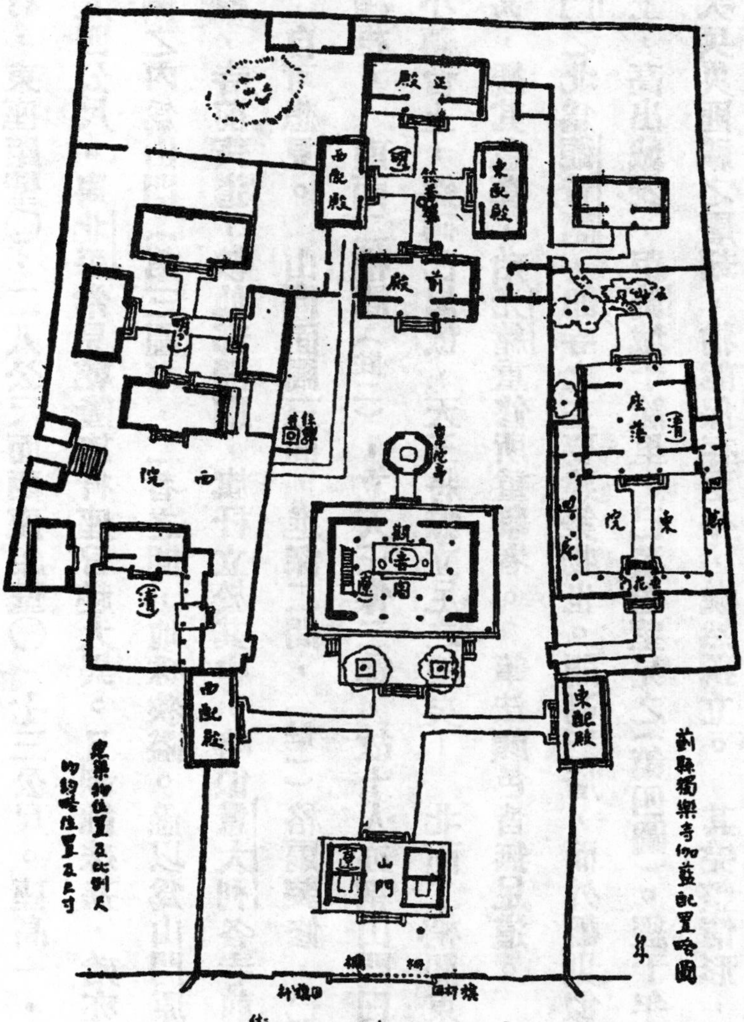

第二圖

在，日久欄柵朽壞，去歲薊縣鄉村師範學校接收寺產後，遂用墻堵塞，以防游民入校。

32843

雖將山門遮掩，致使瞻仰者不得遠觀前面立面之全部，然爲古物之保存計，實亦目前所不得不爾者。　柵欄之前有旗杆二，一杆雖失，而石座夾檳則並存。　旗杆與柵欄排列並非平行，東座距壁〇・二八公尺而西座距壁〇・七三公尺。座高一・五七公尺，見方約〇・八四公尺。與北平常見乾隆旗杆座旨趣大異。且剝蝕殊甚，殆亦遼物也。

柵欄之內爲山門（第三圖），二者之間，地殊狹隘。愚以爲山門原臨街，乾隆以前未置柵欄，寺前街道，較他部開朗，旗杆立於其中，略似意大利各寺前之 Piazza，其氣象莊嚴，自可想見。　山門面闊三間，進深二間，（註一）格扇裝修，已被軍隊拆毀無存，僅存楹框。　南面二梢間（註二），立天王像二尊，故土人亦稱山門曰「哼哈殿」。天王立小磚台上，然磚已崩散，天王將無立足之地矣！　北面二梢間東西壁畫四天王，塗抹殊甚，觀其色澤，殆光緒重修所重摹者。　筆法顏色皆無足道。

山門之北爲觀音閣，卽寺之主要建築物也。閣高三層，而外觀則似二層者。　立於石壇之上，高出城表，距薊城十餘里，已遙遙望見之（第四圖）。經千年風雨寒暑之剝蝕，百十次兵災匪禍之屠劫，猶能保存至今，巍然獨立。　其完整情形，殊出意外，尤爲難得。　閣簷四隅，皆支以柱，蓋簷出頗遠，年久昂腐，有下傾之虞，不得不爾。　閣中主人翁爲十一面觀音像，高約十六公尺，立須彌壇上，二菩薩侍立。法相莊嚴，必出

第三圖　山門

第四圖　觀音閣遠望

第五圖 韋陀銅像

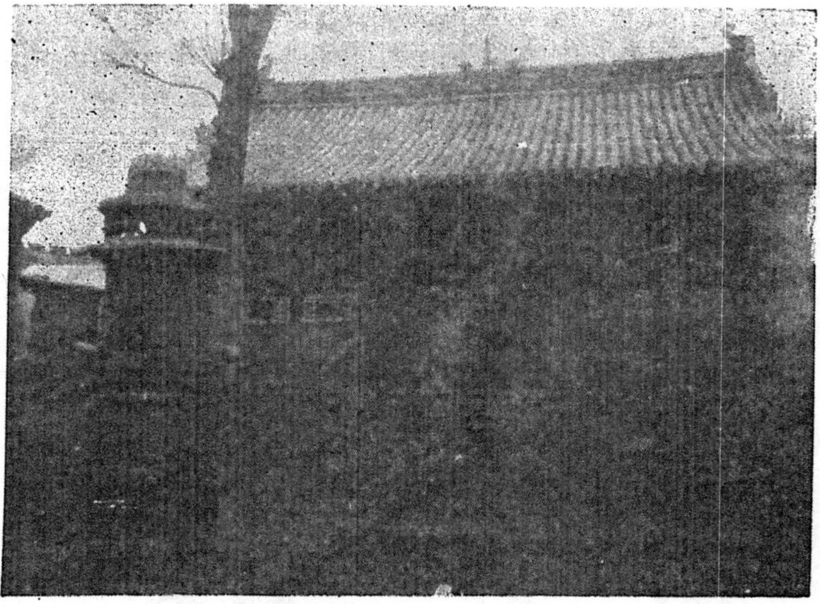

第六圖 後殿及香爐

名手，其年代或較閣猶古，亦屬可能。與大像相背，面北部分尙有像，蓋爲落伽山中之觀音。此數像者，其意趣尙具唐風，而簇新彩畫，鮮艷妖冶，亦像之辱也。壇上除此數像外，尙有像三軀，恐爲明以後物。北向門額懸鐵磬一，萬歷間淨土庵物，今爲學生上課敲點用。庵在縣城東南，磬不知何時移此。

閣與山門之間，爲籃球場，爲求地址加寬，故山門北面與觀音閣前月台南面之石堦，皆已拆毀，其間適合球場寬度。球場（即前院）東西爲配殿，各爲三楹小屋，純屬清式。東配殿門窗全無，荒置無用，西配殿爲學校接待室。

閣之北，距閣丈餘爲八角小亭，亦清構。亭內立韋陀銅像（第五圖），甲冑武士，合掌北向立，高約二・三〇公尺，鐫刻極精。審其手法，殆明中葉所作。光緒重修時，劣匠竟塗以灰泥，施以彩畫，大好金身，乃蒙不潔，幸易剔除，無傷於像也。

亭北空院爲網球場，場北爲本寺前殿，殿三楹，殊狹小，而立於權衡頗高之台基上。紘歌之聲，時時溢出，今爲音樂教室。前殿之後爲大殿，大小與前殿略同，爲學校辦公室。東西配殿爲學生宿舍，此部分或爲明代重修。然氣魄極小，不足與閣調和對稱（第六圖）。庭中有鐵香爐一座，高約二・六〇公尺，作小圓亭狀，其南面簷下斗栱間文曰：

順天府薊州

獨樂寺大殿前進

口爐一座

本寺僧正　口僧口

口口　口口(？)

元成(？)

口智

口口

寬龍(？)

普福

普祥

惜僧正名無可讀。西南二門之間文曰：

信士　平治　陳口程元忠魏邦治

鑄匠　王之祿 王之富 王之屏 王之蒲　男王有文等

崇禎拾肆年拾壹月吉日造

第七圖　鐵鐘

第八圖　東院座落正廳

韋陀亭西有井一口，據縣老紳士王子明先生言，幼時曾見寺有殘碑，於光緒重修時用作壘砌井筒之用，豈卽劉成碑耶?，井口現有鐵鐘一口（第七圖），繫於井架，高〇・八三公尺。 鐘分八格，其中二格有左列文字：

薊州獨樂　匠人鄧華
寺募緣比　信女惠成
丘戒蓮誠　妙眞妙全
資鑄鐘一　劉氏刘氏
口二百斤　惠賢
弘治二年　惠榮
四月　日　鑄鐘信人
首座戒宗　王璩
皇圖永固
帝道遐昌
佛日增輝
法輪常轉

籍此得知明孝宗時首座之名。

前院東配殿之北，墻有門，通東院，卽乾隆十八年所建之「座落」也。入門有空院，其北爲垂花門，內有圍廊，北面廣廳，東西三楹，南北二間，其一切形制，皆爲最合規矩之清式。廳現爲大講堂（第八圖）。其後空院，石山大樹猶存，再後則小屋三楹，荒廢未用。

前院西配殿之北，墻亦有門，通西院，殆亦同時建。入門爲夾道，垂花門東向，內有小廊，小屋三楹，他無所有。現爲校長及教員宿舍。

此部之後面，尙有殿二進，東西配殿各一座，皆三楹。現爲學生宿舍及食堂。其西尙有大門三楹，外臨城垣，內有蹕蹤（註三），頗似車騎出入之門。在寺產完全歸校以前，此即學校正門也。

總之，寺之建築物，以觀音閣爲主，山門次之，皆遼代原構，爲本次研究主物。後部殿宇，雖屬明構，與清式只略異，東西兩院，則純屬極規矩之清式，無特別可注意之點也。

註一　建築物之長度爲面闊，深度爲進深。

註二　如屋五間，居中者爲明間或當心間，其次曰次間，兩端爲梢間。

註三　斜坡不作階級，由一高度達另一高度之道爲蹕蹤。

四　山門

(一)外觀　山門爲面闊三間進深二間之單層建築物。頂注四阿(註一)，脊作鴟尾，青瓦紅墻。南面額曰『獨樂寺』，相傳嚴嵩手筆。全部權衡(Proportion)，與明清建築物大異，所呈現象至爲莊嚴穩固。在小建築物上，施以四阿，尤爲後世所罕見(第九圖)。

(二)平面　面闊三間，進深二間，共有柱十二。當心間(今稱明間)面闊六・一七公尺，中柱(註二)間安裝大門，爲出入寺之孔道。梢間面闊五・二三公尺，南面二間立天王像，北面二間原來有像否，尙待考。中柱與前後簷柱(註二)間之進深爲四・三八公尺。因進深較少於梢間面闊，故垂脊與正脊相交乃在梢間之內而不正在中柱之上也。

(見卷首圖一)

(三)台基及階　台基爲石質，頗低；高只〇・五〇公尺。前後台出(註三)約二・二〇公尺，而兩山台出則爲一・三〇公尺，顯然不備行人繞門或在兩山(註四)簷下通行者。南面石堦三級，頗短小，寬不及一間，殆非原狀。蓋堦之『長隨間廣』，自李明仲至於今日，尙爲定例，明仲前百年，不宜有此例外也。北面石堦已毀，當與南面同。

（四）柱及柱礎　山門柱十二，皆營造法式所謂「直柱」者是。柱身與柱徑之比例，雖只爲八．六與一之比，尙不及羅馬伊阿尼式（註五）柱之瘦長，而所呈現象，則較瘦；蓋因抱框（註六）等附屬部分遮蓋使然。　柱之下徑較大於上徑，惟收分（註七）甚微，故不甚顯著，非詳究不察；然在觀者下意識中，固已得一種穩固之印象。　茲將各柱之平均度量列左：

柱高　四．三三公尺　下徑　〇．五一公尺

上徑　〇．四七公尺　高：徑　八．六五：一

收分　千分之二五

前後柱脚與中柱脚之距離爲四．三八公尺，而柱頭間則爲四．二九公尺，柱頭微向內偏，約合柱高百分之二。　按營造法式卷五：

凡立柱並令柱首微收向內，柱脚微出向外，謂之側脚。每屋正面隨柱之長，每一尺即側脚一分；若側面每長一尺，即側脚八釐。至角柱其柱首相向各依本法。

山門柱之傾斜度極爲明顯，且甚於營造法式所規定，其爲「側脚」無疑。（第七圖）

柱身經歷次重修，或坎補，或塗抹，乃至全柱更換，亦屬可能。觀音閣柱頭，皆「卷殺（註八）作覆盆樣」（第二十五圖），而山門柱頭乃平正如清式，其是否原物，亦待考也。

第九圖　山門北面

第十圖　山門柱頭舖作及補間舖作

柱礎（註九）爲本地青石造，方約〇・八五公尺，不及柱徑之倍，而自營造法式至清工程做法皆規定柱礎「方倍柱之徑」，此豈遼宋制度之不同歟？礎上「覆盆」較似清式簡單之「古鏡」，不若宋式之華麗也。

（五）枓栱。山門外簷枓栱，共有三種，分述如次：

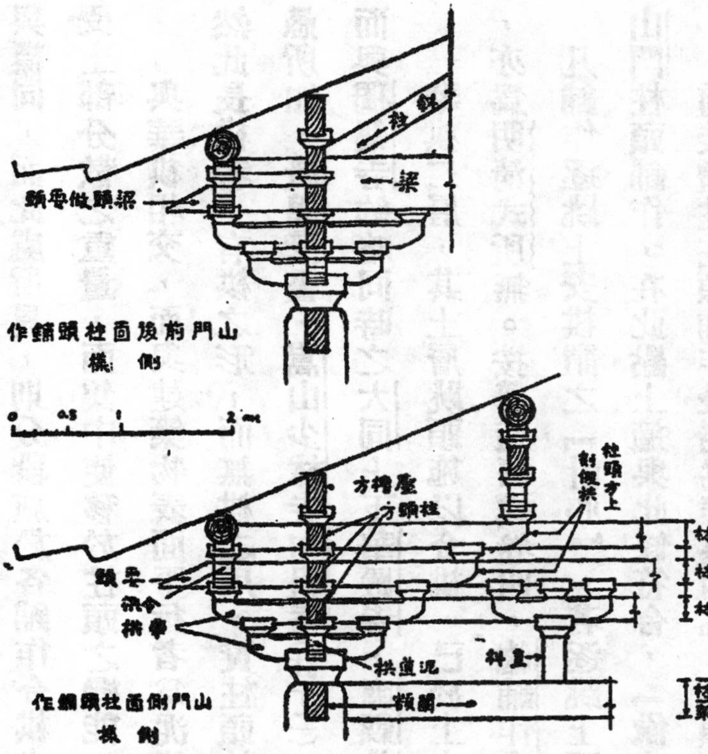

第十一圖　山門柱頭鋪作側樣

1　柱頭鋪作（註十）清式稱柱頭科。（第十・十一圖）其「櫨斗（今稱坐斗）施之於柱頭」，不似清式之將「坐斗」施於「平板枋」上。自櫨枓外出者計華栱（今稱翹）兩層，故上層長兩跳。（註十一）上層跳頭施以令栱（今稱廂栱），與耍頭相交，置於交互枓（今稱十八斗）內。其耍頭之制，將頭作成約三十度向外之銳角，略似平置之昂，不若清式之作六十度向內之鈍角者。令栱之上，置散枓（今稱三才升）三個，以承襻形小木，及其上之榑（今稱桁）按營造法式卷五，有所謂『替木』者，其長按地位而異，『兩頭各下殺四分……若至出際，長與槫齊』。此栱形小木，殆卽『替木』歟？與此『替木』位置功用相同者，於清式建築中有『挑檐枋』，長與檁同，而此處所見，則分段施於各鋪作令栱之上，且將兩端略加卷殺，甚足以表示承受上部分散之重量，而集中使移於柱頭之機能，堪稱善美。

與華栱相交，而與建築物表面平行者爲泥道栱（今稱瓜栱）及與今萬栱相似之長栱。然此長栱者；有栱之形，而無栱之用，實柱頭枋（清式稱正心枋）上而雕作栱形者也。就愚所知，燉煌壁畫，嵩山少林寺初祖庵（註十二），營造法式及明清遺構，此式尙未之見，而與獨樂寺約略同時之大同上下華嚴寺，應縣佛宮寺木塔皆同此結構，殆遼之特徵歟？

華栱二層，其上層跳頭施以令栱，已於上文述及；然下層跳頭，則無與之相交之栱，亦爲明清式所無。按營造法式卷四，總鋪作次序中曰：

凡鋪作逐跳上安栱謂之『計心』。若逐跳上不安栱，而再出跳或出昂者謂之『偸心』。

山門柱頭鋪作，在此點上適與此條符合，『偸心』之佳例也。

前後檐柱柱頭鋪作後尾爲華栱兩跳，跳頭不安栱，而以上層跳頭之散枓承托大梁之下。使梁之重量全部由枓栱轉達於柱以至於地，條理井然，爲建築羅輯之最良表現。（見卷首圖八七）

山柱柱頭鋪作後尾，則惟華栱五跳，層層疊出，以承平槫。跳頭皆無橫栱，爲明清制度所無（第十一圖第十二圖）。此式營造法式亦未述及。然考之日本鎌倉時代所建之奈良東大寺南大門，及伊東忠太博士發現之懷安縣照化寺掖門（註十三），皆作此式，雖內外之位置不同，而其結構法則一。此式在日本稱『天竺樣』，雖稱『天竺』，亦來自中土，不過以此示別於日本早年受自中國之『唐樣』，及其日本化之『和樣』耳。服部勝吉日本古建築史所引東大寺造立供養記關於寺中佛像之鑄造，則有『……鑄物師大工陳和卿也，都宋朝工舍弟陳佛鑄等七人也，日本鑄物師草部是助以下十四人也。……』等句，是此寺所受中土影響，毫無疑義。前此只見於日本者，追溯其源，伊東先生得之於照化寺，今復見之於薊縣遺物，其線索益明瞭矣。

至於枓栱之正面，則櫨枓之內，與華栱相交者，有泥道栱（今稱正心瓜栱）其兩端施以散枓（散枓之在正心上者今稱槽升子）；其上則爲柱頭枋，枋上刻成長栱形。再上爲第二層柱頭枋，亦刻作栱形，長與泥道栱同，其上爲第三層柱頭枋，又刻作長栱形。其全部所呈現象，爲短栱上承長栱之結合共二層，各栱頭皆施以散枓。

上述泥道栱，即今之正心瓜栱。其長栱殆即營造法式所謂『慢栱』是。營造法式卷四有各栱名釋，謂『造栱之制有五』，而所釋祇四。同卷中又見『慢栱』之名，慢栱蓋卽第五種栱而爲李所遺者。但卷三十大木作圖樣中，又有慢栱圖，其形頗長。清式建築中，與之位置相同者稱『萬栱』，南語慢萬同音，故其名稱無可疑也。

在結構方面着眼，將多層枋子，雕作栱形，殊不合理。營造法式以至明淸制度，皆在慢栱之上，施以枋子，無將枋上雕作栱形者。然追溯古例，其所以如此之故，頗易解釋。按西安大慈恩寺大雁塔門楣雕刻所見，乃正心瓜栱上承正心枋，正心枋上又有小坐斗（營造法式所稱『齊心枓』？），枓上又有正心瓜栱及正心枋。是同一物而上下兩層疊疊者也（第十三圖）。今若將此下層正心枋雕以慢栱之形，再將上層正心瓜栱伸引成枋，則與山門所見無異。其來歷固極明顯也。

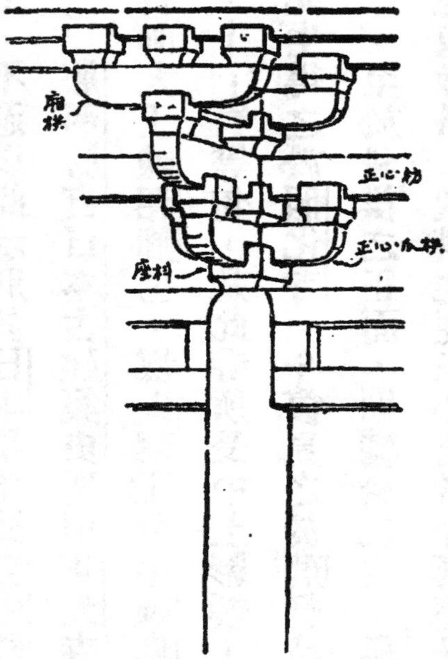

第十三圖　西安大雁塔門楣石柱頭鋪作（劉士能先生製圖）

2　轉角鋪作　清式稱『角科』。其結構較柱頭鋪作爲複雜，蓋兩朶（註十四）柱頭鋪作相交而成（第十四圖）。於柱之中線上，其正面及側面皆有華栱二層。上層華栱之上，正面側面皆各出耍頭，與耍頭鋪作上者同。而此面耍頭之後尾，則爲他面第二層柱頭枋，換言之，則正側二面第二層柱頭枋相交後伸出而爲耍頭也。此面第一層華栱之後尾爲彼面泥道栱，第二層華栱後尾則爲彼面刻成慢栱形之第一層柱頭枋。此種做法，卽清式所謂「把臂」，宋式稱爲「列栱」者是。每層華栱跳頭，皆施以栱，成所謂「計心」者。

屋角四十五度斜線（Mitre line）上，有角栱三層，最上者與跳頭令栱平，以支角梁；與角栱成正角，而施於柱中線上者，有長栱一道，與令栱平，惟安於二層跳頭之瓜子栱（今稱外拽瓜栱）上，姑名之曰「抹角慢栱」。其栱端亦安散枓，以承槫下之替木。

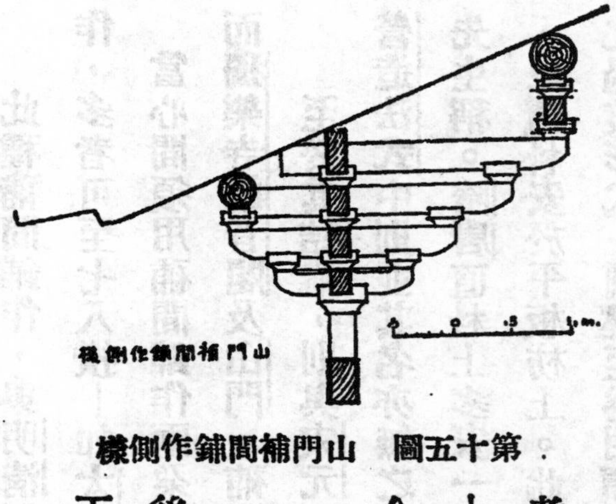

第十五圖　山門補間鋪作側樣

轉角鋪作之後尾乃由角栱後尾五層疊成，與山柱頭鋪作後尾同其形制，其最上一跳則以承正面及山面下平槫（今稱下金桁）之相交點。

（3）補間鋪作（第八圖及第十四圖）清式稱「平身科」。其機能在防止兩柱頭間之槫及上部向下彎墜。其位置在二柱頭之間。其最下層爲「直枓」，立於闌額（今稱額枋）之上，直枓之上置大斗，大斗之上安華栱兩跳，上層跳頭施以替木，以承橑槫（今稱挑檐桁）。下層華栱與第一層柱頭枋相交安於大斗口內。此

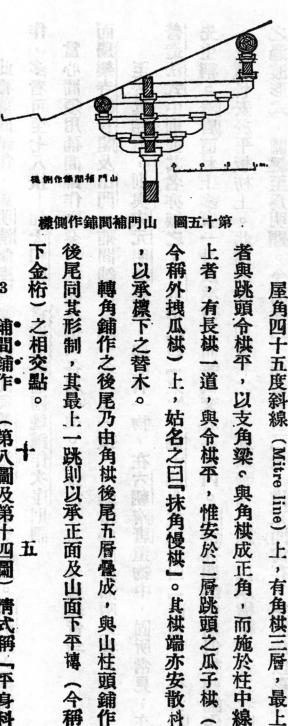

第二層柱頭枋雕作泥道栱（瓜栱）形，其上第二層柱頭枋則雕作慢栱，第三層又雕作泥道栱。與柱頭鋪作上各層枋上所雕栱，長短適相錯。若皆爲眞栱，則此相錯排列，爲事實上所不能，亦其不合理處也。

此種補間鋪作，與明清制度固極不同，而與營造法式亦迥然異趣。明清式之補間鋪作，多者可至七八攢—如太和殿。營造法式卷四總鋪作次序則謂

當心間須用補間鋪作兩朵，次間及梢間各用一朵。其鋪作分布，令遠近皆勻。

而獨樂寺觀音閣及山門，補間鋪作皆只一朵（即一攢），雖當心間亦無兩朵者。

至於其結構，則與宋元明清更異，如直枓一物，在六朝隋唐遺物中，固所常見；在營造法式中則並其名亦無之；日本稱之曰『束』，劉士能先生稱之曰『直枓』，今沿劉先生稱。隋唐直枓上多安一斗以承枋，而無栱交於其口內。明清補間鋪作則似柱頭鋪作，以櫨枓安於平板枋上。此處所見，則直枓之上，施以華栱二跳，以承檐桁，蓋二者間之過渡形式，關鍵至爲明顯。今南北西三面直枓皆已失，惟東面尚存，劣匠施以彩畫，竟與墊栱板畫成一片（第八圖），欲將其機能之外形一筆抹殺；幸仔細觀察，原形尚可見也。

補間鋪作之後尾，與山柱柱頭鋪作後尾略同，爲四層華栱，跳頭無橫栱，層層疊出

第十六圖 山門大樑檄柁

第十二圖 山門轉角鋪作並補間鋪作後尾

第十四圖 山門轉角鋪作

以承下平槫。其梢間鋪作與山面鋪作皆不在二柱之正中，與法式「令遠近皆勻」一語不符，前者偏近角柱，後者偏近山柱，而二者與角柱間距離則同，蓋其後尾與轉角鋪作之後尾共同承支前後下平槫及山下平槫之相交點，其距離乃視下平槫而定也。

山門內簷枓栱，則有

4 **中柱柱頭枓栱** 其機能在承托大梁之中段，將其重量轉達於柱。華栱二跳自櫨枓伸出，與外簷柱頭鋪作後尾同，前後二面皆如此。正面則泥道栱一道，上承三層枋，枋上亦雕栱形，如外簷所見。

5 **補間鋪作** 內簷補間鋪作乃將外簷補間鋪作而去其華栱所成。其直枓立於闌額上，其上承枋三層，枋亦雕成栱形。當心間鋪作上，第一層枋雕作泥道栱，第二層則雕作慢栱。第三層不雕。梢間惟第一層雕作栱形，二三層不雕。此三層枋子者，實山柱頭鋪作後尾伸引而成，亦有趣之結構法也。

大梁以上尙有枓栱數種，當於下節分析之。

至於枓栱各部尺寸，亦饒研究價値，玆先表列如左：

	櫨枓	交互枓	散枓	補間鋪作大斗	華栱	泥道栱	慢栱	令栱	替木
長	○•五一	○•二七	○•二二	○•四三	按跳定	○•一七	一•九○	一•○八	一•八三

寬	〇•五一	〇•二二	〇•二二	〇•四三	〇•一六五	〇•一六五	〇•一六五	〇•一六五	〇•一六五
高	〇•三二	〇•一六五	〇•一六五	〇•二五	〇•二四	〇•二四	〇•二四	〇•二四	〇•一〇五

考之營造法式，卷四有造枓之制：

櫨斗……長與廣皆三十二分……高二十分；上八分爲耳，中四分爲平，下八分爲欹，開口廣十分深八分。底四面各殺四分，欹顱一分。

其長廣與高之比例爲八與五之比；〇·五一公尺與〇·三二公尺亦適爲八與五之比，故在此點，與宋式同，而異於清式之三與二之比。宋式之耳，平，欹，及清式之斗口；升腰，斗底，皆爲二—一—二之比；而山門櫨枓此三部乃〇·三七，〇·二六，〇·四三公尺。其開口之深度，較宋清式略淺，而其影響於全朶之權衡則甚大。

交互枓及散枓與法式所述亦略有出入，然因體積較小，故對於全朶權衡之影響亦較小也。

關於栱之橫斷面（Cross Section），法式所定寬與高爲二與三之比，此處所見雖略有不同，大致仍符合。而清式則爲一與二之比。

宋式口廣十分，泥道栱長六十二分，慢栱長無可考。清式瓜栱之長與斗口之比亦六十二分，而萬栱則爲九十二分。山門泥道栱長一·一七公尺，口廣〇·一六五公尺，其比例約爲七十一分弱；慢栱長一·九〇公尺，約合一百十五分强，故遼栱之長，實遠甚於宋以後之栱。

華栱之長，視出跳之數及其遠近而定。然出跳似無定制，第一跳長〇·四九公尺，第二跳則長〇·三五公尺．耍頭則長〇·四七，不若清式之各跳均勻也。華栱卷殺，每頭四瓣，每瓣長約〇·〇七五公尺；泥道栱則每頭三瓣，與宋清制度均同。

（六）梁枋　闌額橫貫柱頭之間，清名額枋。其高〇·三七公尺，廣〇·一五公尺。廣約當厚之五分之二。額上無平板枋，異於清制。補間鋪作卽置於闌額之上。

山門有梁二架（卷首圖八七），置於柱頭鋪作之上，梁端伸出，卽爲耍頭，成鋪作之一部分。清式耍頭只用於平身科（卽補間鋪作），柱頭科上梁頭則大幾如梁身，不似遼式之與栱同大小也。耍頭既爲梁頭，而又爲斗栱之一部分，梁與斗栱間之聯合乃極堅實。同時耍頭又與令栱交置，以承替木及「橑檐槫」（今稱挑檐桁），於是各部遂成一種有機的結合。梁之中段，置於中柱柱頭鋪作之上，雖爲五架梁，因中段不懸空，遂呈極穩固之狀。梁上檐柱及中柱之間置柁墩，然其形不若清式之爲「墩」，乃由大斗及相交之二栱而成，實則一簡單鋪作（第十六圖）；其前後栱則承上層之三架梁，左右栱則以承襻間（今稱枋）。然此鋪作，不直接置於梁上，而置於梁上一寬〇·二一公尺，厚〇·〇六公尺之墊板上。其位置亦非檐柱及山柱之正中，而略偏近檐柱。距檐柱一·八八公尺，距中柱則二·四一公尺。

三架梁與平槫枋相交於此鋪作上，梁頭亦形如耍頭。枋上復有散斗及替木以承平槫。梁之中段則置於五架梁上直枓之上；其上則有駝峯，駝峯上又爲直枓，直枓上爲交互枓（或齊心枓），口內置泥道栱及翼形栱一。泥道栱上爲襻間（今稱脊枋），枋上置散枓，枋端卷殺作栱形，以承替木及脊槫。自枋之前後，有斜柱下支於三架梁，平槫之前或後，亦有斜柱下支於五架梁。斜柱下空檔，現有泥壁塡塞，原有玲瓏狀態爲此失去不少。（第十七圖）

五架梁於營造法式稱「四椽栿」，三架梁稱「平梁」。平梁上之直枓稱「侏儒柱」。斜柱亦稱「叉手」，見法式卷五侏儒柱節內。翼形栱不知何名，法式卷三十一第二十二頁圖中有相類似之栱；以位置論，殆卽淸式所謂「棒梁雲」之前身歟？

營造法式卷五侏儒柱節又謂：

> 凡屋如徹上明造，卽于蜀柱之上安枓，枓上安隨間襻間，或一材或兩材。襻間廣厚並如材；長隨間廣。出半栱在外，半栱連身對隱。……

「徹上明造」卽無天花。柱上安枓，卽山門所見。襻間者，卽淸式之脊枋是也。今

第十七圖　山門侏儒柱

第十九圖－山門鴟尾

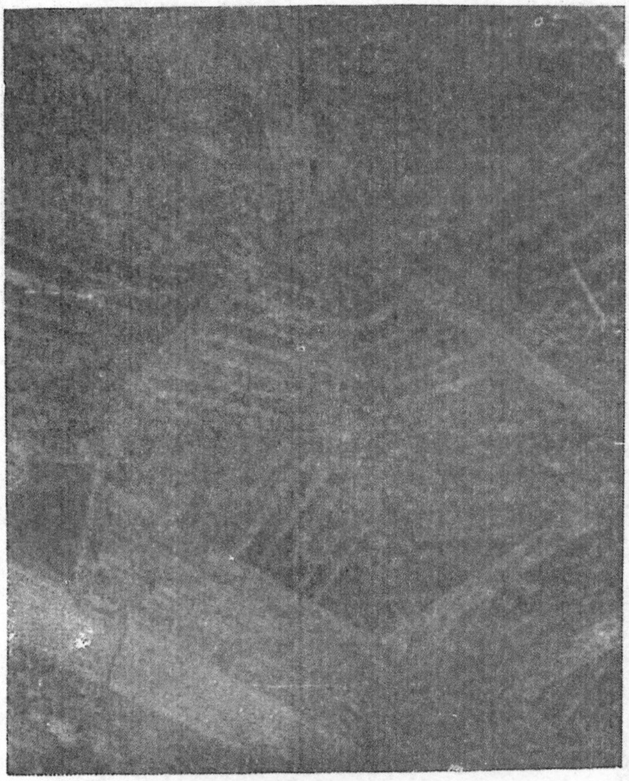

第十八圖　山門脊槫與侏儒柱並內簷補間作

門之制，則在枓內先作泥道栱，栱上置襯間。其外端作栱形，卽「出半栱在外，半栱連身對隱」之謂歟？（第十八圖）

此部侏儒柱之結構，合理而美觀，良構也。然至清代，則侏儒改稱脊瓜柱，駝峯斜、柱合而爲一，成所謂「角背」者，結構既拙，美觀不逮尤遠。

侏儒柱之機能在承脊槫，而槫則所以承椽。而用槫之制，於檐槫—清式稱檐桁或檐檩—一部，遼宋清略有不同，特爲比較。

清式於正心枋上置桁（卽槫），稱「正心桁」，而於斗栱最外跳頭上亦置桁。稱「挑檐桁」。營造法式卷三十一殿堂橫斷面圖二十二種，其中五種有正心桁而無挑檐桁，其餘則並正心桁亦無之，而代之以枋。嵩山少林寺初祖菴，建於宣和間，正與營造法式同時，亦只有正心桁而無挑檐桁，其爲當時通用方法無疑。

獨樂寺所見，則與宋式適反其位置，蓋有桃檐桁而無正心桁者。同一功用，而能各異其制如此，亦饒趣矣。（第十圖）

營造法式造梁之制多用月梁，於力學原則上頗爲適宜。法式圖中亦有不用月梁而用直梁者。山門及觀音閣所用亦非月梁。其最異於清式者，乃在梁之橫斷面。工程做法則例規定梁寬爲高之十分之八，其橫斷面幾成正方形。不知梁之載重力，視其高而定，其

寬影響甚微也。營造法式卷五則規定

凡梁之大小，各隨其廣，分爲三分，以二分爲厚。

其廣與厚之比爲三與二。此說較爲合理。今山門大梁（法式稱『檐栿』）廣（卽高）〇・五四公尺，厚〇・三〇公尺，三架梁（法式稱『平梁』）廣〇・五〇公尺，厚〇・二六公尺，兩者比例皆近二與一之比。梁之載重力既不隨其寬度減小而減，而梁本身之重量，因而減半。宋人力學智識，固勝淸人；而遼人似又勝過宋人一籌矣！

梁橫斷面之比例既如上述，其美觀亦有宜注意之點，卽梁之上下邊微有卷殺，使梁之腹部，微微凸出。此制於梁之力量，固無大影響，然足以去其機械的直線，而代以圜和之曲綫，皆當時大匠苦心構思之結果，吾儕不宜忽略視之。希臘雅典之巴瑟農廟（Parthenon）亦有類似此種之微妙手法，以柔濟剛，古有名訓。乃至上文所述側脚，亦希臘制度所有，豈吾祖先得之自西方先哲耶？

(七)角梁　垂脊之骨幹也。於屋之四隅伸出者，計上下二層，下層較短，稱老角梁或大角梁，上層較長者爲仔角梁，置於老角梁之上。由平槫以達脊槫者今稱『由戧』，法式卷五則稱爲『隱角梁』。大角梁及隱角梁皆置於槫（卽桁）上，前後角梁相交於脊槫之上。淸式往往使梢間面闊作進深之半，使其相交在梁之中綫上。山門因面闊較大，故相交在

梢間之內，而自侏儒柱上伸出斗栱以承之。（第十七圖）

大角梁頭卷殺爲二曲瓣，頗簡單莊嚴，較清式之『霸王拳』善美多矣。仔角梁高廣皆遜大角梁，而長過之。頭有套獸，下懸銅鐸，皆非遼代原物。

（八）舉折　今稱『舉架』，所以定屋頂之斜度，及側面之輪廓者也（卷首圖七及八）。山門舉折尺寸，表列如左：

部位	長（公尺）	舉高	高長之比
橑檐槫中至平槫中	二·七二	一·一一	十之四强
平槫中至脊槫中	二·四一	一·四六	十之六强
橑檐槫中至脊槫中	五·一三	二·五七	十之五强

此第一舉（卽橑檐槫至平槫）之斜度，卽今所謂『四舉』；第二舉（平槫至脊槫）之斜度，卽今所謂『六舉』。而全舉架斜度，由脊至檐，爲二與一之比，卽所謂『五舉』是。其義卽謂十分之長舉高四分五分或六分是也。法式卷五

舉屋之法，如殿閣樓臺，先量前後橑檐方相去遠近，分爲三分，從橑檐方背至脊槫背，舉起一分。如甋瓦廳堂，卽四分中舉起一分。又通以四分所得丈尺，每一尺加八分……若由脊椽計，則甋瓦廳堂之斜度，實乃二分舉一分，卽今之五舉。山門舉架之度，適與

此合。宋式按屋深而定其『舉』高，再加以『折』，故舉爲因而折爲果。清式不先定屋高，而按步數，即(宋式所謂椽數)定爲『五，七，九』或『五，六五，七五，九』舉，此若干斜線連續所達之高度，即爲建築物之高度。是折爲因而舉爲果。清式最高一步，互折達一與一之比，成四十五度角，其斜度大率遠甚於古式，此亦清式建築與宋以前建築外表上最易區別之點也。

(九)椽　與舉折有密功關係，而影響於建築物之外觀者，則椽出檐之遠近是也。清式出檐之制，約略爲高之十分之三或三分之一，其現象頗爲短促謹嚴。營造法式檐出按椽徑定，而椽徑按槫數及其間距離定，與屋高無定比例。然因斗栱雄大，故出檐率多甚遠，恒達柱高一半以上。其現象則豪放，似能遮蔽檐下一切者。與意大利初期文藝復興式建築頗相似。

山門自台基背至橑檐方脊高爲六．〇九公尺，而出檐自檐柱中綫度之，爲二．六三公尺，爲高之十分之四．三二或二．三一分之一。斜度既緩，出檐復遠，此其所以大異於今制也。

椽頭做法，亦有宜注意者，椽頭及飛椽頭（即飛子）皆較椽身略小。營造法式卷五檐節下凡飛子，如椽徑十分，則廣八分厚七分；各以其廣厚分爲五分，兩邊各斜殺一分，底面上留三分，下殺二分。

此種做法，於獨樂寺所見至爲明顯。且不惟飛子如是，椽頭亦加卷殺，皆建築上特加之精致（refinement）也。（第十圖）

梢間檐椽，向角梁方面續漸加長，使屋之四角，除微彎向上外，還要微彎向外，營造法式稱爲『生出』，清式亦有之，但其比例略異耳。

（十）瓦　薊縣老紳士言，觀音閣及山門瓦，原皆極大，寬一尺餘，長四尺，於光緒重修時，爲奸商竊換。縣紳某先生，曾得一塊，而珍藏之。請借一觀則謂已遺失。其長四尺，雖未必信，而今瓦之非原物，固無疑義。其最可注意者，則脊上兩鴟尾，極可罕貴之物也（第十九圖）。鴟尾來源，固甚久遠，唐代形制，於燉煌壁畫及日本奈良唐招提寺見之，蓋純爲鰭形之『尾』，自脊端翹起，而尾端向內者也。明清建築上所用則爲吻，作龍頭形，其尾向外捲起，故其意趣大不相同。營造法式雖有鴟尾之名，而無詳圖，在卷三十二小木作制度圖樣內，佛道帳上有之，則純爲明清所習見之吻，非尾也。此處所見，龍首雖與今式略同，而其鰭形之尾，向內捲起，實後世所罕見；其遼代之原物歟？即使非原物，亦必明代倣原物所作。於此鴟尾中，唐式之尾與明清之吻，合而爲一，適足以示其過渡形制。此後則尾向外捲，而成今所習見之吻焉。

正脊及垂脊，皆以青磚壘成，無特殊之點。但營造法式以瓦爲脊，日本鎌倉時代建築物亦然，是獨樂寺殿堂原脊之是磚是瓦，將終成永久之謎。垂脊之上有獸頭，（今稱垂獸）；脊端爲『仙人』，法式稱『嬪伽』，而實則甲冑武士也！嬪伽與垂獸間爲『走獸』，法式亦稱『蹲獸』，其數爲四。宋式皆從雙數，而清式從單。其分布則不若清式之密，亦不若宋式『每隔三瓦或五瓦安獸一枚』之疎，適得其中者也。

（十一）磚墻　兩山及山柱與中柱間皆有磚墻，其爲近代重砌，毫無可疑，然其制度則異於清式。清式以墻之最下三分之一爲『裙肩』，此處則墻高四．三三公尺，而裙肩高只○．九七公尺，約爲全高之四．五之一，其現象亦與清式所習見者大異（第三圖）。此外則別無特殊可志者。姑將其各部尺寸列左：

墻高	四．三三	外裙肩高	○．九七	山墻厚	約○．九七
收分	百分之二	裏裙肩高	○．三八	墻肩高	○．三二
中墻厚	○．四四				

梢間檐柱與角柱間，尚有檻墻痕迹，高一．一三公尺，厚○．四三公尺，亦清代所修，而近數年始失去者。

第二十圖　山門東間天王塑像

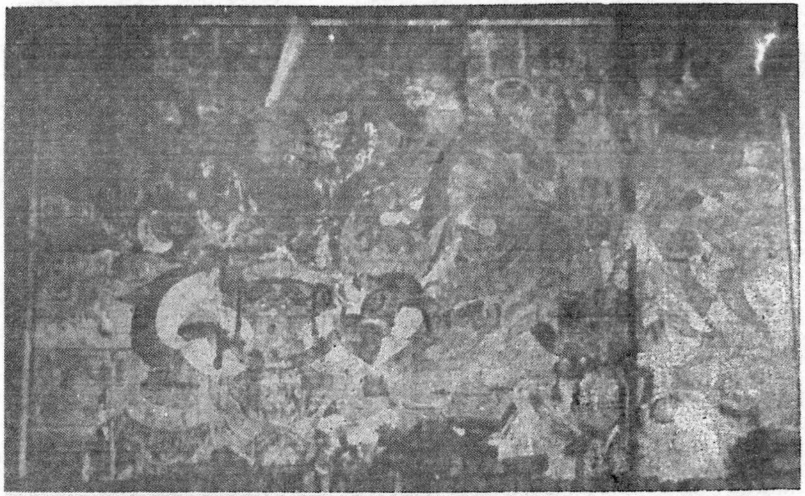

第二十一圖　山門西壁天王畫像

第二十二圖　山門匾

(十二)裝修　遼代原物，一無所存。淸物則大門二扇，尙稱完整。考其痕跡，南北二面梢間之外面，淸代曾有檻牆，上安檻窗。今抱框及上中檻尙存，橫披花心亦在，其楞子爲淸故宮內最常見之『菱花』幾何形紋樣。檐柱與中柱間，當曾有柵欄，想已供數年前駐軍炊焚之用矣。

(十三)彩畫　彩畫之惡劣，蓋無與倫。乃光緒末年所塗者。畫匠對於建築各部之機能，既毫無瞭解。而於顏色圖案之調配，更乏美術。除斗栱所施，尙稱合宜外，其他各部，皆醜劣不堪。因結構之不同，以致淸式定例不能適用，而畫者又乏創造力，於是闌額作和璽，檐槫（桁）作『大點金』，大點金而間以萬字『箍頭』，又雜以『蘇畫枋心』。數層柱頭枋上彩畫亦如是，而枋心又不在其正當位置。替木上又加以紋。尤爲荒謬者，則墊栱板上普遍之萬字紋上添花，竟將補間鋪作之直枓亦置於其掩蓋之下，非特加注意，觀者竟不知直枓之存在。喧嘩嘈雜，不可嚮邇（第九圖）。夫名刹之山門，乃法相莊嚴之地，而施以滑稽如彼之彩畫，可謂大不敬也矣。

(十四)塑像　南面梢間立塑像二尊，土人呼爲哼哈二將，而呼山門爲『哼哈殿』。像狀至兇獰，肩際長巾，飄然若動。東立者閉口握拳，爲哼（第二十圖）。西立者開口伸掌爲哈。實爲天王也。像皆前傾，背繫以鐵索。新塗彩畫甚劣。

（十五）畫像　北半梢間山牆，畫四天王像。東壁爲增長（南）持國（北），西壁爲多聞（北）廣目（南）（第二十一圖）。筆法平庸，而布局頗有意趣；蓋近代重修而摹畫者耶？駐軍曾以紙糊墻，今雖撕去，而畫受損已多矣。

（十六）山門南面額曰『獨樂寺』，匾長二・一七公尺，高一・〇八公尺，字方約〇・九公尺。相傳嚴嵩手筆。（第二十二圖）

註一　屋頂各面斜坡相交成脊。如屋頂四面皆坡，則除頂上正脊外，四隅尙有四垂脊，即『四阿』是。

註二　在建築物縱中線之上之柱，在明間次間之間，或次間梢間之間者爲『中柱』。在最外兩端者爲『山柱』。在建築物前後面之柱爲『檐柱』，在角者爲『角柱』。

註三　由檐柱中線至台基外邊爲前後『台出』，由山柱中線至兩旁台基外邊爲兩山『台出』。

註四　長方形建築物之兩狹面爲『兩山』。

註五　羅馬建築五式之一（Ionic Order），其柱之長爲徑之九倍。

註六　柱間安窗，先將窗框安於柱旁，謂之『抱框』。

註七　柱下大上小，謂之『收分』。

註八　將木材方正之端，斫造使圓，謂之『卷殺』。

註九　柱下之石，清名『柱頂石』。其上彫起作盤形部分，宋稱『覆盆』，清稱『古鏡』，宋式繁多，而清式單簡。

註十　清稱『斗栱』，宋稱『鋪作』。

註十一　用栱之制，原則上為上層材較下層伸出，層層疊出，即（Corbel）之法是也。營造法式栱每伸出一層，謂之一『跳』。栱端謂之『跳頭』。

註十二　燉煌畫壁大部為唐代遺物。初祖庵建於宋徽宗宣和七年。

註十三　見本刊三卷一期劉敦楨譯法隆寺建築補註。補圖第十六第十七。

註十四　斗栱之全部稱『朵』，清稱『攢』。

五　觀音閣

(一)外觀　閣高三層，而外觀則似二層；其上下二主要層之間，夾以暗層，如西式所謂Mezzanine者，自外部觀之不見。閣外觀上最大特徵，則與唐燉煌壁畫中所見之建築極相類似也（第二十三圖）。偉大之斗栱，深遠之檐出，及屋頂和緩之斜度，穩固莊嚴，含有無限力量，頗足以表示當時方興未艾之朝氣。其三層斗栱，各因其地位而異其制。屋頂為『歇山』式（註一），而收山殊甚，正脊因之較清式短，而山花（註二）亦較清式小。上層周有露台，可登臨遠眺。今簷四角下支以方柱，以防角簷傾圮。閣立於低廣石台基

上，其前有月台，台上有花池二方，西池內尙有古柏一株。（第二十四圖）

（二）平面 閣東西五間，南北四間；柱分內外二周。外簷柱十六，內簷柱十（卷首圖二）。最中爲須彌壇，壇略偏北，上立十一面觀音像一，侍立菩薩像二，其他像三；與大像相背有山洞及像。西梢間內爲樓梯，可達中層。

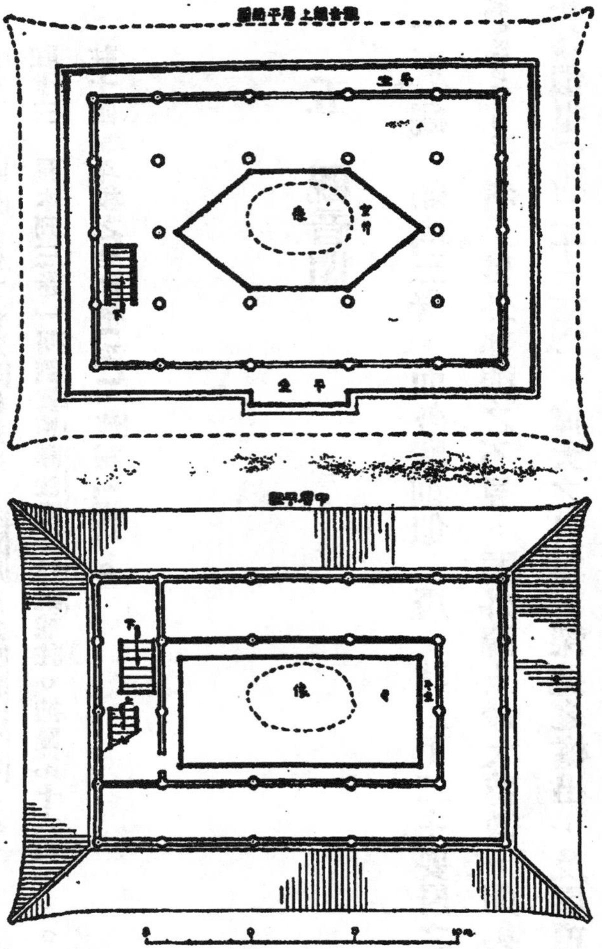

第二十五圖 觀音閣二三層平面圖

中層位於下層天花板之上，上層地板之下，其外周爲下簷及平坐鋪作（註三）所遮蔽，故無窗。其簷柱以內，內柱（清稱金柱）以外一週，遂空廢無用。內柱以內上下空通全閣之高，而有小台可繞像身一週（卷首圖四圖五）。樓梯在西梢間北端，至中層後折而向南，可達上層。

上層極爲空朗，週有簷廊，可以遠眺崆峒盤谷。內柱以內，地板開六角形空井，圍

第二十三圖　燉煌畫壁淨土圖

第二十四圖　觀音閣南面

繞佛身，可以凭欄細觀像肩胸以上各部（第二十五圖）。南面居中三間俱闢爲戶，可外通簷廊；北面惟當心間闢戶。其餘各間則皆爲土壁，梯位置亦在西梢間，可以下通中下二層。

下層面闊，當心間較闊於次間，次間又闊於梢間；進深則內間較深於前後間。而梢間之闊與前後間之深同，故檐柱金柱之間乃成闊度相同之繞廊一週。而內部少二中柱。爲佛壇所在。其特可注意者，乃中上二層之金柱，立於下層金柱頂上，而上中層簷柱乃不立於下層檐柱頂上，而向內立於梁上，故中上二層外週間較狹，而閣亦因之呈下大上小之狀。茲將各層各柱脚間尺寸列左，

	下層	中層	上層
明間面闊	四·七五公尺	四·七五	四·七五
次間面闊	四·三五	四·三五	四·三五
梢間面闊	三·三九	三·〇三	二·九八
前後間進深	三·三九	三·〇三	二·九八
內間進深	三·七四	三·七四	三·七四

以上度量，不惟可見中上二層簷柱之內移，且可見柱側脚之度。

(三)台基及月台　觀音閣全部最下層之結構爲台基，全部之基礎，而閣與地間之過渡部分(註三)也。台基爲石砌，長二六・六六公尺，寬二〇・四五公尺，高一・〇四公尺。以全部權衡計，台基頗嫌扁矮，若倍其高，於外觀必大有裨益。然台基今之高度，是否原高度，尙屬可疑，惜未得發掘，以驗其有無埋沒部分也。砌台基之石，皆當地所產花剛石，雖經磋琢，仍欠方整，殆亦原物而經重砌者。台基之上面，墁以方磚；檐柱以內，卽爲下層地板。

台基之前爲月台，長一六・二二公尺，佔正面三間有餘，寬七・七〇公尺，而較台基低〇・二〇公尺。月台亦石砌，與台基同。上墁方磚。台上左右有花池二，方約二公尺，西池內尙有古柏一株，而東池一株並根不存矣。

月台東西兩方，與台基鄰接處，有階五級，可下平地。南面原亦有階，然因有碍球場，已於去歲拆毀。今階石尙存月台東階下，折毀痕跡尙可見。台基北面亦有階。

(四)柱及柱礎　觀音閣柱與山門柱形制相同，亦營造法式所謂直柱者也。山門諸柱，原物較少，而觀音閣殆因不易撤換，故皆(？)原物，千年來屢經修葺，坎補塗抹之處既多且亂，致使各柱肥瘦不同，測究非易。然測究之結果，乃得知各柱因位置之不同，尺寸略約，姑列如左表：

	高	下徑	上徑	收分	高與徑比
下層檐柱	四・三五	〇・四八	―	―	九・一與一
下層內柱	四・五八	〇・五〇五	―	―	九・一與一
上層檐柱	二・七五	〇・四九	〇・四九	無	五・六與一
上層角柱	二・七五	〇・五二	〇・五二	無	五・三與一
上層內柱	二・七五	〇・五四	〇・五二	千分之七	五・一與一
上層中柱	二・七五	〇・四七	〇・四五	千分之七	五・八五與一

綜上列諸度量及山門柱度量，得知柱徑與高無一定之比例。清式定例，柱高爲柱徑之十倍，而獨樂寺所見，則絕無定例。攷之營造法式卷五，用柱之制，亦絕無以柱高或徑定其比例及尺寸者。山門及觀音閣，其柱徑雖每柱不同，然皆約略爲半公尺，愚意以爲原計劃必每柱皆同徑，不分地位及用途；其略有大小不同者，乃選材不當或施工不準及後世斫補所使然耳。

閣柱收分尤微，雖有亦不及百分之一。然因各柱尺寸不同，亦難得知確爲何如。

其最顯而易見者，則柱之側脚度也。關於此點，上文已詳加申述，然於樓閣柱側脚之制，則法式有左列一段：

若樓閣柱側脚，祗以柱以上爲則，側脚上更加側脚，逐層倣此。

按第五十一頁各層面闊進深尺寸表，梢間面闊及前後間進深，向上層層縮減，可知其然；卽未測量，肉眼描視，亦顯現易見也。（第二十四圖）

閣高既爲三層，柱亦爲三層壘疊而上達，而各層於枓栱簷廊等部，各自齊備；故閣之三層，可分析爲三個完整之結構壘疊而成。（註四）然則各層相疊之制，亦研究所宜注意。中層檐柱，不立於下層檐柱之上，而立於其上之梁上，二柱中線相距〇·三五五公尺。懼其不固也，更以橫木承之。而此橫木，乃一舊栱，其必爲唐以前物無疑。上下二柱既不啣接，則其荷重下達亦不能一線直下，而籍梁枋爲之轉移，此轉移荷重之梁枋，遂受上下二柱之切力（註五），爲減少切力之影響，故加舊栱以增其力。但枋下梁栱壘出，最上受柱重之枋，已將其重量層層移向下層柱心，而切力亦在栱之全身，而不獨在受柱之枋。此法固非極善，然因枓栱結構完善，足以承重不欹也。（卷首圖四圖五）淸式樓閣有童柱之制，與此略同。然因童柱立於梁中，而不在梁之一端，故其應力亦不同也。

至於上層檐柱，乃立於中層柱頭櫨枓之上，上下層內柱，亦立於中下層內柱柱頭櫨枓之上；與各栱相交，似成爲枓栱之中心然者；因與各栱交置，故各柱脚竟多鬬裂傾斜，亦非用木之善法也。此種作法，當於下文平坐鋪作題下詳論之。（第四十圖）

第二十六圖　觀音閣暗層內柱頭

第二十七圖　觀音閣下層外檐柱頭及補間鋪作

至於柱之形式，上徑下徑相差無幾，其收分平均不過百分之一，故其所呈現象頗長而直。所謂直柱者是。其柱頭卷殺作覆盆樣，亦爲特徵，此點於在暗層內之中層內柱，未經油飾諸部分最爲明顯（第二十六圖）。

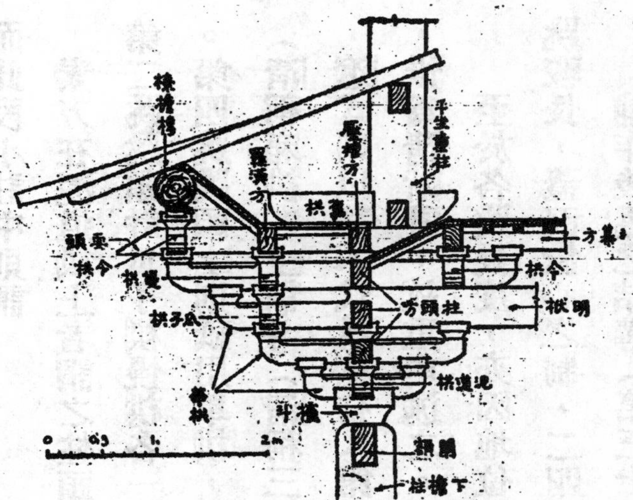

觀音閣下層外檐柱頭鋪作側樣

第二十八圖

柱基石料與山門同，亦當地青石造。方〇・九〇公尺，亦不及柱徑之倍，然比例較大於山門柱礎。其上覆盆之制亦與山門同。

（五）枓栱　觀音閣上下內外計有枓栱二十四種，各因其地位及功用之不同，而異其形制。

下層外檐枓栱四種：

1　柱頭鋪作　櫨枓施於柱頭，枓上出華栱四跳，並耍頭共計五層。與華栱耍頭相交者計泥道栱一層，柱頭枋四層，共計亦五層。下三層柱頭枋皆雕作假栱形，如山門之制。跳頭每隔一跳，上安橫栱，作『偸心』之制，故華栱四跳中，惟第二跳及第四跳跳頭上安橫栱，栱上承枋。（第二十七，二十八圖）關於此部結構，法式卷四總鋪作次序謂：

……每跳令栱上只用素方一重，謂之單栱。……每跳瓜子栱上施慢栱，慢栱上用素方，謂之重栱。

而此段小註中則謂

素方在泥道栱上者謂之柱頭方，在跳上者謂之羅漢方，（註六）方上斜安遮椽版。

第二跳跳頭計瓜子栱慢栱各一層，上用羅漢方，即所謂重栱之制。此制至清代仍沿用之。第四跳跳頭上則祇用單栱，惟令栱一層，與耍頭相交，清代亦同此制。惟清式於令栱（清稱廂栱）上散斗（清稱三才升）內安挑檐枋，上承挑檐桁。宋式則無桁而用橑檐枋，遼式則以替木代挑檐枋（第二十九圖），上加橑檐槫（挑檐桁）。此節上文雖已論及，惟爲清晰計，故重申述之。

至於各跳長度，亦因地位功用而稍異。第一第三兩跳出跳較短，而第二第四兩跳出跳較長，蓋因偸心之制，二四兩跳較重要於一三兩跳，故使然也。

鋪作後尾之結構（第三十圖），亦殊饒趣味。最下華栱兩層，與前面相同，惟長〇．〇二公尺。第三跳前爲華栱尾爲梁，直達內柱柱頭鋪作上。第四跳爲栱，順安於梁上，長只如三跳，而於二跳中線上施以令栱，以承內羅漢方。更上則爲耍頭後尾，直達內檐柱頭鋪作上。檐柱與內柱之間，遂有聯絡材二件，梁枋各一。二者功用皆在平的聯絡

第二十九圖　觀音閣下層外檐柱頭鋪作之替木

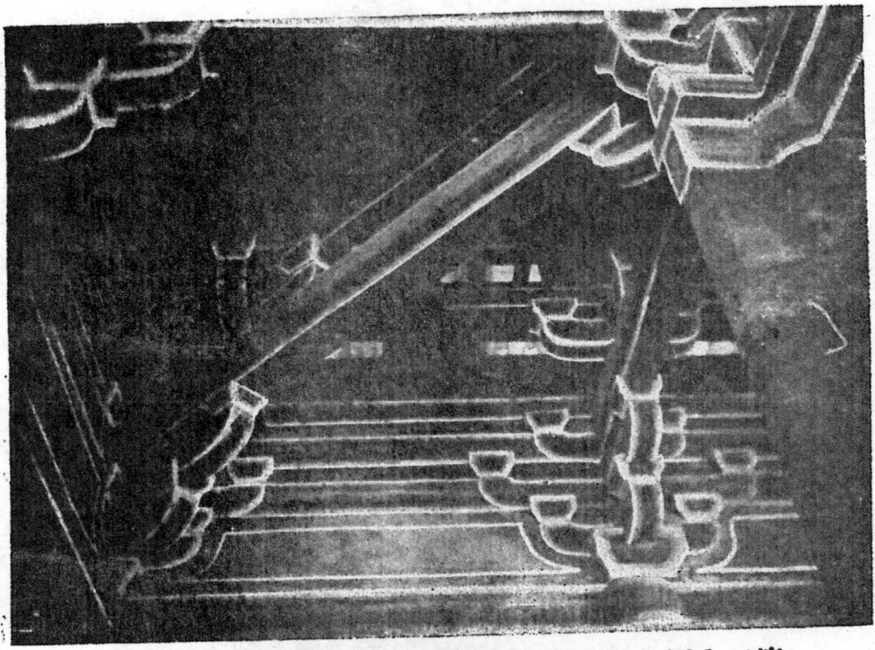

第三十圖　觀音閣下層外檐柱頭鋪作及轉角鋪作後尾

，而不在上面負重者也。

各跳間素方上皆有遮椽板，清稱蓋斗板者是。因方間相距頗遠，故板下以小楞木承之，爲清式所無，然多見於日本，亦隋唐遺制也。

鋪作正面立面爲重栱兩疊，令栱一層，其在柱上者，除泥道栱外，皆由柱頭枋雕成假栱，第二跳跳頭爲重跳；第四跳跳頭爲令栱。其偸心之結構，特長之慢栱，及全鋪作雄大之權衡，遂使建築物全部之現象，逈異於明清建築矣。

2 轉角鋪作　轉角鋪作者，實兩面之柱頭鋪作，前已述及。故仍當按此原則析分之（第卅一圖）。櫨枓口中，泥道栱與華栱相列之列栱二件相交，其上華栱三跳，皆由三層柱頭方伸出，卽柱頭枋與華栱相列也。斜角線上，亦安角栱，與各華栱及耍頭相埒者五層。正面及側面華栱第二跳跳頭之瓜子栱及慢栱相交於第二跳角栱跳頭之上，其另一面遂成羅漢方下之華栱第三四跳，瓜子栱或慢栱與華栱相列者也。最上一層之柱頭方，在彼一面伸出爲耍頭，與令栱相交於華栱第四跳跳頭之上。而羅漢方亦在彼一面伸出，與耍頭並列，但上不施栱，其端則斫作翼形。角華栱第四跳跳頭上則有令栱二件相交，上施散枓，枓上承長替木，達正令栱之上。而與耍頭相埒之角枋，則端亦作栱形，成第五層角華栱，栱端枓上安「寶瓶」，以承大角梁。

其後尾惟角華栱二層。第三層爲斜梁，達內角柱。第四層爲栱，順安梁上。第五層爲斜枋，卽外端上置寶瓶之最上層角華栱後尾也。此部結構與柱頭鋪作後尾完全相同，惟位置斜角；其惟一不同之點，乃內羅漢方下令栱，其一端爲栱，而另一端乃與第三層柱頭方相交，法式所謂令栱與切几頭相列者是也。（第二十九圖）

此轉角鋪作，驟觀頗似複雜不堪者，但略加分析，則有條不紊，羅輯井然，結構法所自然產生之結果也。

3　正面補間鋪作　下檐惟當心間及次間有補間鋪作，而梢間無之。由結構上言，謂下檐無補間鋪作可也。蓋柱頭鋪作與柱頭鋪作之間、有柱頭枋四層互相聯絡，而所謂補間鋪作者，徒在枋上雕作栱形；其在下一層爲泥道栱，其上爲慢栱，再上爲令栱，無華栱出跳，非所以承檐者也。各栱上置散枓三，以承上層之柱頭方，而最下層之下，則有一大斗及直枓，置於闌額之上。今直枓已失，其形制幸自山門東面得見之；而大斗則至今尙虛懸枋下也。（第二十七圖）

4　山面補間鋪作　亦惟內間有之，而前後間不置。雖與正面補間鋪作同在枋上雕成假栱形，然因間之進深較小，故栱形亦略異。其最下層爲翼形栱，上置一散枓，其上爲泥道栱，再上爲慢栱，與柱頭鋪作同層之慢栱『連栱交隱』（第三十二圖）。各層枋間，

第三十一圖　觀音閣下層外檐轉角鋪作及柱頭鋪作

第三十二圖　觀音閣西面各層斗栱

亦墊以散枓，最下則支以直枓，如正面及山門之制。

補間鋪作，自宋而後始漸繁雜，隋唐遺例，殆多用人字形或直枓者。人字形及直枓之功用在各層枋間上下之聯絡，於檐之出跳無與也。觀音閣他層及山門雖有較繁雜之補間鋪作，而簡單如閣之下檐，只略具後代補間鋪作之雛型，而於功用上仍純爲『隋唐的』者，實罕見之過渡佳例也。

下層內檐枓栱三種

5 柱頭鋪作 （第三十三圖）立於內柱柱頭上平板枋上，其內向者爲鋪作之正面，而向外一面乃其後尾。此枓栱者，所以承中層內平坐：華栱兩跳，每跳上安素方，方上鋪地板，置欄杆，可繞佛身中段一周。而中層內柱，亦立於同柱頭之上。重栱計心，與營造法式左列數段符合：

造平坐之制，其鋪作減上屋一跳或兩跳，其鋪作宜用重栱及逐跳計心造作。

凡平坐鋪作下用普拍方，厚隨材廣或更加一栔……

而普拍方者，蓋卽淸式所謂平板枋；淸式凡斗栱皆置於平板枋上，無將櫨枓直接置於柱頭者，而此處所見於普拍枋之用，祇限於平坐鋪作之下，與宋式適同。

鋪作後尾。第一層爲栱，第二層爲梁，卽外檐第三跳後尾之梁也。第三跳又爲栱，

32899

第四層為枋。卽外檐耍頭後尾伸引部分也。

鋪作正面，櫨枓之內，泥道栱與華栱相交，第二層為慢栱，乃由柱頭枋雕成假栱形；柱頭枋共計三層，第二層亦雕泥道栱形。第三跳跳頭施重栱，上安素方，第二跳跳頭施令栱，上安散枓三枚，以承素方。

中層內柱，立於下層內柱上櫨枓之上，與各層栱枋相交，似成為枓栱之一部分者。（第三十四圖）法式卷四造平坐之制：

凡平坐鋪作，若义柱造，卽每角用櫨枓一枚，其柱根义於櫨枓之上；若纏柱造，卽每角於柱外普拍方上安櫨枓三枚。

平坐鋪作與上層柱之不能分離，於此已可見；故上一層柱根，實已為下層平坐鋪作之一部分。觀音閣所見，顯然非纏柱造，然是否卽為义柱造，願以質之賢者。

6　轉角鋪作　（三十三圖）　其正面向內，故其結構亦與向外之轉角鋪作不同。其正側二面各有泥道栱慢栱，泥道栱與後尾之華栱相列，慢栱與後尾之梁相列，斜角上華栱二跳。第一跳跳頭正側二面重栱相交；重栱之後尾為切几頭，接於柱頭方上。第二跳跳

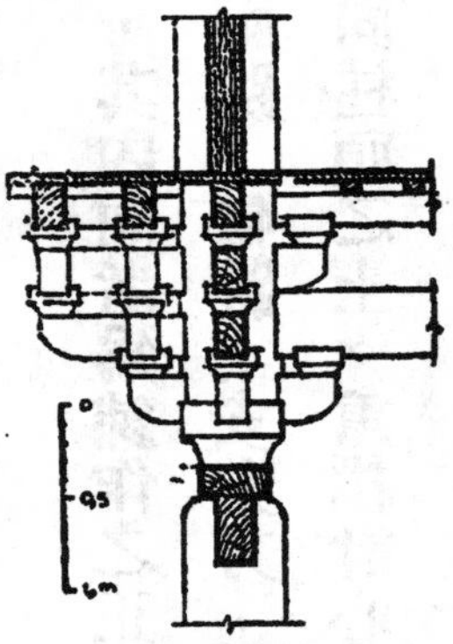

觀音閣下層內檐
平坐柱頭鋪作側樣

第三十四圖

32900

頭爲二面令栱相交，其後尾亦爲切几頭，與第一跳上慢栱相交於瓜子栱端枓內。斜角華栱後尾爲華栱及梁，與柱頭鋪作同，亦爲外檐轉角鋪作之後尾。外檐轉角鋪作及次梢間正面山面二柱頭鋪作後尾，三面梁枋會於此柱頭之上，於結構上，其位置殊爲重要也。

7 補間鋪作 （第三十三圖）惟正面有之，山面則無。其形制似外檐山面補間鋪作，祇各層柱頭枋間之聯絡，與出檐結構無關係。下層內外檐補間鋪作皆如此，制度一致，非偶然也。

中層外檐鋪作五種 皆平坐鋪作也；同在一平坐之下，因功用及地位之不同，而各異其結構。（第二十四及三十二圖）

8 柱頭鋪作 櫨枓安於普拍方上。華栱三跳，計心重栱；第一跳跳頭安重栱；第二跳跳頭安令栱，第三跳跳頭無橫栱，惟安散枓以承素方及耍頭；重栱令栱上亦施素方，故共有素方三道；方上鋪板，卽上層外平坐也。耍頭之頭，不斜斫作耍頭形，而南面正中一間，且將此耍頭加長約半公尺，以增加平坐之深度，俾登臨者可瞻李太白題額。泥道栱上爲柱頭方三層，上雕假栱形。鋪作後尾第一三兩層鋸齊無卷殺，第二層爲枋，直達內檐中層柱頭，鋪作之上；第四層卽耍頭後尾，亦爲枋以達內柱柱頭。耍頭端外卽爲掛落板。法式卷五平坐之制末條謂：

平坐之內，逐間下草栿前後安地面方，以拘前後鋪作；鋪作之上安鋪版方，用一材；四周安雁翅版，廣加材一倍，厚四分至五分。

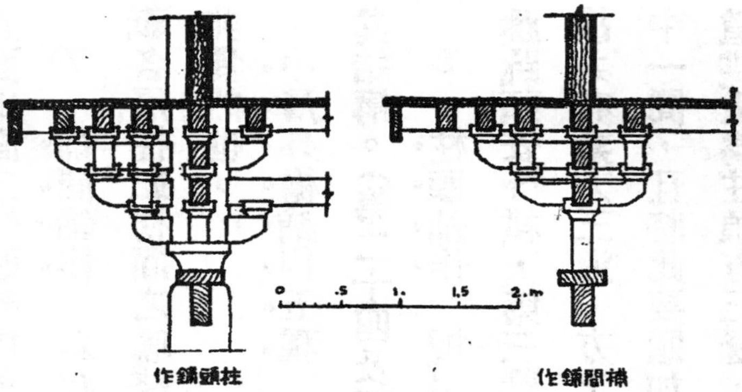

觀音閣外檐平坐枓栱側樣

第三十五圖　第三十六圖

第二跳後尾蓋卽地面方，要頭後尾蓋卽鋪版方耶？清式稱為掛落版者，卽雁翅版也（第三十五圖）。西面鋪作後尾，雖在暗層，適當梯間，故第一三兩層作栱形，栱端施枓。

9 **轉角鋪作**　華栱三跳，計心，重栱，各栱平正相交相列，角栱亦三跳，絕無不規則之結構。（第三十二圖）

10 **正面當心間及次間補間鋪作**　亦華栱三跳，計心，重栱。其外形與柱頭鋪作相同，結構亦極相似，惟櫨枓上無枓（第二十四圖）。今自外視之，其櫨枓與柱頭鋪作櫨枓同，然其背面，則次間無櫨枓，而代以駝峰（第三十九圖）。其後尾惟第三跳作地面方（？）直達內檐鋪作上，『以拘前後鋪作』。

11 **山面補間鋪作**　指山面居中兩間而言。其泥道栱離於下層柱頭枋上，華栱與之相交，計二跳，第一跳跳頭橫施令栱，上承最內羅漢方，第二跳無栱，惟安枓以承中羅漢方，至於外羅漢方則由柱頭達柱頭，其間無承支之者。其泥

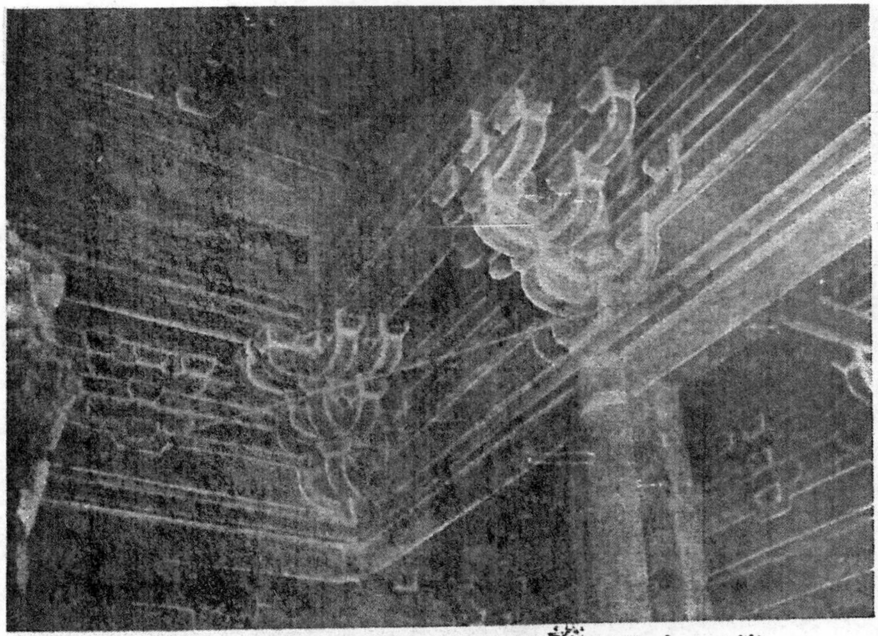

第三十三圖 觀音閣下層內檐平坐鋪作

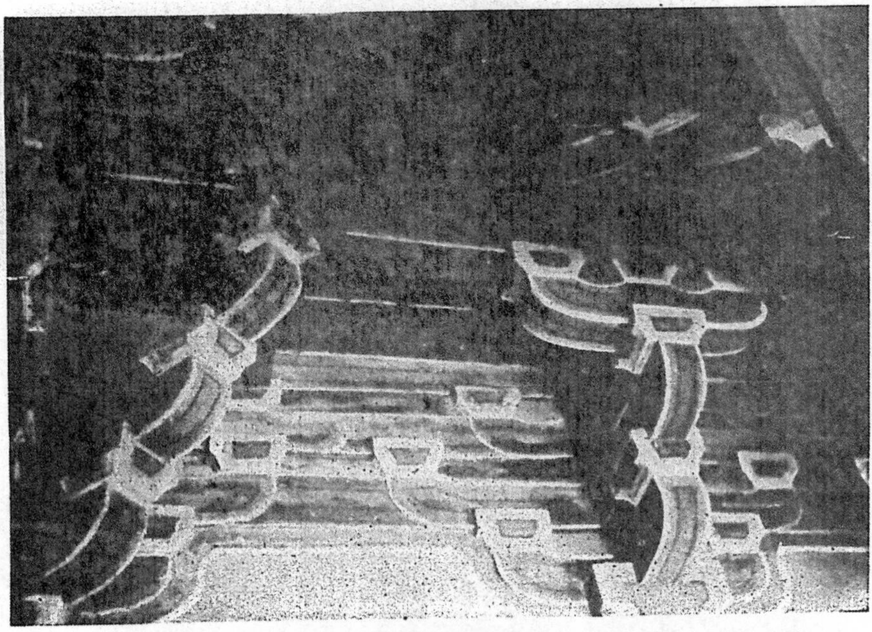

第三十八圖 觀音閣中層內檐次間補間鋪作及轉角鋪作

道栱上未雕慢栱形，蓋單栱計心造也。下跳華栱與泥道栱之下，蓋有大枓及直枓以置於普拍方者，今皆毀無存（第三十二圖，第三十六圖）。山面補間鋪作之必須異於正面者，蓋因山面柱間距離較小，不足以容全部之闊也。

12 梢間補間鋪作　柱間距離較山面尤小，並單栱而不能容，故下層柱頭方上雕雲形栱，跳頭令栱則與並列之柱頭鋪作及轉角鋪作之第一跳上慢栱連栱交隱。（第二十四第三十二圖）

中層內檐鋪作五種　如下層內檐鋪作，以內向一面爲正面，外向一面爲後尾。外向一面，旣爲暗層之內，故其中除抹角鋪作及西面與梯相近之鋪作外，其後尾皆如外檐平坐鋪作之後尾，栱頭概無卷殺，不加修飾。

枓栱之功用，旣在承上層之結構，故此部枓栱，亦因上層特殊之布置（第二十五圖），而有特殊之形制。

13 當心間兩旁柱頭鋪作　上層地板圍繞像身之空井爲六角形，東西兩端成較正角略小之銳角，其餘四角則成約一百三十度之鈍角；然中層空井則爲長方形。此六角形者，實由自當心間與次間之間之內柱上至中柱上抹角所成。而此抹角之結構，與其他部分兩柱頭間之結構相同，其各層枋與柱頭上各層枋相交於柱頭而成鋪作；而鋪作上除正角相交之華栱與柱頭枋外，乃沿約一百三十度之純角線上，加交各層枋，此乃中層內檐柱頭鋪作之特點也。謂爲轉角鋪作亦未嘗不可。（第三十七圖）

以位置及功用論，則此部實爲平坐；既爲平坐，則按法式之制，須用計心造；然因抹角之故，計心頗爲不便——結構不便即不合理——故從權用偸心造也。

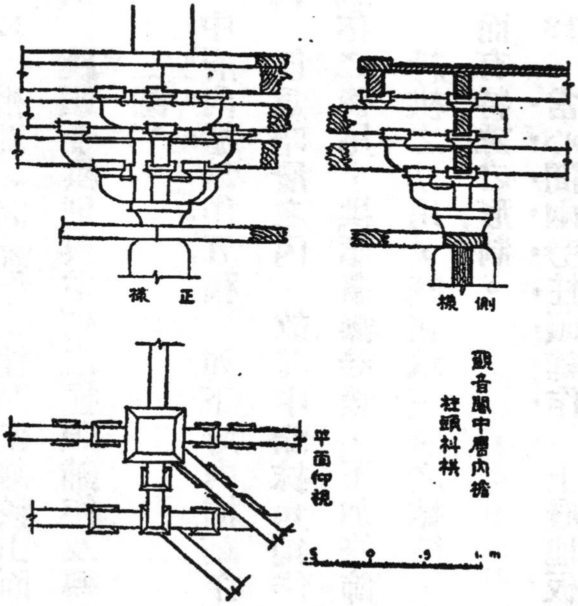

第三十七圖

其結構爲華栱二跳，偸心造，跳頭橫施令栱，栱上置枓，枓上承羅漢方。與華栱正角相交者爲泥道栱及柱頭枋三層，枋上雕假栱形，本平平無奇。乃於百三十度斜線上加普拍方，泥道栱，以及柱頭枋三層，全部斜加一份，此其所以異也。

鋪作後尾則鋸齊如外檐平坐鋪作，而第二第四兩層則伸長成地面方及鋪版方焉。

14　・中柱柱頭鋪作・　其結構與13同，惟各層抹角枋自兩面來交。（第四十一圖）

15　・補間鋪作・　櫨枓安於普拍方上，華栱二跳，偸心造，第二跳跳施令栱，栱枓上承

第三十九圖　觀音閣中層內檐當心間補間鋪作後尾

第四十圖　觀音閣中層內檐次間補間鋪作後尾

羅漢方，方上爲上層地板。（第三十八圖）今櫨料作料形，然自後尾觀之，則作駝峰形；當心間駝峰（第三十九圖）與次間駝峰（第四十圖）復略異，正面所見之櫨料，恐非原物也。

16 **轉角鋪作** 構結殊簡單，角栱三跳，上承三方面之羅漢方。第二層柱頭方上雕翼形栱，適在慢栱頭散料上，其上復置交互料以承羅漢方。（第三十八圖）

此角栱中線，非將角平分而成四十五度者。蓋角栱上素方之彼端，乃承於抹角枋正中之鋪作上，而素方非將角平分，則角栱須隨方略偏也。

17 **抹角枋上補間鋪作** 自結構方面觀之，各層枋皆置於柱頭之上，而鋪作居枋之中，與普通補間鋪作無異，惟因懸空而過，下無牆壁，故其所呈現象，殊覺玲瓏精巧。駝峯置普拍方上，上置交互料；華栱與雕作泥道栱形之柱頭方相交於交互料內。華栱計共兩跳，偸心造，第二跳跳頭置散料，料上承素方，而不施橫栱。結構至簡。（第四十一圖）

觀音閣全部結構中，除中層內外檐當心間及次間平坐補間鋪作外，其餘各鋪作，泥道栱皆雕於第一層柱頭枋上，而於其下置直料或駝峯；此類部分，內外上下皆毀，惟此抹角鋪作上尚存，良可貴也。

上層外檐斗栱三種，在結構上及裝飾上皆佔最重要位置，觀音閣全部之性格，可謂由此部枓栱而充分表現可也。

18 柱頭鋪作 櫨枓施於柱頭，其上出檐四跳；下兩跳爲華栱，上兩跳爲昂，即法式所謂『重抄重昂』（註七）者是。其跳頭枓栱之分配爲重栱，偸心造。第二跳華栱跳頭施瓜子栱及慢栱，慢栱上爲羅漢方。與瓜子栱及慢栱相交者爲下昂二層，第二層昂上施令栱，以承替木及橑檐槫。其正面立面形與下檐略同，而側面因用昂而大異。（第四十三圖）

華栱第一跳後尾爲華栱；第二跳後尾伸引爲梁，直達內柱柱頭鋪作上。梁以上又爲華栱，與令栱相交；令栱上承平棊方（裏拽枋），與又一素方相交。此第三層栱之外端，長只及第二跳跳頭，第四層枋則長只及柱頭枋，二者背上皆斫截成斜尖，以承第一層下昂。下昂下部承於第二跳跳頭交互枓內，斜向後上伸，至與柱頭方相交處，其底適與第三層柱頭枋之底平，昂之斜度，與水平約略成三十度。第二層昂在第一層昂之上，而與之平行，昂端橫施令栱，與第二跳跳頭上之慢栱平。其向外伸出較第二跳長兩跳，而向上升高，則祗較之高一跳。故其出檐較遠而不致太高；蓋伸出如華栱兩跳之遠，而上升祗華栱一層之高也。與令栱相交者爲耍頭，與華栱平行，雖平出在第四跳之上，而高

第四十一圖　觀音閣中層內檐抹角補間鋪作

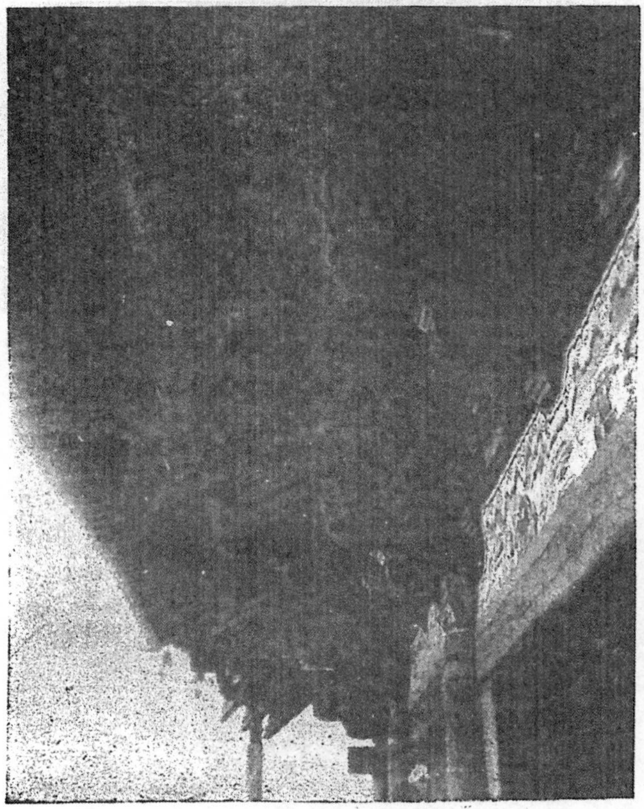

第四十二圖　觀音閣上層外檐柱頭鋪作及補間鋪作

下則與第四跳平。其後斫斜，平置昂上。（第四十三圖）

昂之後尾，實為上層柱頭鋪作最有趣部分。上下二昂，伸過柱頭枋後，斜上直達草栿（清稱『三架梁』）之下。昂之外端，受檐部重量下壓，其尾端因之上升，而賴草栿重量之下壓而保持其均衡。利用槓杆作用，使出跳遠出，以補平出華栱之不逮。法式卷四造昂之制有『如當柱頭，卽以草栿或丁栿壓之』之句，蓋卽指此。宋代建築用昂之制，尚以結構為前題。明清以後，枓栱雖尚有昂，而徒具其形而失其用，祇平置華栱（翹）而將其外端斫成昂嘴狀，非如遼宋昂之具『有機性』矣。

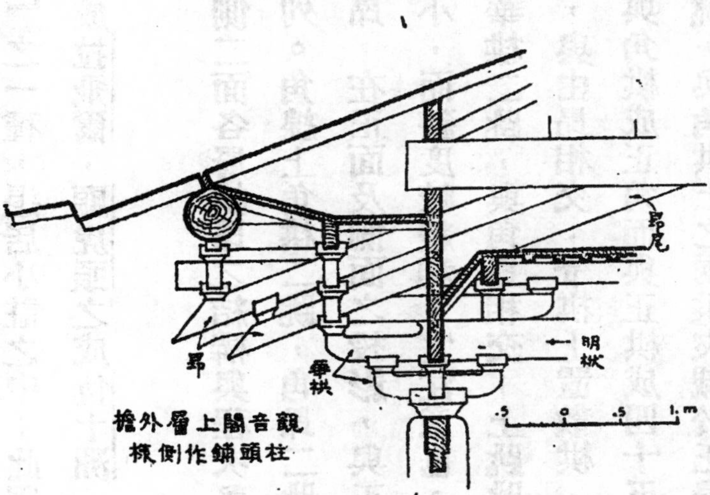

觀音閣上層外檐柱頭鋪作側樣

第四十三圖

昂嘴部分，宋以後多為曲綫的。法式卷四謂

……昂面中顱二分，令顱勢圜和。

清式亦如此。然觀音閣昂嘴，則為與昂底成三十五度之斜直線，其所呈現象，頗似燉煌壁畫所見。此式宋代殆尚有之，見於造昂之制文內小註中：

……亦有自料外斜殺至尖者，其昂面平直，謂之『批竹昂』。適與此處所見符合。應縣佛宮寺塔亦如者，其爲唐遼盛行之式無疑。其後剛強之直線，受年代磋磨，日漸曲柔，至明仲之世，已成『亦有』之一種，退居小註之中；此固所有藝術蛻變之途徑，希臘之成羅馬，姬阿陀（註六）之成拉飛爾，顧虎頭之成仇十洲，其起伏之勢，如出一轍，非獨唐宋建築之獨循此道也。

19　轉角鋪作　（第三十二圖）在柱頭中線上，正側二面各層栱昂之結構與程次與柱頭鋪作者同，所異者惟第二跳跳頭重栱與同層他栱相列。角線上角栱二跳，角昂二跳，其上更有『由昂』，上置寶瓶，以承角梁。此三重角昂，在正面及側面之投影，與正昂投影之角度相同，然其與地面所成之眞角，度數實較小，而斜度較緩和，宜注意也。第二跳角栱之上，有正側二面第二跳上之重栱伸出而成華栱二跳，與角昂相交；上跳跳頭置散枓以承替木。第二層角昂之上，置令栱兩件相交，與由昂相交；令栱上置散栱，以承其上相交之正側二面替木。此外尙有斜華栱兩層，與角栱成正角而與正栱成四十五度角，相交於櫨枓口內（第四十四圖）；其上又置栱兩跳，與角栱上之兩栱夾襯於正昂之兩旁。與此栱相交者重栱，其外一端與角栱上之華栱相列，其內一端則慢栱與柱頭鋪作上相埒之慢栱連栱交隱。

第四十四圖　觀音閣上層外檐轉角鋪作櫨料上各栱

第四十五圖　觀音閣上層內外檐柱頭及補間鋪作後尾

此轉角鋪作之全部，殊爲雄大，似繁而實簡，結構畢現焉。

20　補間鋪作　正面當心間次間及山面居中兩間用之。華栱兩跳，偸心造，跳頭橫施令栱，以承羅漢方。下層華栱與下層柱頭方交於交互枓內，方雕作翼形栱。二層方以上則雕重栱，鋪作後尾惟栱一跳，上施令栱，以承平棊方。（第四十五圖）交互枓下，原有直枓，今已無存。

上層內檐補間鋪作，除當心間北面一朶結構特殊外，其餘皆與外檐補間鋪作相同。其中略異之一朶，乃內檐山面補間鋪作，因地位狹窄，其令栱慢栱皆與兩旁鋪作連栱交隱。（第四十六圖）

上層內檐枓栱五種

21　柱頭鋪作　正面與下層外檐柱頭鋪作完全相同，爲華栱四跳，重栱，偸心造（第四十六圖）。後尾則與上層外檐柱頭鋪作完全相同。（第四十五圖）上檐內檐柱頭鋪作之特殊者爲。

22　當心間北面柱頭鋪作　因觀音像之位置不在閣之正中，而略偏北，故像頂上之鬥八藻井亦隨之北偏；因是之故，藻井之南面承於平棊方上。而北面乃承於羅漢方上，而平棊方至當心間而中斷。於是華栱第四跳跳頭之令栱，在次間內之一端承平棊方，而在當心間內之一端則斫作四十五度角，以承藻井下之抹角枋。而羅漢方遂爲抹角方與藻井下北面枋相交點之承支者，遂在其相交點之下，承之以枓，而枓下雕作栱形。（第四十七圖）

23　**轉角鋪作**　角栱四跳，偸心造，因地位狹小。其勢不能容重栱之交列，故第二跳跳頭之上，惟短小之翼形栱與第三跳相交。翼形栱與切几頭相列，交於柱頭方上。其上則施短令栱與第三跳相交，而在山面，則短令栱與補間鋪作上之令栱連栱交隱。第四跳跳則短令栱二件相交，以承平棊方。（第四十六圖）

正側二面，則泥道栱相交，其上慢栱之後尾及第二層華栱之後尾皆爲梁，第三層柱頭方之後尾則爲方，皆三面分達角柱及其旁二柱，於結構上至爲重要焉。

24　**當心間北面補間鋪作**　與他間略同，所異者乃華栱跳頭祇置翼形小栱，更上則於羅漢方上雕令栱形，上置三散枓，以承藻井下枋。（第四十七圖）

全閣枓栱共計二十四種，各以功用而異其結構，條理井然，種類雖多而不雜，構造似繁而實簡，以建築物而如此充滿理智及機能，藝術之極品也。

（六）天花　觀音閣上下二層頂部皆施天花。天花宋稱『平棊』，其主要幹架卽枓栱上之素方名『平棊方』者，及與之成正角而施於明栿（梁）上之『算程方』（？）也。支條（

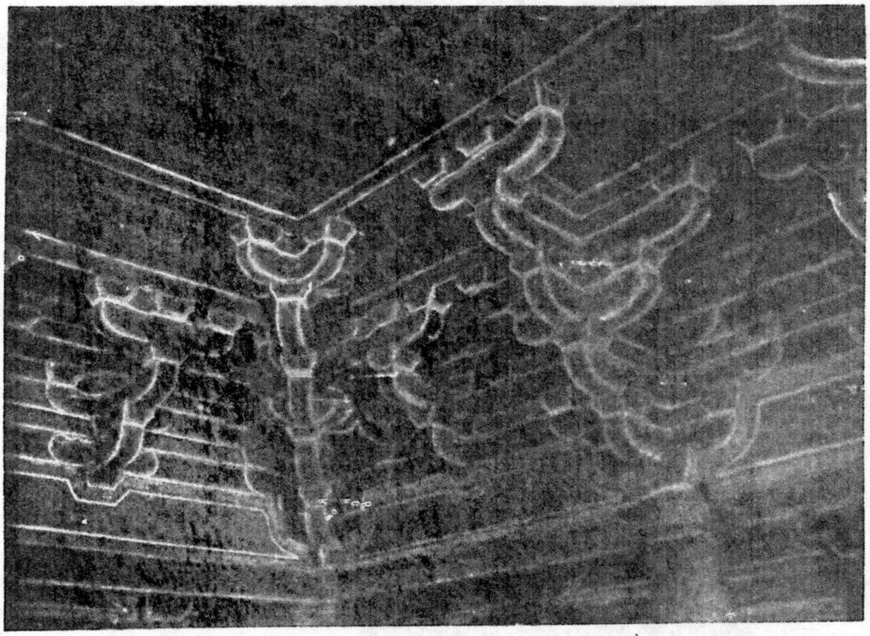

第四十六圖　觀音閣上層內檐枓栱

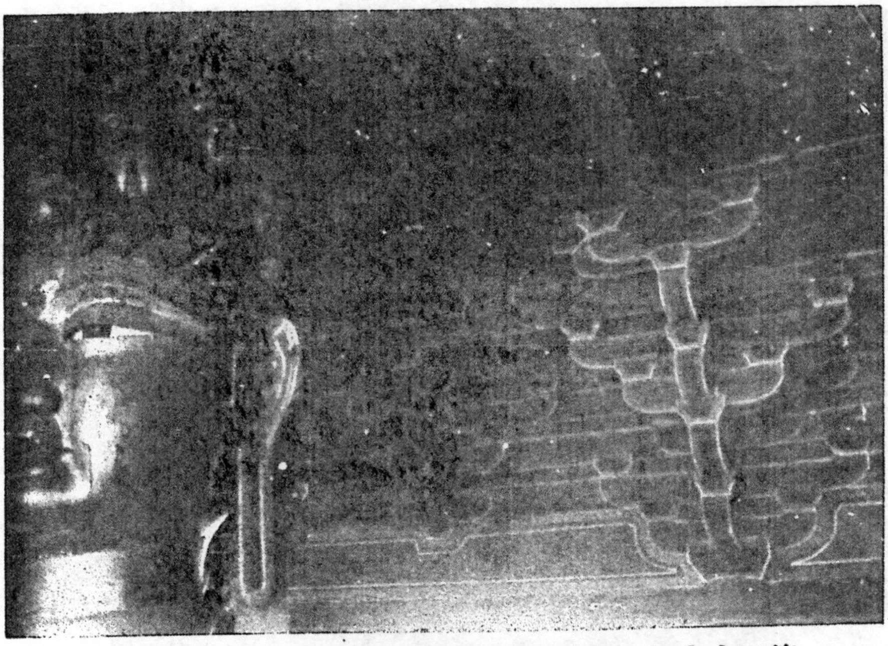

第四十七圖　觀音閣上層內檐北面柱頭及當心間補間鋪作

老杭州西湖全圖·清·同治十三年

宋稱平闇椽）縱橫交置方井，其分布頗密，而井口亦甚小。約〇・二八公尺見方，與今所見約三尺（〇・七〇公尺）見方之天花，其現象逈異，（第三十，四十五，七圖）。法式於平棊之大小，並無規定，只曰『分布方正』，其是否如此，尚待考。今天花版泰半已供年前駐軍炊爨，油飾亦非舊觀，然日本鎌倉時代之興福寺北圓堂及三重塔內天花（第四十八圖），皆與此處所見大致同一權衡，且彩畫尚存，與營造法式彩畫極相類似，可相鑑較也。

天花與柱頭枋間，亦用平闇椽斜置，上遮以板，日本遺物，尚多如此。

當心間像頂之上，作『鬥八藻井』，其『椽』尤小，交作三角小格，與他部頗不調諧。是否原形尚待考。

（七）梁枋　山門屋內上部，用『徹上明造』之制，一切梁枋椽桁，自下皆見。觀音閣則上施平棊。平棊以上之梁枋等等，自下不見，故其做法，亦較粗糙。法式卷二總釋平棊下小註云：

今宮殿中，其上悉用草架梁栿承屋蓋之重，如攀額……方槫之類，及縱橫固濟之物，皆不施斤斧。……

其後常用之『草栿』，卽指此不施斤斧之梁枋而言；而與之對稱者，卽『明栿』是也。

觀音閣各柱頭枓栱上，第二或第三跳華栱之後尾，皆伸引為『明栿』，明栿背上架『算桯枋』（第四十五圖），已於枓栱題下論及。然明栿及算桯方之功用在拘前後鋪作，及承平棊；屋蓋之重，及縱橫固濟之責，悉在平棊以上不施斤斧之梁栿之上焉。

此處用梁之制，與清式大同小異。檐柱與內柱之上施『雙步梁』（宋稱『乳栿』？），內柱與內柱之上施『五架梁』（『檐栿』？），五架梁之上置柁墩，上施『三架梁』（『平梁』），三架梁上立『脊瓜柱』（『侏儒柱』），其上承脊槫。（卷首圖四）其與今日習見所不同者，厥為其大小比例及其與柱之關係。

清式造梁之制，其大梁不論長短及荷重如何，悉較柱寬二寸，而梁高則為寬之四分之五或五分之六。就此即有二問題須加注意者：一，梁對荷重之比例；二，梁寬與梁高之比例。關於第一問題，當於下文另述；而第二問題則清式梁高與寬之比為十與八或十二與十之比。

橫梁載重之力，在其高度而不在其寬度；宋人有見於此，故其高與寬為三與二之比。載於法式，奉為定例。清人亦知此原則，故高亦較大於寬，然其比例已近方形。豈七八百載之經驗，反使其對力學之瞭解退而無進耶？

至於梁之大小，茲亦加以分析，並與清式比較：

第四十八圖　日本奈良興福寺北圓堂內天花

第五十一圖　觀音閣中層內部斜柱

梁長 7.43 公尺，　每架長 1.86 公尺，　當心間面闊 4.73 公尺，

舉高 2.51 公尺，　斜頂長 4.40 公尺，　梁橫斷面 0.305×0.585 公尺。

當心間頂面積 4.40×2×4.73＝41.70 方公尺

死荷載 (Dead load)

木料(栿櫕，三架梁，侏儒柱，斗座，槫，攀間，椽，望板，均在內)體積爲　7.069 立方公尺，

瓦(筒瓦板瓦)體積爲　3.13 ⎫
　　　　　　　　　　　　　⎬ 共　5.26 立方公尺，
脊體積爲　2.13 ⎭

苫背體積爲　3.13 立方公尺，

木料重量爲每立方公尺 720 公斤，　故 7.069×720＝ 5,100 公斤

磚瓦重量爲每立方公尺 2000公斤，　故 5.26×2000＝10,520 公斤

泥土(苫背)重量爲每立方公尺 1600 公斤，　故 3.13×1600＝ 5,000 公斤

共 20,620 公斤

又五架梁自身重爲　0.585×0.305×7.43×720＝954 公斤

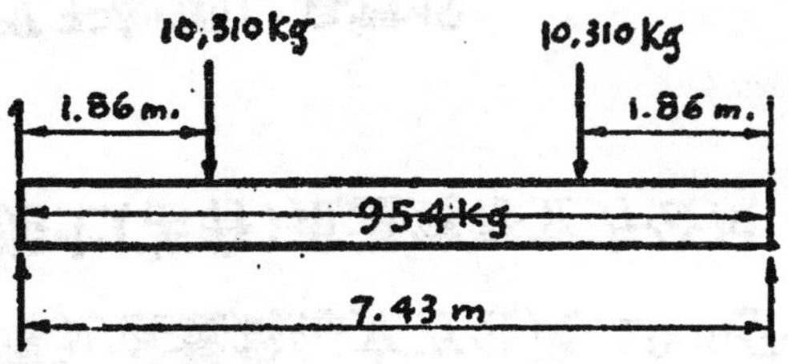

五架梁死荷載圖

第四十九圖 a

用上得之死荷載，則五架梁所受之最大撓曲較矩（Maximumbending moment）爲 $10,310\times1.86+954\times\frac{7.43}{8}=20,100$ 公斤其所受最大之豎切力，(Maximum Vertical shear)爲 $10,310\times\frac{954}{2}=10,800$ 公斤

則五架梁中之最大撓曲應力 (Maximum bending stress) 爲

$$\frac{6\times20.100}{0.305\times\overline{0.585}^2}=1,160,000$$，每方公尺之公斤數，

其最大切應力，(Maximum shearing Stress) 爲

$$\frac{10.800}{0.305\times0.585}\times\frac{3}{2}=91,000$$, 每方公尺之公斤數。

<u>活荷載</u> (Live Load)：

屋頂之活荷載包括屋頂所受之雪壓及風力等數。此項荷載，通常可假定爲每方公尺195公斤，然其重量之四分之一，已由梁之兩端，直下內柱之上。由梁身轉達柱上者，祇其餘四分之三。故其活荷載總量爲

$$195\times41.70\times\frac{3}{4}=9000$$公斤

其最大撓曲轉矩爲 $3050\times1.86=5670$ 公斤尺；

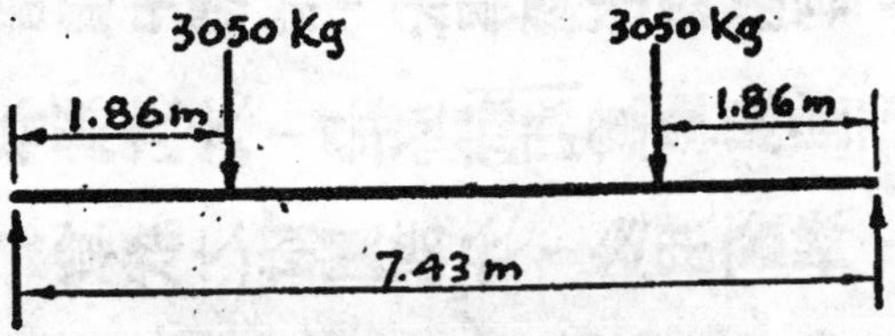

五架梁活荷載圖

第四十九圖 d

其最大豎切力爲 3050公斤。

其最大撓曲應力爲 $\frac{6\times5670}{0.305\times0.585^2}=327,000$ 每方公尺之公斤數。

其最大切應力爲 $\frac{3050}{0.305\times0.585}=25,600$ 每方公尺之公斤數。

木料之强度，至不一律，且因年齡與氣候而異。觀音閣梁枋木料之最大强度果爲若干，未經試驗，殊難臆斷，但木料之最大撓曲强度約在每方公尺3,000,000至4,600,000公斤之間；而其最大切强度約在每方公尺 120,000 至230,000 公斤之間。若以上述之平均數爲此閣木料之最大强度，則其撓曲强度爲 3,800,000 公斤，而切强度爲 180.000 公斤，則此五架梁之安全率 (Factor of satety) 約如下表：

	撓曲		切	
	應力(每方公尺之公斤數)	安全率	應力(每方公尺之公斤數)	安全率
死荷載獨計	1,160,000	3.23	91,000	1.98
死活荷載並計	1,487,000	2.56	116,600	1.54

32927

若安全牢，雖微嫌其小，然仍在普通設計許可範圍之內。且各部體積，如瓦之厚度，乃按自板瓦底至筒瓦上作實厚許，未除溝隴之體積；脊本空心，亦當實心計算，故死荷載所假定，實遠過實在重量。且歷時千載，梁猶健直，更足以證其大小之至爲適當，宛如曾經精密計算而造者。今若按清式定例計算，則其高當爲〇．七四公尺，寬爲〇．五九公尺，闢爲二梁，尚綽有餘裕，清人於力學與經濟學，豈竟皆不如遼宋時代耶？（第五十圖）

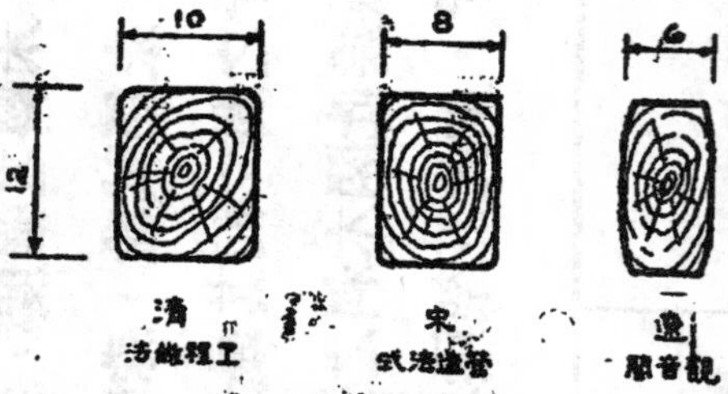

第五十圖　遼宋清梁横斷面比較

至於梁與柱安置之關係，則五架梁並非直接置於柱或枓栱之上者。五架梁之下，尙有雙步梁，在檐柱及內柱柱頭鋪作之上；然雙架梁亦非如明栿之與鋪作合構而成其一部，而祇置於其上者。雙架梁之內端上，復墊以櫬，上置五架梁，結構似嫌鬆懈。然統和以來，千歲於茲，尙完整不欹，吾儕亦何所責於遼代梓人哉！

草栿之附屬部分，多用舊料，其中如墊五架梁之柁櫬，皆由雄大舊栱二件壘成，較今存栱尤大；是必統和重葺以前原建築物或他處拆下之舊栱，赫然唐木，乃尙得見於茲；惜頂中黑暗，未得攝影爲憾耳。

三架梁及五架梁頭，並雙架梁上柁墩及三架梁上侏儒柱上皆置槫(桁)，槫與梁或墩間，皆墊以替木；替木之下，復有襻間(枋)，長隨間廣，與梁相交。侏儒柱上襻間尤大。襻間與替木間，復支以短柱；使槫，替木，襻間三者合成一『複梁』作用焉。

脊襻間之左右，有斜柱支撐於平梁之上。以下每槫之下，皆有斜柱支撐，此爲清式所無；而於堅固上，固有絕大之關係也。(卷首圖四)

斜柱之制，不惟用於梁架之上，於中層暗部亦用之(第五十二圖)。此部或爲後世修葺所加；然當初若知用於梁上以支槫，則將此同一原則轉用於此處，亦非不可能也。

此次獨樂寺遼物研究中，因梁枋枓栱分析而獲得之最大結果，則木材尺寸之標準化是也。清式用材，其尺寸以『斗口』爲單位，制至繁而計算難。而觀音閣全部結構，梁枋千百，其結構用材(Structural members)，則祇六種，其標準化可謂已達極點。營造法式卷四，大木作制度，開頭第一句即謂

凡構屋之制，皆以材爲祖。材有八等，度屋之大小，因而用之。……各以其材之廣，分爲十五分，以十分爲其厚。凡屋宇之高深，名物之短長，曲直舉折之勢，規矩繩墨之宜，皆以所用材之分，以爲制度焉。

在八等材尺寸比例之後，復謂

栔廣六分，厚四分。材上加栔者謂之足材。

此乃宋式營造之標準單位，固極明顯。然而『材』『栔』之定義，並未見於書中；雖知其大小比例，而難知其應用法，及其應用之可能度。今見獨樂寺，然後知其應用及其對於設計及施工所予之便利及經濟。

『材』『栔』既爲營造單位，則全建築物每部尺寸，皆爲『材』『栔』之倍數或分數；故先攷何爲一『材』。『材』者：(一)爲一種度量單位 (Unit Measure)；以栱之廣(高度)，謂之『一材』。(二)爲一種標準木材(Standard Member)之稱，指木材之橫斷面言，長則無限制。例如泥道栱，慢栱，柱頭枋等，其長雖異，而橫斷面則同，皆一材也。

『栔廣六分，厚四分』：其『廣』即散枓之『平』(升腰)及『欹』(斗底)之總高度，即兩層栱間之空隙；六分者，『材』之廣之十五分之六也。『栔』爲『材』之輔，亦爲度量單位名稱；用作木材時，則以補栱間之隙，非主要結構木材也。材栔二者，用爲度量單位時，皆用其『廣』(高度)。栔『厚四分』者，材之廣之十五分之四也。『厚』從不用作度量單位，只是標準木材之固定大小而已。

觀音閣山門各部栱枋之高，自〇・二四一公尺至〇・二五公尺不等。工匠斧鋸之不準確，及千年氣候之影響，皆足爲此種差異之原因，其平均尺度則爲○·二四四或○·二四五公尺，此卽閣及門『材』之尺寸也。其『栔』則平均合○·一○公尺，約合『材』之五分之二强（雖略有出入，合所謂『六分』——十五分之六）。然則以材栔爲度量之制，遼宋已符，其爲唐代所遺舊制必可無疑。

材栔之義及用旣定，若干問題卽迎刃而解。例如：泥道，慢，瓜子，令，諸栱；柱頭，羅漢，平棊，等枋；昂，皆『單材』也（其廣一材，其厚爲廣三分之二）。闌額，普拍方，華栱，皆『足材』也（其廣一材一栔，其厚爲一材之三分之二）。明栿廣一材一栔；劄牽（雙步梁）廣約二材弱；平梁（三架梁）廣二材，檐栿（五架梁）廣二材一栔。共計凡六種，此外其他部分亦莫不如是，其標準化可謂已達最高點。法式謂『構屋之制，以材爲祖』信不誣也。

（八）角梁　下層大角梁卷殺作兩瓣，而上層則作三瓣；其卷殺之曲線嚴厲，頗具希臘風味。下層角梁後尾安於中層角梁之上。而上層後尾與角昂由昂，皆置上層內角柱之上。仔角梁較大角梁短小，頭戴套獸。大小角梁下皆懸銅鐸，每當微風，輒吟東坡『東風當斷渡』句，不知薊在山麓，無渡可斷也。

（九）舉折　觀音閣前後橑檐槫相距一七·四二公尺而舉高爲四·七六公尺，適爲五五舉弱。較山門舉度（五舉）略甚。按法式之制（見四十三頁），殿閣樓臺，三分舉一分，而甋瓦廳堂則四分舉一分又加百分之八，五五舉弱適與此算法相符，是非偶然，蓋以廳堂舉法而施於殿閣也。

至於其折高，則第一舉爲三二五舉，第二舉爲五舉弱，第三舉爲六舉强，第四舉爲六五舉弱，第五舉爲七五舉，其折法不如法式之制，與清制亦異。

（十）椽及檐　椽皆以徑約〇・一四公尺之杉木造。椽頭略加卷殺，飛子亦然，如山門所見。

清式檐出爲高三分之一。觀音閣下層自橑檐方背至地高六・五七公尺，而自檐柱中至飛頭平出檐爲二・二八公尺，適爲高之半。上檐出與下檐出大略相同，因童柱之移入及側脚之故，故較下檐退入約〇・三三公尺。然吾儕平日所習見之明清建築，上檐多造於內柱之上。故似退疊而呈堅穩之狀；而觀音閣巍然兩層遠出如翼，其態度至爲豪放。（第二十四圖）

橑檐槫及羅漢方間，羅漢方及柱頭枋間，皆有似平闇椽之斜椽，上安遮椽板。

（十一）兩際　屋頂爲歇山式，其兩際（註三）之結構，與清式頗異。清式收山少，山花幾與檐柱上下成一垂直線。收山少則懸出多，其重量非自梁上伸出之桁（槫）所能勝，故

第五十二圖　觀音閣兩際結構

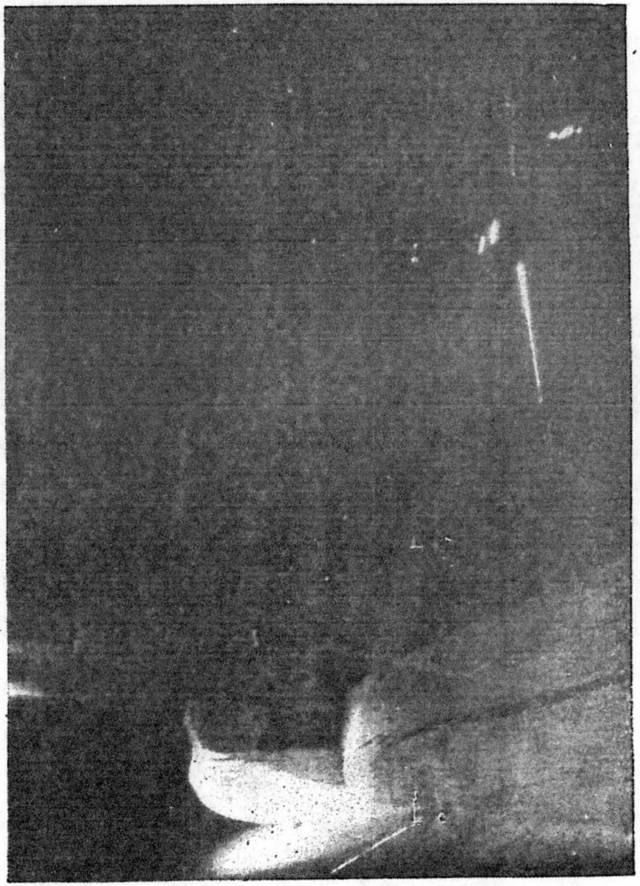

第五十四圖　觀音閣上層外墻結構

須在山花之內，則種種方法——如踴脚木，草架柱子等——以支撐之；而此種方法，因不甚合理，故不美觀，於是用山花板以掩藏之。宋以前則不然，兩際之構造，頗似清式之『懸山』；無山花板，各層梁枋槫頭等構材，自下皆見。觀音閣兩際今則掩以山花，一望而知其非原物；及登頂細察。則原形尚在（第五十二圖），惜爲劣匠遮掩，自外不得見。

侏儒柱上大襻間，頭卷殺作簡潔之曲線，長及出際之半；平槫下襻間。與平梁（三架梁）交，伸出長如大襻間，卷殺如栱，上置散枓，以承替木。斜柱與侏儒柱之間，其先必塡以壁，以防風寒吹入，今則折去，而於槫頭博風板下，掩以山花。既不合理，又復醜惡，何清代匠人之不假思索耶？

博風板之下。原先必有懸魚惹草等裝飾，今亦無存。謹按營造法式所見，補摹於卷首圖三。

（十二）瓦　與山門瓦同，靑瓦，亦非原物，其正吻，正脊，垂脊，垂獸，仙人等，殆爲明代重修時所配者。

正吻頗似清式，然尾翹起甚高，亦不似清式之如螺旋之卷入。鬚眉口鼻皆較玲瓏。吻背之上皮，斜上尾部，不若清式之平。其劍把則似眞劍把，斜插於吻背之背。背獸頗瘦小。（第五十三圖）

第五十三圖

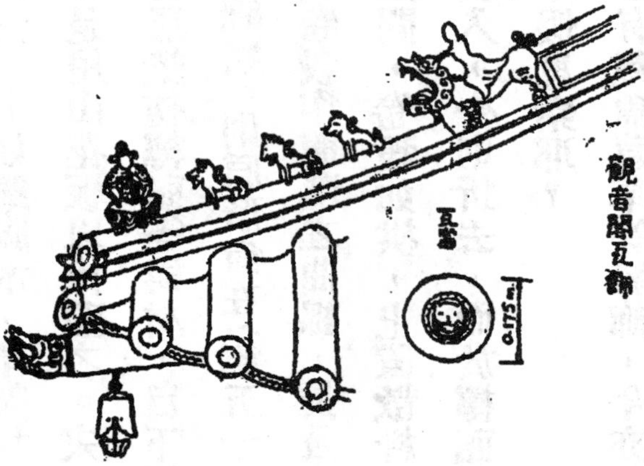

正脊爲雙龍戲珠紋樣。其正中作小亭。相傳每屆除夕夜午以後，盤山舍利塔神燈，下降薊城，先獨樂而後諸刹。神燈降臨則亭中光芒射出，照耀全城，稱『獨樂晨燈』，爲薊州八景之一云。小亭之神話，尚不止此。薊人告予，光緒重修以前，亭內有碑，碑刻『貞觀十年，尉遲敬德監修』云云。吾以望遠鏡仔細察良久，未見隻字。碑上原有文字當無可疑，貞觀敬德，頗近無稽；尉遲敬德監修寺廟，亦成匠人神話，未可必信也。

垂脊亦有花紋，但無龍。垂獸爲清式所不見。似仙童騎於獨角犀牛上，雙手攀犀角，頗饒諧趣。走獸雖略異，亦無奇。仙人乃甲冑武士，儼然俯視檐下衆生。亦歷數百寒暑矣。

筒瓦板瓦與山門同，詳見五十

三圖，不復贅。

（十三）牆壁　下層除南面居中三間及北面居中一間外，皆於柱間砌磚牆。牆高至闌額下。厚約一公尺，計合墻高四分一。牆收分之度，約爲百分之二。牆頂近闌額處，斜收入爲牆肩。下肩甚低，約合牆高七分之一。清式定例，下肩高爲牆高三分之一。明物則下肩尤高。而觀音閣及山門與薊縣佛宮寺塔，下肩皆特低，絕非偶然，竊疑其爲遼制。乾隆御製詩過獨樂寺戲題有『梵宇久凋零，落色源是畫……』句，其夾註則曰『佛有十二源流，僧家多畫於壁間』，是獨樂寺本有畫壁，其畫題則十二源流，當時已『落色』，必明以前畫也。

上層外牆及中層內牆係在柱間先用繩索繫枝爲籬，然後將草泥敷於籬上，似今通用之板條抹灰牆（Plaster on lath）；然所用繩索枯枝，皆甚粗陋。壁內藏有斜柱，以鞏固屋架之結構。（第五十四圖）

（十四）門窗　原物無私毫痕跡。清代修葺，門窗改用菱花楞子。下層横披尚見。其活動部分，已全被年前駐軍拆毀。

（十五）地板　在中層各鋪作上鋪版枋上，敷設地板，板上敷灰泥約一寸。枋間距離，至短者亦在二公尺餘以上，而板則厚僅一寸。人行板上，板上下彎曲彈動，殊欠安穩。清式於『承重』(Beam)上加『楞木』(Joist)，無彈動之虞。每年廢歷三月中，薊人舉行酬神盛會，登樓者輒同時百數十人，如地板不加堅實，恐慘劇難免發生。

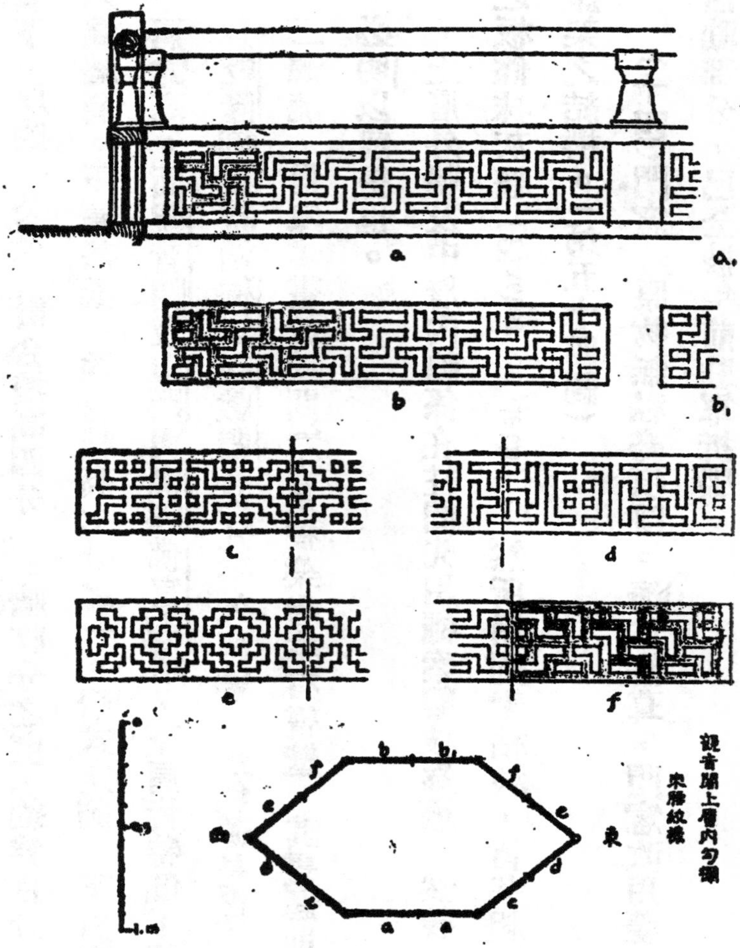

觀音閣上層內勾欄束腰紋樣

第五十五圖

(十六)欄干　中層內平坐上，繞像一周；上層內地板上，六角形空井一周，及上層外檐平坐一周，皆繞以欄干。欄干于轉角處立望柱，其間則立短小之蜀柱。柱下為地栿，中部為盆唇，上為尋杖，蜀柱之間盆唇之下為束腰。其各部名稱見於營造法式，而形制則較似敦煌壁畫所見。中層欄干束腰花紋，與敦煌者尤相似(第五十五圖)。上層內欄干六面十二格，花紋六種(第四十一圖，第五十六圖)，雖各不同，而精神則

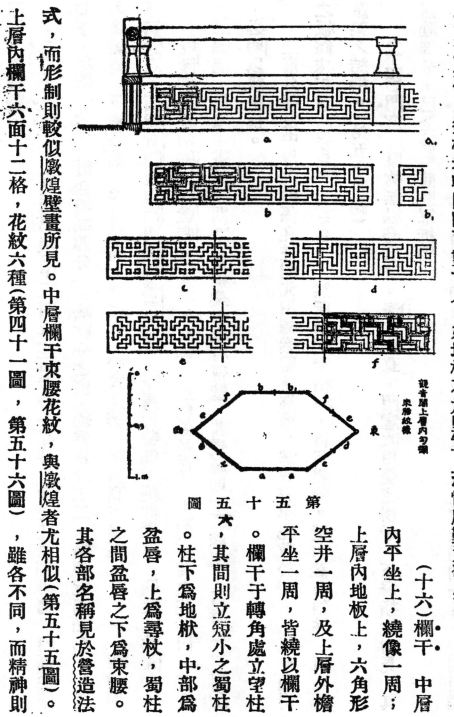

第五十五圖　觀音閣中層內欄干並下層內檐鋪作

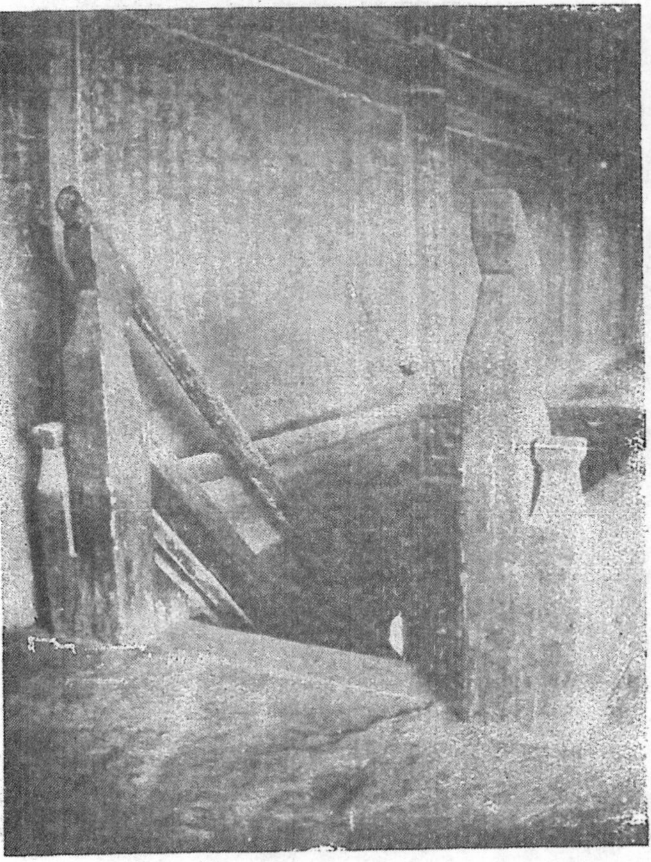

第五十七圖　觀音閣上層梯口

一貫。上層外檐欄干，雲栱癭項改作花瓶形，已失原意矣。

（十七）樓梯　位於西梢間居中兩間內，自地北向上至中層，復折而南至上層。梯斜度頗峻，約作四十五度角。梯脚下有小方壇，梯立壇上。梯之兩框，頗爲長大，輔以欄干，略如上述。其上下兩端，立以望柱；望柱之間，立蜀柱數支，其間貫以盆唇尋杖，其不同者，爲束腰部分，不用板而代以一方杖。梯之上端，穿地爲孔，孔之三面復以小蜀柱及盆唇束腰欄護焉。（第五十七圖）

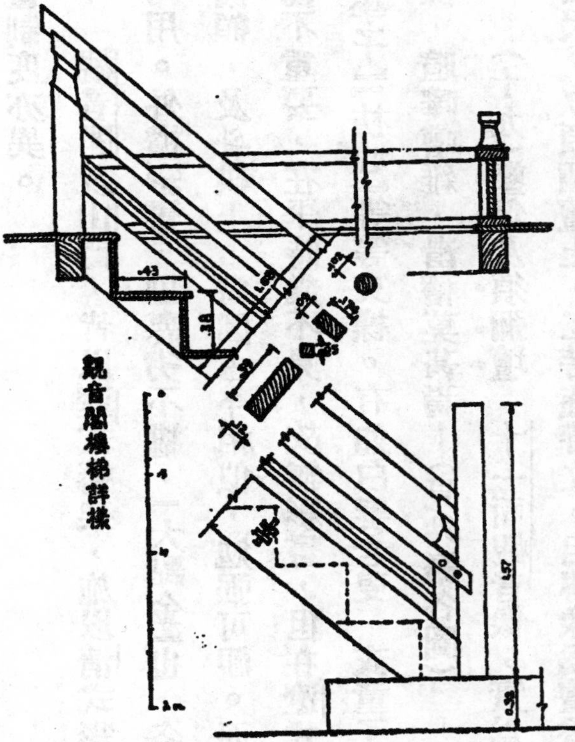

第五十八圖

今梯下段分二十八級，上段分二十級。仰察梯底，乃知今每級祇原階之半，原級之大，實倍於今，下段十四而上段十級，每級高〇・三八公尺，寬〇・四三公尺，卯痕猶在，易復原狀也。（第五十八圖）

（十八）彩畫　我國建築，每逢修葺，輒「油飾一新」，故古建築之幸存者，亦祇骨架，其彩畫制度，鮮有百歲以上者。獨樂寺彩畫，亦非例外，蓋光緒重修時所作也。彩畫之基本功用在保護木料而延其壽命，其裝飾之方面，乃其附帶之結果。昔施彩畫，不惟保護木材，且能藉畫以表現建築物之構造精神。而每時代因其結構法之不同，故其彩畫制度亦異。

觀音閣及山門，皆以遼式構架，施以清式彩畫。內部油飾，猶簡單稍具古風，尚屬可用。外檐彩畫，則惡劣不堪，『大點金』也，各種『蘇畫』或『龍錦枋心』也，橑檐槫，闌額，及斗栱上，尚因古今相似，勉强可觀。而各層柱頭枋及羅漢枋，在清式所佔地位極不重要，在平時幾不見，故無彩畫，但在遼式，則皆各露，拙匠遂不知所錯，亦畫以『學子』『枋心』等等文樣。有如白髮老叟，衣童子衣，又復以袴爲衣，以冠爲履，錯置亂陳，喧嘩嘈雜，滑稽莫甚焉！（見外檐各圖）

（十九）塑像及須彌壇．．．．．十一面觀音像，實爲本閣──或本寺──之主人翁。像高約十六公尺，立須彌壇上，二菩薩侍立。相傳像爲檀香整木刻成，實則中空而泥塑者也。像彎眉楔鼻，長目圓頷，微帶慈笑；腹部微突，身向前傾；衣褶圜和，兩臂上飄帶下垂，下端貼蓮座上，皆爲唐代特徵。然歷代重修，原形稍改，而近代彩畫，猶爲可厭。（第五十九圖）

第五十九圖　十一面觀世音像

第六十圖　東面侍立菩薩像

壇上左右侍立菩薩，姿勢手法，尤爲精妙，疑亦唐代物也（第六十圖）。壇上尙有像數尊，率皆明清以後供養，茲不贅。

像所立之須彌壇及壇前供桌，製作亦頗精巧。壇下龜脚，束腰，及上部之欄干，皆極有趣。供桌疊澁太複雜，與壇似欠調諧。（第六十一圖）

（二十）匾　閣尙有匾額三，下層外額曰『具足圓成』，內曰『普門香界』，乾隆御書。上層外額曰『觀音之閣』，匾心寬一·六三公尺，高二·○八公尺，每字徑幾一公尺，相傳李太白書，筆法古勁而略拙，頗似唐人筆法。閣字之下署『太白』二字，其爲後代所加無疑。朱桂辛先生則疑爲李東陽漁洋書，而後人誤爲太白也。（第六十一圖）

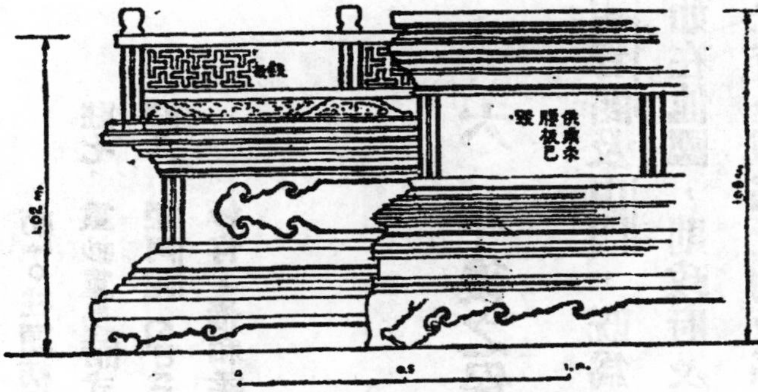

第六十一圖　觀音閣須彌壇供桌詳樣

註一　中國屋頂之結構，可分三大類：前後左右皆爲斜坡者爲『廡殿』，古稱『四阿』；前後有斜坡而左右山墻直上者爲『硬山』；四週有斜坡而左右兩坡之上半截改爲直上，如硬山與廡殿相合者爲『歇山』。

註二　歇山直立部分之三角形爲山花，宋式稱『兩際』。

註三 Transitional member.

註四 歐洲建築有所謂 Superposed Order 者，此其眞正之實例也。

註五 Shearing force.

註六 羅漢方長通建築物之全長寬度或全長度，清式謂之『枋枋』；其在外者爲『外枋枋』，在內者爲『內枋枋』。柱頭枋清式稱『正心枋』。

註七 重抄重昂清式稱『重翹重昂』。

註八 姬阿陀 Giotto，文藝復興初期意大利畫家，畫純樸有蘊力，拉飛爾 Rahpael 復興後期畫家，寫實妙肖，惟和柔有女性。

六 今後之保護

觀音閣及山門，既爲我國現存建築物中已發現之最古者，且保存較佳，實爲無上國寶。如在他國，則政府及社會之珍維保護，惟恐不善。而在中國則無人知其價值，雖薊人對之有一種宗教的及感情的愛護，然實際上，薊人既無力，亦無專門智識，數十年來，不惟任風雨之侵蝕，且不能阻止軍隊之毀壞。今門窗已無，頂蓋已漏，若不及早修葺，則數十年乃至數年後，閣門皆將傾圮，此千年國寶，行將與建章阿房，同其運命，而成史

第六十二圖 觀音閣匾

上陳迹。故對於閣門之積極保護，實目前所亟不容緩也。

保護之法，首須引起社會注意，使知建築在文化上之價值；使知閣門在中國文化史上及中國建築史上之價值，是爲保護之治本辦法。而此種之認識及覺悟，固非朝夕所能奏効，其根本乃在人民敎育程度之提高，此是另一問題，非營造師一人所能爲力。故目前最重要問題，乃在保持閣門現狀，不使再加毀壞，實一技術問題也。

木架建築法勁敵有二，水火是也。水使木朽，其破壞率緩；火則無情，一炬卽成焦土。今閣及山門頂瓦已多處破裂，浸漏殊甚，椽檁已有多處呈開始腐朽狀態。不數年間，則椽檁將折，大廈將頹。故目前第一急務，卽在屋瓦之翻蓋。他部可以緩修，而瓦則刻不容緩，此保持現狀最要之第一步也。

瓦漏問題既解決，始及其他問題；而此部問題，可分爲二大類，卽修（repair）及復原（restore）是也。破壞部分，須修補之，如瓦之翻蓋及門窗之補製。有失原狀者，須恢復之，如內簷斗栱間塡塞之土取出，上檐淸式外欄干之恢復遼式，兩際山花板之拆去等皆是。二者之中，復原問題較爲複雜，必須主其事者對於原物形制有絕對根據，方可施行；否則仍非原形，不如保存現有部分，以誌建築所受每時代影響之爲愈。古建築復原問題，已成建築考古學中一大爭點，在意大利敎育部中，至今尙爲懸案；而愚見則以保存現狀為保存古建築之最良方法，復原部分，非有絕對把握，不宜輕易施行。

防火問題，亦極重要。水朽猶可補救，火焰不可嚮爾。日本奈良法隆寺由政府以三十萬巨金，特構水道，偶爾失愼，則頃刻之間，全寺可罩於雨幕之內；其設備之周，管理之善，非我國今日所敢希冀。然猶可備太平桶水槍等，以備萬一之需。同時脊上裝置避雷針，以免落雷。在消極方面，則寺內吸煙及佛前香火，尤須永遠禁絕；閣立寺中，周無毗連之建築物，如是則庶幾可免火災矣。

在社會方面，則政府法律之保護，為絕不可少者。軍隊之大規模破壞，遊人題壁竊磚，皆須同樣禁止。而古建築保護法，尤須從速制定，頒布，施行；每年由國庫支出若干，以為古建築修葺及保護之用，而所用主其事者，尤須有專門智識，在美術，歷史，工程各方面皆精通博學，方可勝任。日本古建築保護法頒布施行已三十餘年，支出已五百萬。回視我國之尚在大舉破壞，能不赧然？惟望社會及學術團體對此速加注意，共同督促政府，從速對於建築遺物，與以保護，以免數千年文化之結晶，淪亡於大地之外。

一九二九年世界工程學會中，關野貞博士提出『日本古建築物之保護』一文，實研究中國建築保護問題之絕好參考資料。蒙北大教授吳魯強先生盛暑中揮汗譯就，賜載本期彙刊。藉資借鑑，實所至感。

附錄

獨樂寺大悲閣記

王于陛

予入薊州城西門寺名獨樂當其中有傑閣焉高毋慮十數丈內供大士閣僅周其身而覆創寺之年遐不可考其載修則統和巳酉也經今久圮二三信士謀所以爲繕葺計前餉部柯公實倡其事感而興起者殆不乏焉柯公以遷秩行予繼其後既經時垐墍之業斯竟因瞻禮大士下睹金碧輝映其法身莊嚴鉅麗圍抱不易盡相傳以爲就刻一大樹云夫瞿曇氏之敎主空於諸所有而歸之空雖懸像設敎未嘗執色相亦未嘗離色相故牟尼懸珠見而非見千百億化身非見而見上士超于見外中人攝於見中同斯詣耳衆生苦海諸佛慈航獨大士從聞思修證三摩地法力弘浩號大慈悲現相化身不一而足遍滿東土大要使智愚共仰凡聖同皈或大旃檀香刻畫寶身燒香燈燭如妙高聚或白衣清淨冰月微茫或千手千眼或一枝淨瓶總一無二茲寺之以環鉅稱且以大樹奇也亦有異乎夫予不知一莖草何以能化丈六金身奚啻爲樹予又不知茲樹之爲嶧山之洞倉野之桂爲楩爲楠爲梓儻亦執身則菩提是樹菩提是身離身則身亦非身樹亦非樹耶予與大士相視一笑而已如破慳貪障福利影響之說予識也時何足以知之姑爲記其崖略若此

修獨樂寺記

王弘祚

歲辛巳予自盤陰來牧漁陽時羽書旁午鉦鼓之聲震於天地予繕城治械飛芻儲糈日無假晷焉間公餘時不廢登臨之興思所以暢發其性情而澄鮮其耳目是州也宮觀梵刹之雄以獨樂寺稱寺之雄以大士閣稱閣之雄以菩薩像稱予徙倚其間曰廸夫民而敎以興仁勉義遂生復性之事陰騭神而禱以時和年豐民安物阜之庥予蓋未嘗一念置夫民而州之民亦相率曰子大夫以誠求如是也以故凡係夏秋正賦之索民不敢私其財學校倉廩之興民不恡其力撫今思昔已十數年於茲矣越戊

戊子晉秩司農奉使黃花山路過𨀁州追隨大學士宗伯菊潭胡公來寺少憩焉風景不殊而人民非故臺砌傾圮而廟貌徒存。相與徘徊悲悼憶往事而去乃寺僧春山遊來訊予曰是召棠寇社之所遺也忍以草萊委諸予唯唯爲之捐貲而倡首焉一時卿士大夫欣然樂輸而州牧胡君毅然勸助共襄盛舉未幾其徒妙乘以成功告且曰寶閣配殿及天王殿山門皆煥然聿新矣予訝之曰是何成功之速也僧曰公恩德所被士民思慕一聞公言讙趨恐後予曰譆人之所靳者財與力耳固或有惟正之供而不輸公家之役而不作雖督責迫索無足以悚其中者此閣之修非有督責迫索之威也而不日之成如子趨父事其故何哉蓋歷千百刼而不灰者菩薩度世之性隨念圓滿觸之而即動者衆生向善之誠也寺之興不知創於何代而統和重葺之鉅今六七百歲矣菩薩以廣大慈悲現種種法力性不傳也而相傳菩薩之敎無相而無不相也相其寄也閣則寄所寄也今人於寄所寄者踴躍歡喜尚復如是苟或因其外而求其內由夫似而得其眞其鼓舞歡喜又可量乎雖然佛之理甚深微妙不可思議而予以顯者示之出作入息卽六時課誦也承顏聚順卽妙相莊嚴也桔槔之聲盈於野絃歌之聲閧於塾卽天龍八部殊音妙樂也與仁勉義毋戕爾生毋傷爾性則菩薩廣大慈悲必賜以和豐康阜之福而五敎實委司徒則由勸而達之三輔由三輔而達之畿甸釆衛皆勉於向善之念享夫樂利之庥以成聖代無疆之治彼菩薩化千萬億身現種種願力亦當作如是觀矣

薊縣觀音寺白塔記

梁思成

登獨樂寺觀音閣上層，則見十一面觀音，永久微笑，慧眼慈祥，向前凝視，若深賞薊城之風景幽美者。遊人隨菩薩目光之所之，則南方里許，巍然聳起，高冠全城，千年來作菩薩目光之焦點者，觀音寺塔也(第一圖)。塔之位置，以目測之，似正在獨樂寺之南北中線上，自閣遠望，則不偏不倚，適當菩薩之前。故其建造，必因寺而定，可謂獨樂寺平面配置中之一部分；廣義言之，亦可謂爲薊城千年前城市設計之一著，蓋今所謂「平面大計劃」(Grand plan)者也。

薊州志曰：

白塔寺在州西南隅，不知創自何年；以寺內有白塔，故名。於乾隆六十年，直隸總督梁公肯堂奉旨重修白塔。工畢，立石塔下，題曰『奉旨重修觀音寶塔。』

梁碑之東，有明碑一，爲戶部郎中毛維騶作，其文如左：

塔下寺碑記

薊州西南隅有塔屹然矗然似峯似雲似標似螺末銳基肆皮旋腹實朝惹燕盤霞夕迸晻螆日蓋薊鎭也亦薊觀也祖創固與城俱嘉隆間葺之者再然基則比連衞廨爨以恤弁駐其所時築墉塗墁輙取給附土沿成潢汙下丈許兩集卒歲不涸相違纔數尺也淹漑浸沒日甚一日卽原

基盤據有年然氣洩於鹹茫長堤潰自蟻穴於是杞人漆室憂薊人不無關矣頃善友宗君林君輩喜爲捐貲不攣常格家兄渭濱與焉適行僧寬裕募輔其間而工以次第舉首羅土石實其虛所以本也次甃其缺次粉其郛次飾金翠冠其巔一時插霄拂雲絢星奪日遙目之則仙掌玉莖諸天恍落邇睨之則兩脇欲風神情怡蕩洵一時偉觀哉而諸君樂施之功不少也夫塔非於薊無繫也塔神物非塊物古建都啟土每封望爲鎮主塔爲薊望舊矣薊氓依附倚藉默仗蔭庇於是焉在且其形類毛錐歸一筆峯也薊文運蕭瑟殆三十餘禩幸文筆新提毫端健秀掃雲判江河走龍蛇行不讓長鎗銛戟收筆峯第一捷蓋在此會薊士尚勉圖破天荒題雁塔無負默相神工且以符施修之證果也則愚所望也抑又聞之語曰活人一命勝造九級浮屠此又廣於修塔建寺之外可并附以爲薊人說

大明萬曆二十二年起至二十八年八月吉日

寺之創立，雖云無考，要之不能早於獨樂寺，蓋其與獨樂寺在平面上之關係，如上文說，絕非偶然。以規模論，獨樂寺大而白塔寺小，故必先有獨樂而後白塔按其中線以樹立也。

在今塔建造之先，原址是否已有一塔，已無可考。而今塔之建造，必在遼代。毛碑所謂『祖創固與城俱』者，非也。沿唐以前塔，平面率多方形，其八角形者，除嵩山淨藏

第一圖　觀音寺白塔全影

第二圖　塔之南面

禪師塔（天寶五年立）外，尚未他見。而浄藏塔乃墓塔，非眞正之塔，故謂爲唐代尚無八角塔可也。浄藏塔蓋爲後世八角塔之前型（Prototype），五代遼宋以後。其形制始普遍中國。白塔之平面爲八角形，卽此一證，已可定其爲五代以後物也。

塔之立面，至爲奇異。全高三〇・六公尺。其最下爲花剛石基，基每面長四・五八公尺。基之上爲磚砌覆梟混（註一）（Cyma recta）及其他線條數層；其上則爲欄干。欄干之上爲蓮座：此全部爲塔之基壇。基壇之上，則爲塔之第一層。上冠以檐，第二層略似第一層而矮小。第三層則較第二層高，檐短淺，最上則喇嘛式之「圓肚」塔也。

基壇上之各部，與觀音閣所見極相似。其做法蓋以基壇當平坐做，故上繞以欄干。其斗栱則按平坐斗栱做法，華栱兩跳，計心造（註二）。每角有轉角鋪作，其間置斗栱兩朵。每朵之間，柱頭慢栱皆連栱交隱（註二）。斗栱各件權衡，較觀音閣者略肥碩，蓋以磚做木形，勢必然也。（第二一・二三圖）

平坐之上爲欄干，其形制與閣中者完全相同，每角有圓望柱，每面之地栿，束腰，蜀柱，唇盆，癭項皆如木制，惟巡杖方而不圓耳。各檔束腰，皆用直線幾何形花紋，其類數略同觀音閣上層內欄干束腰紋樣。而以一曲一豎聯成者爲最普通。各癭項間空檔，則雕種種動植物紋樣，如獅子，寶相華等等。

平坐斗栱普拍方(平板枋)之下，每角上有「硬朗漢」一，挺胸凸腹，雙手按膝，切齒睜目，以頭頂轉角鋪作，爲狀殊苦；以百尺浮屠，使八『人』蹲而頂之，蹲扎支持，以至千載，無乃不仁？每面其餘二朶斗栱之下，則承以肥短之櫼，櫼雕種種動植物紋。櫼之間，作唐代几案之『腿』形，如壁畫及唐代造象座上所常見者，其形式線路，頗爲剛勁，而其上所雕『舞女』，姿勢飄飄，刻工精秀，尤爲可愛。

第一層爲塔之主要層。其八角上皆輔以重層小八角塔。小塔座圓如球，球上爲蓮座。下層之檐，如穗下垂，上層亦有蓮座，在下檐之上。上檐作瓦形，上刹如小圓肚塔。此八個小塔，在日光之下，反光射影，不惟增加點綴，且足以助顯塔形，設計至爲適當。

此層之東西南北四正面，皆爲門形，惟南面爲眞門，可入塔內，其餘三面，則皆假門形耳。門爲圓栱，挾以凸起之門框，其頂圓部，則刻花紋。門在栱內，上檻高及圓栱中心。門扇皆起門釘。每門上有門簪二，其形方，與淸代之四個六角形者異，而與應縣佛宮寺木塔所見者同，蓋亦古制也。門栱上兩旁，挾以『飛天』，飛翔門上，頗有嬌趣。

其四斜面則浮起如碑形，每面大書偈語十字：

32958

第三圖 塔東北面

第四圖 塔前經幢

諸法因緣生　我說是因緣（東南）
因緣盡故滅　我作如是說（西南）
諸法從緣起　如來說其因（西北）
彼法因緣盡　是大沙門說（東北）

碑頭則刻小佛像一尊。

此層檐以一極大仰梟混做成，中夾以線條，足以減小其過笨大之現象。檐上覆瓦，角懸銅鐸。

此二層似第一層而矮小，無門窗及其他雕飾。其檐制亦無異。

第三層亦八角形，但較高於第二層，上無遠出之檐，亦無其他雕飾，蓋頂上窣圖坡之座也。

窣圖坡之最下層爲迎蓮座，座上爲「圓肚」，肚上浮出懸魚形之雕飾，共十六個。圓肚之上又爲八角者一層，頗矮小，檐以磚層層疊出，檐下亦有懸魚形雕飾，再上則砲彈形之頂，印度制也。

按塔於嘉（嘉靖）隆（隆慶）間葺之者再。蓋在晚明，塔之上部必已傾圮，惟存第一二層。而第三層祗餘下半，於是就第三層而增其高，使爲圓肚之座，以上則完全晚明以後所改建也。圓肚上之八角部分，或爲原物之未塌盡部分，而就原有而修砌者，以其大小及位置論，或爲原塔之第六層亦未可知也。房山雲居寺塔，亦以遼塔下層，而上冠以喇嘛塔者，其現象與此塔頗相似。

塔之內部，隨塔外形，南面爲門；北面小孔，方約一公寸，自孔北窺正見觀音閣。內壁皆有壁畫。蓋明畫而清代加以補塗者也。塔內佛像數尊，多已毀，佛頭及手足，散置遍地。像皆木刻，頗精美，皆明物也。

塔前正中，有經幢殘石立香爐座上(第四圖)。座八面，每面一字，曰『塔前供養金爐寶鼎』，惟無年月，然就手法觀之，必爲梁肯堂重修時所置無疑。座旁倚立殘幢之半，字跡模糊，不復可辯。其他半則在寺旁道中，現已作路石之一矣。座上及原幢之座或冠，皆刻佛像，精美絕綸。其頂上奏曲諸侍者，尤雕刻之佳品也。

塔前地下鐵鐘一口，高約一公尺，形似獨樂寺鐘，爲正統元年(一四三六)六月造。

寺其他部分，規模狹小，爲清代重建。玆不贅。

註一 ∽形曲線，清稱『梟混』，拉丁文曰："Cyma recta"。

註二 見觀音閣及山門斗栱條。

參考書

薊州志

遼史卷八十五耶律奴瓜傳

日下舊聞考卷一百十四

光緒順天府志

畿輔通志

畿輔通志金石略

遼痕卷二（黃任恒著）

盤山志同治十一年李氏刻本

營造法式

中國營造學社彙刊三卷一期法隆寺與漢六朝建築式樣之關係並補註（劉敦楨譯註）

又　我們所知道的唐代佛寺與宮殿（梁思成著）

日本古建築史第三冊（服部勝吉著）

支那建築（伊東忠太，關野貞，塚本靖共著）（卷上）

Les Grottes de Touen-Houeng, Paul Pelliot 著

日本古代建築物之保存

關野貞著
吳魯强譯

舊昔日本的建築物，泰半是木料構成的。木料易於腐敗，易於着火，但至今還有許多這類建築物存在。其中最古物，已有一千二百餘年的壽命・這幾乎是一件神異的事體。所有日本建築史上最重要的時期，都能在這些建築物裏找出代表來，間有掛漏・但都無關緊要。而各時期的建築物皆能反映該時代的生活與文物・所以這些建築物，都是日本民族的貴重紀念品，和傳家寶。惟是數百年來，風雨侵蝕的結果，已使這些建築物陷於傾斜腐敗，或其他不幸的情景。於是一八九七年，日本政府頒行古代神社及佛寺保護法令，以圖拯救此等物事於垂亡，而作民族的紀念。這個有益的計劃實行以來，頗有成效。一九二九年六月復頒行『國寶保護法令』前項計劃得應時擴充。玆括叙此種政府保護事業之進演如下。

(1)日本建築之特徵及古代建築物保存之狀況。

木料在舊昔日本建築物中，能佔無上的重要位置，其原因不僅一端。玆摘述如下。

(一)日本氣候濕潤・宜於植物之生長。故在悠遠的過去期中，所有丘岡地帶，都是厚被喬木的。人們既有檜，(卽中國扁柏)欅・堪，(卽中國花柏)栂，杉，樅，這類好的木材，沒有機會或犯不着去開石礦或製磚甃以應建築之需。日本建築所以純用木質，這就是根本的原因。

(二)日本的氣候多雨且潮濕，所以他的房子，必具超離地面的台基，和參伸庋厝的屋簷。木質建築，最能適合這種條件。

(三)日本冬天的寒冷，不像夏天炎熱那樣嚴酷。因爲潮濕的原故，暑氣格外逼人，所以一般的好尙，趨向比較開敞通風，炎夏住來比嚴冬合適的建築物。木料建築，最能達此目的。

(四)末了還有一個値得注意的原因，就是日本地震之常有。自古以來，日本人所經驗過的地震，很是不少。在鋼質與三合土建築物產生以前，木質建築物算是最能抵抗地震的了。一千叁百年來的日本建築物，所以還有這許多存留到今，不爲地震所毀，正因爲是木造的原故。卽此一因，狠足以解釋日本人，所以長遠滿意於獨我惟一的木質建築物。

有上數因，所以全部日本建築史，就是木料建造史。惟其如是。故日本的木料建築術和裝飾法，能進展到狠卓越的地位。此外還有一件値得注意的事，就是日本唯一建造材料的木料，能使日本的營造物達到簡素，純淨，秀麗，和精緻的優點，同時又使他們比較的缺乏宏偉，雄壯，和輝煌的原素。

我們或要驚訝爲何在如此不利於木料的氣候侵凌中，木質的古營造物，至少在日本境內，存在的還有這樣的多。我們若把中國和朝鮮來比，這驚訝更要增加，這兩國木質營造物的存在與產生，並不晚於日本。中國有如此廣大的幅員，乾燥的氣候，那境內若有衆多的『遺物』，自是意中事。但事實上中國全境內木質遺物的存在，缺乏得令人失望。實際說來，中國和朝鮮一千歲的木料建造物，一個亦沒有。而日本却有三十多所一千至一千三百年的建築物。或許把世界上任何有木料建造史的國家，和日本比較起來，都是同樣的懸殊。這其中理由，也許可從下述的事實中尋求出來。

(一)自古以來，日本民族卽以尊奉一個萬世一系的皇朝爲榮幸。所以在日本歷史上，沒有過毀壞的革命，和外來的侵略，這是古物常存的基本理由。

(二)本國普遍的『神道』，就在佛敎輸入以後，也還繼續的生存着。佛敎裏比較早點傳進來的各宗，如法相，華嚴，律，天台，眞言等，並沒有被後來傳入的禪宗或其他地方上產生的信仰代替。這些不同的信仰，同時存在，大致說來，也還相安。因此對於維持與保存神社和佛寺，狠有貢獻。

(三)上自皇室貴族下至平民，日本全國表徵一種特殊的虔敬，對於神社和佛寺時加注意。勤於修葺維護，顧及其中寶藏。

（四）在德川幕府統治之下，日本享了二百五十年的太平期間。比較重要點的封建諸侯，每人均在他自己的領土內，造一所輝煌的堡壘和宮殿。又在他們常到的江戶（卽今東京）地方蓋一所奢麗的大廈。這些諸侯是提倡藝術收藏美品的要人，他們一代接一代的充實他們的寶藏。日本古物和家室的保存，得益於此甚多，是不容懷疑的。

（五）日本民族對於藝術品具有特殊的嗜好和熱心。維護藝術品的傾向，不但由宗教及貴族的關心而增進，同時亦因一般人民，尤其是富人的苦心寶藏，有以使然。

所有一切留傳到今的古建築和其他古物，或是民族進展的標誌，或是往昔藝術品的代表，多少都有價值。而其中最古的，還是神社佛寺一類的物事。因此日本政府維護古物工作的初步，就是頒行那條保護神社佛寺及其寶物的法令。近來政府新頒的保護法令，更將保護工作擴充，包含一切國家的紀念品和寶藏，不管他是國有的公有的或私有的。

（2）神社佛寺保護法令。

一八九七年六月五日頒行的『古神社佛寺保護法令』摘要如下。任何古神社佛寺，如遇經濟能力缺乏，不足以維持或修理其所有房屋寶藏時，得向內務大臣（以後改作向教育大臣）請求資助修理。該大臣商詢於「古代神社佛寺保存委員會」後，就中擇尤而維護之。此種受津貼的修理，應在所屬縣縣長管轄及監督之下舉行之。所需欵項，總額在一十五萬元至二十萬元之間，由國庫支給。

經上述委員會之推薦，認爲某某神社佛寺及其寶藏，有特別史證或美術價值，應受國家資助保護時，得以登記，並公布之。

古代神社佛寺保存委員會係於一八九七年十月二十七日成立，係顧問性質，以備內部大臣之諮詢。

一八九七年十二月二十五日公布之保護法令執行細則內，規定受津貼修理之神社佛寺或其保藏，應負該項修理費之半數，但因特殊情形得酌量減削。

執行細則內又規定內務部（後來改由敎育部辦理）須造具表册，登記受維護之建築物，註明下列事項。

（一）名稱，（二）物主及地址，（三）沿革，（四）建造法與式樣，（五）度量。

根據保存法令而支出的津貼，一八九七年爲五萬元。自一八九八年至一九零四年間，每年爲十五萬元。因爲日俄戰事的關係，一九零五年的支出，驟然低降至一萬元。但自次年起，直到一九一八年的歲支，又恢復原來的數額。被津貼的數目，歷年增積，與物價隨日以漲的結果，至一九一八年間，原定之欵不敷應用。故自一九一九年起，歲支最高限度，增至二十萬元。此數沿用至一九二十三年，未曾增删。一九二三年的大地震，把關東的古物事殿壞了不少，急待修理，所以一九二四年的支出，突然高漲至三十四萬元的空前巨額。一九二五一九二六兩年間，回復原舊十五萬元的數額。一九二七至一九二八年間，因維護急需，支出又復增加至二十萬元。

上述欵項的開銷，修葺而外，尚包括教員大臣收歸博物館陳列之私有寶藏之償價。

純淨修葺實支數有如下表

1897	年	日金	44,944,505
1898	年	日金	149.999.890
1899	年	日金	112,318,882
1900	年	日金	133,491,000
1901	年	日金	126.194.993
1902	年	日金	137,781,315
1903	年	日金	132.807,123
1904	年	日金	144,935,456
1905	年	日金	——
1906	年	日金	131,647.528
1907	年	日金	126,025,235
1908	年	日金	134,345.364
1909	年	日金	124,893,620
1910	年	日金	123,956,050
1911	年	日金	116,603,895
1912	年	日金	120,918,890
1913	年	日金	122.410,270
1914	年	日金	123,633,690
1915	年	日金	123,542.010
1919	年	日金	123,091,202
1917	年	日金	121,427,320
1918	年	日金	124,579,960
1019	年	日金	168,363,860
1920	年	日金	163,184,010
1921	年	日金	163,834.720
1922	年	日金	164,575,150
1923	年	日金	166,923,090
1924	年	日金	287,781,760
1925	年	日金	122,994,200
1926	年	日金	126,682,900
1927	年	日金	161,816,820
1928	年	日金	165,038,850
總計		日金	4,297,995,513

(3)國家寶物保護法令。

在舊的保護法令之下，政府的工作，只限於神社佛寺及其所有物，因此別的古物，狠多有同樣的，或更加值得維護的，俱皆向隅。先就營造一類來說，舊堡壘，陵墓，孔廟，住宅，茶寮等。或因其代表一時期的文明，或因其反映一時代的生活情況，而值得賞鑑的不在少數。這類物事和神社佛寺一樣，狠有些因爲物主無力，日久失修，而趨於腐敗廢頹。况且近年來，除營造物而外的寶藏，常常的易主，有些甚至向國外跑了。爲應付這種情形起見，日本政府遂於一九二九年三月二十八日頒布「國家寶物保護法令」以代舊有的保護法令。

依照新頒法令，關係大臣諮詢於國家寶物保護委員會後，得認定及公布任何建築物或其他古物爲「國家寶物」。所據理由，或因其具有史證價值，或因其爲模範的藝術品。舊法令只維護神社佛寺，新律則推而及於其他古物，其物主或係公團，或係政府，或係私人。

新保護法令的特點，凡已受登記認爲「國家的寶物」除經主管大臣商諸委員會特與允許外，一概禁止輸往日本殖民地或外國。舊法令的維護範圍，只限於神社佛寺及其所有珍藏，新律的範圍更加擴大而及於其他國家的古物。凡物主能力有所不逮，不能應付全部修理費時，主管大臣得商諸委員會給以津貼。此項需費每年由國庫撥支。其總額爲日金一十五萬至二十萬元。但必需時得以增加。

依據一九二九年六月二十一日頒布的條例。『國家寶物保管局』直隸於主管的教育大臣。係顧問性質。辦理調查及討論關於『國家寶物』的選擇與保護。全員總數不得超過三十人。設主席一人。副主席一人。於必要時得指派特別委員會。局內設執行委員會。員額不得超過十人。辦理局中事務之一部。

新法令的施行細則，也和舊律一樣的規定。凡受津貼修理的古物，其修理費之半數或以上。須由物主自負。但遇有特別情形時。得以減削之。

新法令規定，凡受國家津貼而施行之修理工作，其監督及管理之責，應由教育大臣負之。但遇有特殊情形時，得改由主管縣長負之。

(4)根據新法令受保護或已被認爲國家紀念品的建築物。

自一八九七年保護法令頒行以來，神社佛寺之被認爲值得保護的爲數不少。其中有狠多已受國庫津貼而修理的。修理的先後，是依據廢頹程度而定。直到一九二九年已登錄的建築物。總共一千一百二十二所。除遭回祿的六所外，實數爲一千一百十六所。

這些已登記的建築物，不是神社就是佛寺。前者佔四百六十，後者六百五十六。大約說來，神社和佛寺爲六與四之比。在地理分配上，京都府最多，有三百所，奈良縣第二，有一百九十四所，滋賀縣第三，有一百二十一所，三處合計，共有六百一十六所，佔全國總數之大半。居第四位只有六十二所，第五位的三十九所，以下依次遞降，不用更說了。

京都和奈良，因係一千三百年來輪流建都的所在，爲全國文化與宗教的中心，所以不但建了這許多重要的神社和佛寺，並且享有特別的維持與保護。

(5)紀念建築物的時代觀。

根據新行保護法令，國家的紀念品選擇標準如下。

(一)藝術的拔萃，(二)史證的價值，(三)史跡的豐富。此外還有年代的悠遠一層，也常在意目中。

桃山時代的前後，是個顯明的分界。在那時代的前半部是「戰國時代」。那時候國家分裂，兵燹所及，許多建築物，神社佛寺當然在內，都成灰燼。那些幸免禍的，也都因棄而廢。在那後半部期或稱爲慶長時期，(即豐臣秀吉末年至德川幕府初年爲期約二十年)國內秩序逐漸恢復，政權統一，於是建新葺舊之事也逐漸增多。在德川幕府統治之下，日本繼續享有二百五十年的太平。所以江戶時代裏，不但造就了狠多新建築，同時也做了不少重修建的工作。

因爲變亂的原故，留傳到今日的建築物，在慶長時代以前的比較的少，在那以後的却佔極多數。所以選擇建築物作國家紀念品時，凡屬於前項的建築物，都認爲重要，易於鑒定。惟於後項建築物，則選擇較嚴，非具優越之藝術性者不能入選。有些建築物因其史跡關係而入選，而其時代乃竟近在德川時代之末葉。

最早的飛鳥時代建築物有十所。此後緊根着的奈良時代有二十所。因爲年代悠遠的原故，這數量之多，不能不算是驚人。平安時代只有六所。藤原時代却有二十八所。鎌倉時代的數目陡然特多，竟有二百零九所。接着就是桃山時代的三百四十三所，算是最多的了。

假設江戶時代的各期，都要找出建築物來代表，又假設新法令把神社佛寺以外的建築都在維護之列，那末總數更要增加了。但是現在已被保護的，已足以代表飛鳥及以後的所有重要的時期。我們可以從這些建築物裏，觀察日本建築嬗演的層次，并認識了各時代的特徵。其詳盡之處，至少在木料建築史上，世界任何地方都無與比倫。

自飛鳥時代至藤原時代的建築物，幾乎神社占大部分。自鎌倉時代以後，神社和佛寺的數目差不多相等。早期裏兩種建築的數目所以如是相差，可說因爲重修神社的原故。神社營造的結構和款式，向來就忠誠地保守原始的規律，因爲那構造的簡單和精緻，與神道崇尚純淨與新鮮，所以神社的改建比較容易。比較重要的神社，每隔二三十年或五十年改建一次，所以越是尊高的神社，他的營造法越守舊，而其年代也越近。

（6）紀念建築物之修葺。

在登記時候，那些可貴的建築，多半已陷於廢頹的情況中。自新保護法令實施行以來，修葺的工作，先從最亟需維護的着手。依次進行，直到如今，（一九二九年）在一千一百一十所建築裏，已有四百六十八所修理完竣。

新保護法令規定，凡受津貼而修葺的神社佛寺，須自担負費用一半以上。但遇有特別情形，得以酌量減削之。因此有些景况好一點的神社和佛寺，竟然担任了修葺費的七成八成乃至於十成。而有些因爲過於窘困，只担任了二成一成乃至於半成。

當維護工作開始後數年內，物價尚低，修葺費亦低，所以津貼的給與比較寬裕。一九〇四至一九〇五年日俄戰爭時，物價提高，歐戰以來，異加飛騰，然國庫撥給之津貼總額仍爲一十五萬元至二十萬元之數，結果使被津貼者負担修葺費之成數增加。玆將一八九八年至一九二九年劃分爲三個十年的時期。在頭十年裏，神社和佛寺方面不過担任修葺費的百分之七，第二個十年裏增加到百分之二十六，最後陡然長到百分之五十一。社寺的負担猝如此增加，其經濟能力有限，結果有許多社寺，因不能及時修理而陷於廢度的頹廢。爲應付這種困難起見，前任內閣在預算裏將津貼年額，指定爲法令所許最高限度的二十萬日金，而同時另加二十五萬元，這兩項都經國會通過了。現任內閣（一九二九）根據嚴密樽節的政策，把另加的二十五萬津貼費減作十萬，這是維護事業上狠可惜的一件事。

（7）修葺的原則。

古建築物的現狀各有不同，有些在形式上本來模樣不曾更改，有些或因時尚或因權宜而屢經增改。損壞的程度和性質，也各有不同，有些被風吹倒的，有些受上次地震的影響而局部或全部塌了，有些是大部分木材腐敗或虫蝕而須掉換的。所以不能規定詳盡的修理手續，以應各個的需要。但基本原則足備依據的有如下述。

（一）原來的構造與式樣應極端的保存。在任何情形之下，修葺的工作，不得超越損壞範圍。惟後列情形當作例外。

若因本來木材陳舊，失去堅靱性，得於建築物之地台底或房頂內部看不見的地方，添加木料或鐵料，以增支持的力量。最顯著的例子，就是奈良東大寺的大佛殿，他那房頂和柱樑，都添了鋼鐵的支撐。

若建築物與住宅店鋪等或與火車路綫過於接近，致易著火時，則原有之樹皮或木板房頂，得改用瓦片或銅片。如國分寺的木片屋頂就換上了銅片，福島縣地藏堂（俗稱藤原二階堂）的泥草房頂也換用瓦片。

(二)在可能的範圍內，建築物的地址以不更換爲尙，因爲地址對於建築的歷史關係重大。但有些建築物毗連於稠密的房屋，易罹火災，無可奈何，惟有遷移新址。例如下關永福寺觀音堂，與京都念佛寺的本堂就是。

(三)建築物的現狀，因爲增改的原故，也許與原狀不同。但若增改之處，無碍大體，則修葺時應仿照現在模樣。設使原來構造欵式，已確鑿證實，則照原來欵式重修。

(四)建築物內外着顏色的點綴，絕不更動。在中國和高麗修理房屋時，連着色的點綴都一齊刷新，所以把原來面目毀壞了。在日本却不然。一個神社或佛寺也許經過多次的修葺，但着色的點綴，差不多一點也不動。因此過去一千三百年的建築物，可以代表各時代的圖案得與建築物本身同時保存，並且保存比較清楚。在政府指導下舉行的修葺，依着這個原則，原有色彩除設法保護外，絕不驚動。用新木材代替舊木材時，把原有的點綴摹倣在新木材上，而把木材本身的色素也弄得使他合宜。

有狠少的次數，不曾應上述的規定。例如日光的神社，自從他建造以來三百年中，經過數十次修葺。而每次修葺，都是重漆重畫。因此類建築以點綴華麗輝煌爲要素，故其修理仍舊保存原有的色彩。

有時因年代長遠，着色的點綴已殘敝不堪，非詳細研究，不能得其眞相。如遇此種情形，則其着色點綴，得以局部的修復舊觀，俾免此可貴的標模，失傳於後世。例如修理唐招提寺金堂時，其天花板曾被卸下修復舊觀。

（五）修理前及修理後的情形，應繪平面圖，正面圖，側面圖，背面圖，豎剖面圖，橫剖面圖，細部詳圖。其照像底片和印板，在修理工作結束時，與上述各圖及報告書齊交敎育部保存。

有時利用卸下的木材，做成修理前及修理後的模型，以備案考。例如法起寺三層塔，藥師寺東塔，法界寺阿彌陀堂，都備有這種模型。但因經濟關係，這類例子狠少。

（8）保護下建築物之登記。

主管機關具備完全的登記表格。詳載受保護建築物的名稱，物主，地址，本原，歷史，構造欵式和尺度。這些案卷從前本有一套完備的。但在一九二三年的大地震，爲火所燬。後來着手補做，到了一九二九年已補註了二百六十三所，餘下佔大多數的八百四十三所還沒登記。但近來（一九二九年）辦理這事的人員增加了，希望兩年半以內，可以把工作做完。

(9)紀念建築物的比例尺度圖。

爲遺傳後世起見，曾用比例尺繪各國寶建築物的平面，正面，側面，背面，橫剖面，縱剖面，和詳圖等。在一九二三年以前蒐集的大部分，因大地震被火燬了。茲將圖案蒐集的變遷表列如下。

大地震以前蒐集的	關於三七二所的圖共二二九七幅
被燬的	關於二八五所的圖共一七〇四幅
餘剩的	關於八七所的圖五九三幅
塡補的	關於一一五所的圖八一七幅
增添的	關於八七所的圖六九六幅
現有總數	關於二八九所的圖二一〇六幅

據上表看來，登記建築物的總數共有一一一六所，其中有八二七所還沒有備其圖案。平均計算一個繪圖師工作兩個月，才能把一所建築物的全套圖案繪就。工作如此浩大，而在一九二八年以前只僱用四個繪圖師，自然供求不能相應。此後將人數增加一倍，進行自較迅速。

(10)紀念建築物之影片。

32979

凡請求將建築物認作國家紀念品時，其請求人須按章附帶呈繳該建築物之影片。此外教育部復任用專門攝影師，將已認爲國家紀念品之建築物，攝取完美之影照。此等底片及印片尺度劃一，永存部中。一九二三年以前部中所製影片，均幸無恙。但請求人繳呈之影片，俱遭地震之刼。現存標準影片共二千五百四十幅，係關於五百七十一所建築物的，佔總數一千一百一十六所之過半數。此外加上地震後請求人繳進關係二百四十五所的七百六十九幅，和修理工作報告關係九十四所的九百三十一幅，現存總數爲關於九百一十所的四千二百四十幅。

(11)壁畫及裝飾圖案之影印。

有價值的壁畫和裝飾圖案之影印，幾與前述建築圖有同等的重要。這種影印之製備，早在計劃中。但因經費關係，實施程度未能使人滿意。這種工作在修理建築物時，最宜於進行。有時主管部署，不能利用這種機會舉辦此事時，則請求東京帝國大學，或其他機關辦理。

(12)災變之防禦。

(甲)雷電之防禦。

許多神社佛寺因爲體積高大的原故，易遭雷電之險。浮屠高聳，更易罹禍。史乘中社寺浮屠焚於雷電之紀載甚多，因此之故，凡狠重要及異常高聳的紀念建築物，都盡量裝上避雷針。

(乙)火災之預防。

已登記的紀念建築物已被火毀了六所，而國家的建築珍品幾乎全是木造，木料是最易罹火災的，應該格外加意防範。為維護古物計，防火之法約有二端，(一)隔離，(二)水之運用。

(一)隔離　當局常主張將建築物的四週，圍以空地，外繞樹叢。但這辦法所費浩鉅，而國家又不曾撥給巨欵，以應此需。所以只有狠少的幾處照辦，其餘都沒有做。

(二)水之利用。　有時為防火而裝置水管及其他特殊設備，最佳的例要算法隆寺的防火工作。其水源裝在附近山上的一個蓄水池，用了四千四百餘呎長的鐵管把水引下來，布成網狀，散布寺內和鄰近的中宮寺的空地上。此舉共費二十九萬九千六百餘元，其中二四五，〇〇〇圓，由政府津貼。此舉的著效，出乎意表。此外還有日光的東照宮及大猷院等神社，每處設有三處小蓄水池，一部小機器，和幾個電動抽水機。比較普通一點的辦法，是利用公共自來水管，如東大寺的大佛殿，和善光寺的本堂。

有些建築物附近沒有公共自來水可利用，而又不能自具大規模的自來水設備，那就

32981

在附近設一個蓄水池和汽油抽水機。但有些物主過所困窘，連這個都不能舉辦。因此政府當局現在設法在來年（一九三〇）預算中編入一項，專爲裝置防火設備的津貼。

結論

自一八九七年以來，國辦的保護制度，已把大多數日本重要古代建築物登記了，在已登記的建築物中，有百分之四十受津貼的助帮，從廢頽中拯救出來。經費如此缺乏，尙且得到如此的成績，亦差足自慰。但因爲物價逐漸的高漲，而待修理之處又與時俱增，這項國辦有價值的事業，日感困難。況新頒法令將保護範圍擴充，原定欵額，益形拮据。因此之故，主管部署努力設法於來年預算中將欵額增加。

維護之道不盡乎修葺。當局有見及此，正籌謀充裕的欵項以便促進其他各種計劃。

右一九二九年萬國工業會議論文之一，日本關野博士著，內述東邦最近卅年間保存古建築之設施，辭簡意核，維護古物方針，大體略具。就中保存木建築一項，爲文中論述焦點，亦爲本文最重要之一部。蓋日本飛鳥奈良諸期建築，襲吾華隋唐餘緒，以木植爲營造主要構材，而施用範圍，較吾華更爲廣汎。故今日日本所云古物，殆全部爲木造建築，磚石者百不一靚。惟島國湫濕蒸鬱，腐蝕虫傷，在在堪虞。同時地震風災火刼，胥足危及建築物之生命。其維護之難，視歐西水泥磚石諸遺物，不啻倍蓰。顧自頒行保護法令已來，成績佳著，初不因環境惡劣與材質呰弱，影響其事業之進捗。由是可知嚴密組織與科學方法及不斷努力三者，足以排除阻難，竟底於成。至原文條舉綱目，未及細則，雖云簡略，然所論舉，俱犖犖大端。如(一)設立永久機關專司保護之責，(二)登記古物，調查內容，釐定修理順序，(三)定公私分擔經費辦法，以少數公帑發揮較大效能，(四)延聘專家，詳訂修理方針，以不失原狀爲第一要義，(五)應用科學設備，防止一切災害等，皆保存古物根本法則，與實際工作必要之圖，足資吾人借鏡者不一而足。廻顧我國歷代遺物，如宮闕陵寢寺塔石闕石窟，關係數千年文獻藝術至深且巨。顧除少數例外，大都任其支撑風雨中，未加人力維護。就中遼金木構寺刹，歷時將及千載，腐朽頻增，行見傾圮。國人急起直追，保存先哲藝術，此正其時。語云他山之石，可以攻玉，茲篇雖簡，實應此需。同人因央北大吳魯强教授，迻譯此文，供海內熱心古物者之參攷焉。譯者溽暑執筆，賢勞可感。用識數語，謹表謝忱，並誌不忘。

此文甫繕就付印，適接社友無氷先生惠寄大井清一博士『法隆寺防火設備』及赤土正强氏『法隆寺防火設備水道工事竣功報告書』各一册。因撮譯概略，綴附篇末，以資參證。

法隆寺在日本故都奈良西南七哩，推古天皇十五年（607 AD.）聖德太子所建七伽藍之一。現存西院之金堂五重塔中門迴廊，歷時千三百餘載，爲東邦最古之木造建築。其防火設備，初經關野黑板二氏於明治四十五年繕具草案，因欵絀停頓。大正二年衆議院通過津貼該寺防火設備費議案，亦因國庫支付困難，再四變更計劃，稽延數載。至十一年夏，始由文部省古社寺保存會組織特別委員會，囑託大井武田二氏另立防火新案。除該寺西院外，並包東院中宮寺及南部寺務所於內。十三年春設法隆寺防火設備水道工事事務處，着手測量，並調查附近地質雨量。翌年春設鐵管試驗場，冬十一月正式始工，至昭和二年冬竣畢，凡三閱寒暑，共費日金廿九萬九千餘元。內該寺攤認二萬元，聖德太子奉贊會捐助五萬元，餘均仰給政府補助。其防火設備內容如次。

（甲）水壓　該寺僻處鄉隅，無自來水設備，須自關水池供防火之用。惟計劃之初，首應決定水壓高低，而水壓復與建築物高度及最大風速具連帶關係。蓋皮帶射出之水，雖遇巨風，亦須直達建築物最高部分，始足定成防火目的。查該寺最高建築爲西院之五層塔，自地面至塔之相輪頂點約高一百十二尺，至相輪下部露盤，高七十九尺。防火目的以射水能達露盤爲度，庶防火與經濟雙方均能兼顧。惟皮帶

第一圖　法隆寺五重塔消防試驗

過巨則重笨不便施用，因採用內徑二吋半之皮帶。其端裝內徑四分之三吋之射水器，定每平方吋水壓爲一百磅，每分鐘射出水量爲一百六十四加侖。據實驗結果，射水高度，無風時至一百三十四尺，遇相當風力可達八十三尺，俱較露盤與相輪頂點稍高。（第一圖）

東院之夢殿舍利殿繪殿傳法堂及中宮寺等，建造時代視西院稍後，其高度亦皆在五十尺內，故給水順序，首由水池導至西院各建築，次由西院水管延至東院。俾水流與鐵管摩擦結果，水力自然低微，射水高度恰合需要條件，不致浪耗水壓影響預算。

（乙）防火栓　防火栓卽水管與皮帶接連之龍頭。每栓置皮帶一具。其分布狀態，視建築物防火需要而定。大都重要殿塔周圍，最少各有防火栓四具，可資利用。栓之距離，自六十呎至百二十呎不等。（第二圖）惟栓露出地面，有碍觀瞻，非萬不獲已，皆採用地下式。計西院共有水柱六十處，露出地上者十處，東院水栓三十處，露出者八處，餘皆埋於地下。此外於各交通要點，置防火器具貯儲所六處，存放皮帶等物。

（丙）蓄水池　蓄水池之容量，以防火栓射出之總水量與射水時間而定。據大井氏計劃，假定東西二院同時罹火，每院各須開放防火栓十處，其每分鐘總射水量爲三千二百八十加倫，即每秒鐘爲七二立方呎。依據此數，擇定法隆寺西北山中之鎌峠爲水源地。其水面最低高度，視法隆寺地面均高二百四十餘尺，而流域面積，水量，雨雪量，及流域內每月水量之增加狀態，經長時間測驗，認爲滿意。遂利用地形，於峠南側築隄蓄水。池狹長略似葫蘆形，南北長五百三十呎，東西最闊處寬三百呎，貯水總量爲五六十萬立方呎。就中有效水量以四十萬立方呎計算，可供前述防火栓十六小時之用。

(丁)水管　蓄水池內建鋼筋三合土水塔一座，輸水於內徑十八吋之鐵管，沿山麓迤邐至法隆寺西院，約長四千一百呎。自此減爲十二吋，十吋，八吋，六吋，四吋，等管，分布寺內各處，與防火栓銜接。各管總長一萬一千餘呎，重九百五十餘英噸，約佔總預算二分之一。各管敷設之先，皆預施水壓試驗。其規定係十八吋管每平方吋所耐壓力爲三百磅，十二吋以下者三百廿磅，俟試驗毫無缺點，始行敷設。管之接口以鉛鎔接，由事務處選擇優良職工，直接監督施工。

法隆寺防火設備及其籌備經過，略如上述。近聞殿塔內部更有增設自働防火栓之議，將來設備，當能更臻完善。至日本保存古物之初，政府規定經費，僅勉敷調查修

第二圖

法隆寺境内防火栓配置圖

縮尺二千分之一

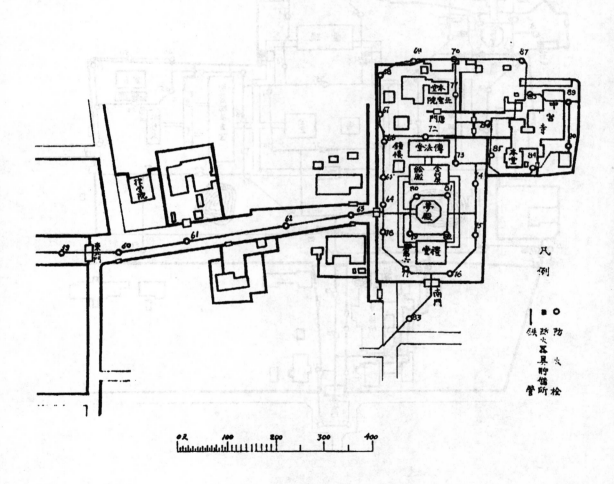

32989

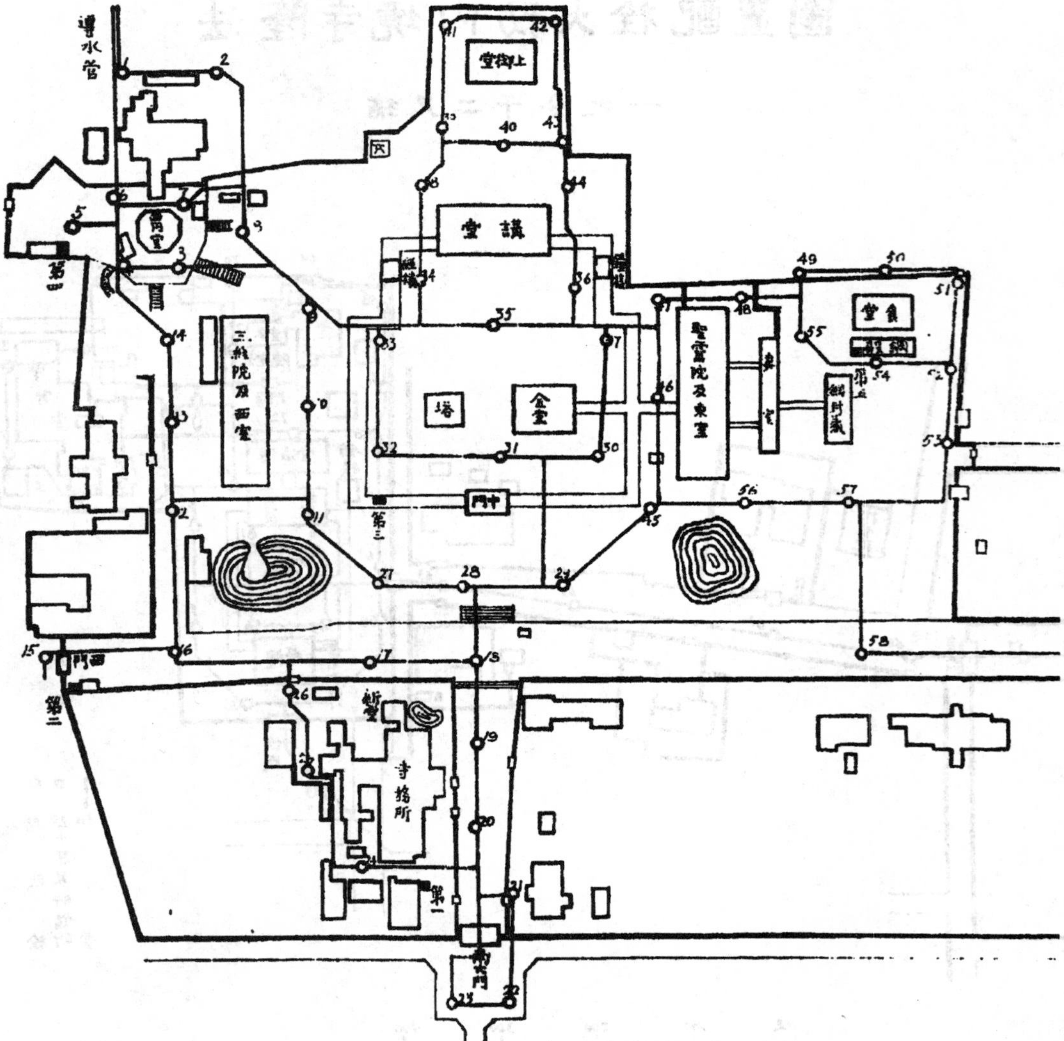

32990

葺之用。若數設水管等項，皆仰給臨時特別費，其範圍僅限於極重要之建築。故政府每令業主分担少數經費，雖爲數極微，亦必强致。蓋欲同時激發人民保護古物之責任心，不致事事仰助於政府。自是以來，貲力充裕者每自籌保護之策，而政府僅居監督指導地位。其法似足採擇，因附記於此。壬申孟夏，劉敦楨識。

哲匠錄目錄 續

第一 營造

唐　閻讓　竇璡　姜確 筒子　薛懷義　毛婆羅　茹汝升　吳興　康謇素　邊思順
李阿黑　楊潛　重元寺遊僧

後周　周景

宋　李懷義　陳承昭　樊知古　喻皓　郭忠恕　張君平　符惟忠　懷丙　楊佐
韓琦　宋用臣　曾孝廣　莊柔正　李誠　宋昇　王瞍　李嵩　秦九韶

遼　蕭菩薩哥

金　張浩　蘇保衡　孔彥舟　燕用　張中彥

元　石抹按只　也黑迭兒　高源　王振鵬　圖帖穆爾　妥歡帖睦爾

哲匠錄 續

紫江朱啓鈐桂辛輯本
新會梁啟雄述任校補

第一 營造

唐

閻讓

閻讓，字立德，以字行。父毗，以工藝知名。立德少傳家業。唐武德中，累官尚衣奉御。所造袞冕大裘等六服，幷腰輿傘扇，咸依典式。貞觀初，歷遷將作少匠。以營高祖獻陵功，擢爲將作大匠。貞觀十年，又爲文德皇后營昭陵。十八年造浮海大航五百艘，遂從征高麗，及師旅至遼澤，人馬不通，立德塡道造橋，兵無留礙。尋受詔造翠微宮及玉華宮；咸稱旨。俄遷工部尚書。二十三年，攝司空營護太宗山陵，事畢，進封爲公。永徽五年，高宗幸萬年宮，留守京師，領徒四萬治京城。顯慶元年卒，贈吏部尚書幷州都督。陪葬昭陵，謚曰康。

唐書本傳閻讓字立德以字行京兆萬年人父毗爲隋殿內少監本以工藝進故立德與弟立本皆機巧有思武德初爲秦

王府士曹參軍從平東都遷尙衣奉御制袞冕六服腰輿傘扇咸有典法貞觀初歷將作少匠大安縣男護治獻陵拜大匠文德皇后崩攝司空營昭陵落弛職免起爲博州刺史太宗幸洛陽詔立德按爽塏建離宮清暑乃度地汝州西山控汝水睨廣成澤號襄城宮役凡百餘萬宮成煩燠不可居帝廢之以賜百姓坐免官未幾復爲大匠即洪州造浮海大航五百艘遂從征遼攝殿中監規築土山破安市城師還至遼澤亘二百里淖不可通立德築道爲橋梁無留行帝悅賜予良厚又營翠微玉華二宮擢工部尙書帝崩復攝司空典陵事以勞進爵大安縣公永徽五年高宗幸萬年宮留守京師領徒四萬治京城卒贈吏部尙書幷州都督陪葬昭陵謚曰康

竇璡

竇璡，字之推；唐太宗時將作大匠。修葺洛陽宮；鑿池起山，崇飾雕麗。

唐書竇威傳威從兄子璡字之推性沉厚貞觀初遷將作大匠詔修洛陽宮鑿池起山務極侈泮費不勝算太宗怒詔毀之

姜確 子簡

姜確，字行本；唐貞觀中爲將作少匠。護作九成洛陽二宮，及諸苑籞（禁苑之遮衛）。又嘗造攻械，增損舊法，而益精利。子簡，亦有巧思，凡朝之營繕，所司必諮而後行。

唐書姜謩傳謩子確字行本以字顯貞觀中爲將作少匠護作九成洛陽宮及諸苑籞以幹力稱多所賚賞游幸無不從遷宣威將軍太宗選趫才衣五色袍乘六閑馬直屯營宿衛衱內號曰飛騎每出幸即以從拜行本左屯衛將軍分典之高昌之役爲行軍副總管出伊州距柳谷百里依山造攻械增損舊法械益精其處有漢班超紀功碑行本磨去古刻更刊頌陳國威靈遂與侯君集進平高昌戰有功璽書慰勞還有金城郡公賜奴婢七十人帛百五十段帝將征高麗行本諫未宜輕

用師不從至蓋牟城中流矢卒帝賦詩悼之贈左衛大將軍郕國公諡曰襄陪葬昭陵子簡嗣行本性恪敏所居官雖祈寒烈暑無懈容加有巧思凡朝之營繕所司必諮而後行

薛懷義

薛懷義，唐武后時人。垂拱四年，武后毀乾元殿，就其地作明堂，以懷義爲使，凡役數萬人。明堂成，高二百九十四尺，方三百尺，凡三層。下層法四時，各隨方色；中層法十二辰，上爲圓蓋，九龍捧之；上層法二十四氣，亦爲圓蓋。上施鐵鳳，高一丈，飾以黃金。中有巨木十圍，上下通貫，栭櫨橕欂，藉以爲本：下施鐵渠，爲辟雍之象。號曰「萬象神宮」。又作夾紵大像，其小指中猶容數十人。於明堂北起天堂五級以貯之。至三級則俯視明堂矣。懷義以功拜左威衛大將軍。

資治通鑑唐紀垂拱四年二月庚午毀乾元殿於其地作明堂以僧懷義爲使凡役數萬人十二月辛亥明堂成高二百九十四尺方三百尺凡三層下層法四時各隨方色中層法十二辰上爲圓蓋九龍捧之上施鐵鳳高一丈飾以黃金中有巨木十圍上下通貫栭櫨橕欂藉以爲本下施鐵渠爲辟雍之象號曰萬象神宮宴賜羣臣赦天下縱民入觀改河南爲合宮縣又於明堂北起天堂五級以貯大像至三級則俯視明堂矣僧懷義以功拜左威衛大將軍梁國公侍御史王求禮上書曰古之明堂茅茨不翦采椽不斲今者飾以珠玉塗以丹青鐵鷟入雲金龍隱霧昔殷辛瓊臺夏癸瑤室無以加也太后不報

毛婆羅

毛婆羅，唐武后時工人。周武氏十一年，武三思請建天樞，刻武氏功德，立於端門外；使毛婆羅造模。——天樞爲銅鐵鑄成，其制若柱，高一百五尺，徑十二尺，八面各徑五尺；下爲鐵山，周百七十尺，以銅爲蟠龍麒麟縈繞之，上爲騰雲承露盤，徑三丈，四龍人立捧火珠，高一丈。

資治通鑑唐紀延載元年秋八月武三思帥四夷酋長請鑄銅鐵爲天樞立於端門之外（端門洛陽皇城正南門　銘紀功德黜唐頌周以姚璹爲督作使諸胡聚錢百萬億買銅鐵不能足賦民間農器以足之天册萬歲元年夏四月天樞成高一百五尺徑十二尺八面各徑五尺下爲鐵山周百七十尺以銅爲蟠龍麒麟縈繞之上爲騰雲承露盤徑三丈四龍人立捧火珠高一丈工人毛婆羅造模武三思爲文刻百官及四夷酋長名太后自書其榜曰大周萬國頌德天樞

茹汝昇

茹汝昇，唐代州（今山西代縣）人，長安（唐年號）間爲僕射，時郡之峩峪水泛溢。汝昇理泉脈，穿渠引水，教民灌漑，里人獲安業，於峩峪口建祠祀之。

代州志人物志鄉賢傳茹汝昇長安間爲僕射本郡峩峪水泛溢汝昇理泉脈俾水就道仍穿渠引水教民灌漑里人至今賴之峩峪口胥建祠春秋祀享

吳興

吳興，唐莆田（今福建莆田縣）人。神龍中以家貲築延壽陂。漑田萬餘頃。復塍海爲田，築長堤以障海水。開溝大小六十餘條以導其流，爲泄六十餘所以殺其勢，時有蛟爲孽，隄數潰，興擕刃入水斬蛟，卒與蛟俱死。鄉人建祠祀之。

興化府莆田縣志人物志鄉行傳唐吳興屯田員外祭從弟時號長官神龍中以家貲築延壽陂溉田萬餘頃復壓海爲田築長隄障海水開溝大小六十餘條以導其流爲泄六十餘所以殺其勢時有蛟爲孽隄數潰興毅然欲除其害遂擕刃入水斬蛟卒與蛟俱死鄉人建祠祀之宋紹興十九年郡守陸渙奏封義勇侯至今莆田稱水利北洋曰吳長官南洋白李長者云

康䛒素

康䛒素，唐開元中將作大匠。奉敕毀則天明堂；䛒素奏請毀拆上層；卑於舊制九十五尺，又去柱心木，平座上置八角樓，樓上有八龍騰身捧火珠，珠又小於舊制，周圍五尺，覆以貞瓦，依舊爲乾元殿。

唐會要明堂制度開元二十六年十月二日詔將作大匠康䛒素往東都毀明堂䛒素以毀拆勞人遂奏請且拆去上層卑于舊制九十五尺又去柱心木平座上置八角樓樓上有八龍騰身捧火珠珠又小于舊制周圍五尺覆以貞瓦取其永遠依舊爲乾元殿

邊思順

邊思順，唐天寶間匠人，修建大相國寺排雲寶閣。

圖畫見聞誌故事拾遺大相國寺碑稱寺有十絕其六明皇天寶四載乙酉歲令匠人邊思順修建排雲寶閣爲一絕

李阿黑

李阿黑，唐大曆中治瓦工。布瓦如齒，間不通綖，亦無瓦松。

酉陽雜俎廣動植之四草篇大曆中修含元殿有一人投狀請瓦且言瓦工唯我所能祖父已嘗瓦此殿矣衆工不服因曰若有能瓦畢不生瓦松衆方服焉又有李阿黑者亦能治屋布瓦如齒間不通綖亦無瓦松

楊潛

楊潛，唐都料匠；善度材，視高深圓方長短大小之宜，操尋・引・規・矩・繩・墨・而定其制，指揮羣工各執其技而役焉。皆視其顏色，俟其言，乃施斧・斤・刀・鋸，莫敢自斷者。其不勝任者，怒而退之；亦莫敢慍。畫宮於堵，盈尺而曲盡其制，計其毫釐而構大廈，無進退焉。

柳宗元梓人傳裴封叔之第在光德里有梓人款其門願傭隙宇而處焉所職尋引規矩繩墨家不居礱斲之器問其能曰吾善度材視棟宇之制高深圓方長短之宜吾指使而羣工役焉捨我衆莫能就一宇故食於官府吾受祿三倍作於私家吾收其直大半焉他日入其室其牀闕足而不能理曰將求他工予甚笑之謂其無能而貪祿嗜貨者其後京兆尹將飾官署予往過焉委羣材會衆工或執斧斤或執刀鋸皆圜立嚮之梓人左持引右執杖而中處焉量棟宇之任視木之能舉揮其杖曰斧彼執斧者奔而右顧而指曰鋸彼執鋸者趨而左俄而斤者斲刀者削皆視其色俟其言莫敢自斷者其不勝任者怒而退之亦莫敢慍焉畫宮於堵盈尺而曲盡其制計其毫釐而構大廈無進退焉既成書於上棟曰某年某月某日某建則其姓字也凡執用之工不在列予圜視大駭然後知其術之工大矣（中略）梓人蓋古之審曲面勢者今謂之都料匠云余所遇者楊氏潛其名

重元寺遊僧

重元寺遊僧，佚其姓名；唐開元長慶間人。蘇州重元寺閣，一角忽墊，計其扶薦之功，當用錢數千貫。遊僧曰：「不足勞人，請一夫斫木爲楔可正也。」寺主從之，僧每食畢，輒持楔數十，執柯登閣敲椓；未逾月而閣柱悉正。

唐國史補僧薦重元寺閣蘇州重元寺閣一角忽墊其扶薦之功當用錢數千貫有遊僧曰不足勞人請一夫斫木爲楔可以正也寺主從之僧每食畢輒持楔數十執柯登閣敲椓其間未逾月閣柱悉正

吳郡圖經續記雜錄唐時重元寺閣一角忽墊計數千緡方可扶薦一匠云不足勞人請得一夫斫楔可正也主寺者從之匠食訖輒持楔數片登高敲斵未逾月閣柱悉正

後周

周景

周景，後周世宗顯德中人。曾濬汴口，又自鄭州（今河南鄭縣）。導郭西濠達中牟（今河南中牟縣）。景心知汴口既濬，舟檝無壅，將有淮浙巨商貿易於此，萬貨臨汴（今河南開封），無委泊之地。諷世宗乞令許京城民環汴栽榆柳，起臺榭，以爲都會之壯。世宗許之。景率先應詔，踞汴流中要，起巨樓十二間。至宋元豐間尚存。

玉壺清話周世宗顯德中遣周景大濬汴口又自鄭州導郭西濠達中牟景心知汴口既濬舟檝無壅將有淮浙巨商貿糧斛賈萬貨臨汴無委泊之地諷世宗乞令許京城民環汴栽榆柳起臺榭以爲都會之壯世宗許之景率先應詔踞汴流中

33000

要起巨樓十二間方運斤世宗輦輅過因問之知景所造頗喜賜酒犒其工不悟其規利也景後邀鉅貨於樓山積波委歲入數萬計今樓尚存

宋

李懷義

李懷義，宋太祖時鐵騎都尉。建隆初，太祖以大內制度草創，乃詔圖洛陽宮殿，令懷義按圖營建，凡諸門與殿須相望，無得輙差；故垂拱、福寧、柔儀、淸居、四殿正重，而左右掖與升龍、銀臺等諸門皆然，惟大慶殿與端門少差。又展皇城東北隅。

石林燕語太祖建隆初以大內制度艸創乃詔圖洛陽宮殿展皇城東北隅以鐵騎都尉李懷義與中貴人董役按圖營建初命懷義等凡諸門與殿須相望無得輙差故垂拱福寧柔儀淸居四殿正重而左右掖與昇龍銀臺等諸門皆然惟大慶殿與端門少差爾宮成太祖坐福寧寢殿令闢門前後召近臣入觀諭曰我心端直正如此有少偏曲處汝曹必見之矣羣臣皆再拜後雖嘗經火屢修率不敢易其故處矣

陳承昭

陳承昭，宋太祖時江表人。太祖以承昭諳水利，令督治惠民（即東蔡河在河南開封城外。）五丈（亦名廣濟河在河南開封城北安遠門外因其寬五丈故名。）二河，以通漕運。建隆二年河成，賜錢三十萬。——初，承昭之始受命也，先以絙都量河勢長短，計其廣深；次量鍤之闊狹，以鍤累尺，以尺累丈，定一夫自早達暮，合運若干鍤，計鑿若干土；總其都數，合用若干夫；以目奏上；太祖歎曰：「不如

33001

所料者，當斬於河。」至訖役，止餘九夫。上嘉之。──四年春，大發近甸丁壯數萬，修畿內河隄，復命承昭董其役。又令督諸軍子弟數千，鑿池於朱明門外，以習水戰。乾德五年累拜右龍武軍統軍。開寶二年卒，年七十四。

宋史本傳陳承昭江表人宋初入朝太祖以承昭習知水利督治惠民五丈二河以通漕運都人利之建隆二年河成賜錢三十萬四年春大發近甸丁壯數萬修畿內河堤命承昭董其役又令督諸軍子弟數千鑿池於朱明門外以習水戰從征太原承昭獻計請壅汾水灌城城危甚會班師功不克就乾德五年遷右龍武軍統軍開寶二年卒年七十四

玉壺清話太祖欲開惠民五丈二河以便運戴吏督治有陳丞昭者江南人諳水利使董其役丞昭先以緪都量河勢長短計其廣深次量鍤之闊狹以鍤累尺以尺累丈定一夫自早達暮合運若干鍤計鑿若干土總其都數合用若干夫以目奏上太祖歎曰不如所料當斬於河至訖役止衍九夫上嘉之又令督諸軍子弟濬池於朱明門外以習水戰

樊知古

樊知古，字仲師；宋池州（清屬安徽為池州府今廢。）人。嘗乘小舟載絲繩維江南岸，疾棹抵北岸，以度江之廣狹。開寶三年，詣闕上書，言江南可取狀，以求進用；太祖令送學士院賜試本科及第，遺湖南督匠造黃黑龍船，為梁以濟師。──以大艦載巨竹絙，自荊南而下，舟既集，就采石機試之，密若胼脅，不差尺寸；人馬往還，如履坦途。

宋史本傳樊知古字仲師其先京兆長安人曾祖俌濮州司戶參軍祖知諭事吳為金壇令父潛事李景任漢陽石埭二縣令因家池州知古嘗舉進士不第遂謀北歸漁釣采石江上數月乘小舟載絲繩維南岸疾棹抵北岸以度江之廣狹開

寶三年詣闕上書言江南可取狀以求進用太祖令送學士院賜試本科及第會王師征江表知古爲鄉導下池州
玉壺淸話知古江南人無鄉曲之愛舉於鄉不獲第因謀北歸獻伐於朝以釣舟漁於采石江凡數年橫長絚量江水之廣
深絚或中沉陰有物波低助起必知其國之亡遂仗策謁太祖奏曰可造舟爲梁以濟王師如履坦途送學士院本科及第
遣湖南督匠造黃黑龍船於荆南破竹爲索數千艦由荆南而下舟既集就采石磯試焉密若胼脅不差尺寸知古舊名若
冰太祖以其聲近弱兵之厭故改之
秫唆集卷宋開寶八年宋遣曹彬曹翰潛美伐江南用樊若水（案若水即知古）策作浮梁渡采石下金陵後主歸命

喻皓 （喻或作「預」，皓或作「浩」）。

喻皓，宋初杭州都料匠。不食葷茹，性絕巧。端拱二年，開寶寺建寶塔於汴京，（宋京城，即今河南開封）。喻皓爲匠。皓先作塔式以獻，每建一級，外設帷帟，但聞椎鑿之聲。凡一月而一級成，其梁柱齟齬未安者，皓周旋視之，持搥撞擊數十，卽皆牢整。自云此可七百年無傾動。凡八年而工竣。惟塔身不正，勢傾西北。人怪而問之，皓曰：「京師地平無山，而西北風吹之，不百年當正也。」其用心之精密蓋如此。杭州梵天寺建一木塔而動，匠師無可奈何，皓乃諶之以逐層布板訖便實釘之，匠師從其言，果不復動。唐人所造之相國寺，皓謂：「他皆可能爲，惟不解卷簷爾！」每至其下，仰而觀焉，立極則坐，坐極則臥；求其理而不得。其篤志好學又如此。有木經三卷，（即宋史藝文志，宋史藝文志補，及宋人所箸簿錄書現存者如：崇文總目，通志藝文志，郡齋讀書志，遂初堂書目，直齋書錄解題，玉海藝文，通考經籍考，亦均已不著錄，宋末是否已佚，仍一疑問也。）四庫已不著錄，已佚。說郛有木經「取正」

「定平」，「舉拆」，「定功」，四篇，附沈括跋，題曰『宋李誡撰』。惟擘勘其文，則與法式「看詳」全同，但删削原文數條，及顛倒其排次耳！豈李誡著法式時，剌宋喻皓之木經數節，而爲看詳一卷，爾後傳鈔木經者，遂緣是而譌其撰者主名耶？抑緣李誡本有新集木書一卷（見宋史藝文志。），而說郛所收錄之四條又確出自誡手，陶宗儀未加細察，遂因之而致名實互紐，且譌其書名耶？二說確否；未敢武斷也。

歸田錄開寶寺塔在京師諸塔中最高而制度甚精都料匠預浩所造也塔初成望之不正而勢傾西北人怪而問之浩曰京師地平無山而多西北風吹之不百年當正也其用心之精蓋如此國朝以來木工一人而已至今木工皆以預都料爲法有木經三卷行於世世傳浩惟一女年十餘歲每臥則交手於胸爲結構狀如此踰年撰成木經三卷今行於世者是也

夢溪筆談錢氏據兩浙時于杭州梵天寺建一木塔方兩三級錢帥登之患其塔動匠師云未布瓦上輕故如此乃以瓦布之而動如初無可奈何密使其妻見喻皓之妻貽以金釵問塔動之因皓笑曰此易耳但逐層布板訖便實釘之則不動矣匠師如其言塔遂定蓋釘板上下彌束六幕相聯如胠篋人履其板六幕相持自不能動人皆伏其精練　又營舍之法謂之木經或云喻皓所撰凡屋有三分(去聲)自梁以上爲上分地以上爲中分階爲下分凡梁長幾何則配極幾何以爲榱等如梁長八尺配極三尺五寸則廳法堂也此謂之上分楹若干尺則配堂基若干尺以爲榱等若楹一丈一尺則階基四尺五寸之類以至承栱榱桷皆有定法謂之中分階級有峻平慢三等宮中則以御輦爲法凡自下而登前竿垂盡臂後竿展盡臂爲峻道(荷輦十二人前二人曰前竿次二人曰前條又次曰前脇後二人曰後脇又後曰後條末後曰後竿輦前隊長一人曰傳唱後一人曰報賽)前竿平肘後竿平肩爲慢道前竿垂手後竿平肩爲平道此之爲下分其書三卷近歲土木之工益爲嚴善舊木經多不用未有人重爲之亦良工之一業也

後山叢談東都相國寺樓門唐人所造國初木工喩浩曰他皆可能惟不解卷簷爾每至其下仰而觀焉立極則坐坐極則臥求其理而不得門內兩井亭近代木工亦不解也寺有十絕此爲二耳

皇朝類苑引楊文公談苑錢鏐曰釋迦眞身舍利塔見於明州鄮縣即阿育王所造八萬四千而此震旦得十九之一也鏐造南塔以奉安俶在國天火屢作延燒此塔一僧奮身穿烈焰登第三級持之而下衣裳皮體多被燒灼太平興國初俶獻其地太宗命取塔禁中度開寶寺西北闕地造浮圖十一級下作天宮以葬舍利葬日上肩舁微行自安置之有白光由塔一角而出上雨涕其外都人萬衆皆灑泣燃指焚香於臂掌者無數內侍數十人願出家掃洒塔下悉度爲僧上謂近臣曰我纍世嘗親佛坐但未通宿命不能了了見之耳初造塔得浙東匠人喩浩浩不食葷茹性絕巧先作塔式以獻每建一級外設帷帟但聞椎鑿之聲凡一月而一級成其有梁柱齵齬未安者浩周旋視之持槌撞擊數十即皆牢整自云此可七百年無傾動人或問其北面稍高浩曰京城多北風而此數十步乃五丈河濕氣津浹經一百年則北隅微墊而塔正矣塔成而浩求度爲僧數月死世頗疑其異

佛祖統記端拱二年開寶寺建寶塔成八隅十一層三十六丈上安千佛萬菩薩塔下作天宮奉安阿育王佛舍利塔皆杭州塔工喩浩所造凡八年而畢賜名福勝塔院安舍利日上肩輿微行自手奉藏有白光起小塔一角大塔放光洞照天地士庶焚香獻供者盈路內侍數十人求出家掃塔上謂近臣曰我宿世曾親佛座但未通宿命耳詔直學士院朱昂撰塔銘謂曰儒人多薄佛向中竺僧法遇乞爲本國佛金剛座立碑學士蘇易簡爲之指佛爲夷人朕惡其不遜遂別命製之卿宜體此意敕內侍謝保意領將作匠賜黃金三百兩往峨眉飾普賢像再修寺宇并賜御製文集令直院徐鉉撰記

郭忠恕

郭忠恕，字恕先；宋河南洛陽人。工篆籀，尤善畫，所繪屋室殿圖重複之狀，頗極精妙。——然其畫高古，未易為世俗所知。太宗時官國子監主簿。開寶寺建寶塔，浙匠喻皓料一十三層，郭以所造小樣末底一級折而計之，至上層餘一尺五寸，殺收不得。謂皓曰：「宜審之！」皓因數夕不寐，以尺較之，果如其言。黎明叩其門，長跪以謝。性放曠，任達不拘，遇佳山水卽淹留不去，或絕粒不食；盛暑暴日中無汗，大寒鑿冰而浴。又嗜酒，多游王侯公卿家，或待以美醞，預張紈素倚於壁，乘興卽畫之；苟意不欲而固請之，必怒而去。得者藏之以為寶。卒，體輕若蟬蛻焉。有汗簡；佩觿；今並行於世。

宋史文苑傳郭忠恕字恕先河南洛陽人七歲能誦書屬文舉童子及第尤工篆籀弱冠漢湘陰公召之忠恕拂衣遽辭去周廣順中召為宗正丞兼國子書學博士改周易博士建隆初被酒與監察御史符昭文競於朝堂御史彈奏忠恕叱臺吏奪其奏毀之坐貶為乾州司戶參軍乘醉毆從事范滌擅離貶所削籍配隸靈武其後流落不復求仕進多游岐雍京洛間縱酒跅弛逢人無貴賤輒呼苗有佳山水即淹留浹旬不能去或踰月不食盛暑暴露日中體不沾汗窮冬鑿河冰而浴其旁凌澌消釋人皆異之尤善畫所圖屋室重複之狀頗極精妙多游王侯公卿家或待以美醞預張紈素倚於壁乘興即畫之苟意不欲而固請之必怒而去得者藏以為寶太宗即位聞其名召赴闕授國子監主簿賜襲衣銀帶錢五萬館於太學令刊定歷代字書忠恕性無檢局放縱敗度上憐其才每優容之益使酒肆言謗讟時擅鬻官物取其直詔減死決杖流登州時太平興國二年已行至齊州臨邑謂部送吏曰我今逝矣因掊地為穴度可容其面俯窺焉而卒藁葬於道側後累月故人取其屍將改葬之其體甚輕空空然若蟬蛻焉所定古今尙書幷釋文並行於世

玉壺清話郭忠恕畫殿閣重複之狀梓人較之毫釐無差太宗聞其名詔授監丞將建開寶寺塔浙匠喻皓料一十三層郭

以所造小樣末底一級折而計之至上層餘一尺五寸殺(去聲)收不得謂皓曰宜審之皓因數夕不寐以尺較之果如其言黎明叩其門長跪以謝尤工篆籀詩筆惟縱酒無檢多突忤於善人聶崇義建隆初拜學官河洛之師儒也趙韓王嘗拜之郭使酒詠其姓玩之曰近貴全爲聵攀龍即是聾雖然三箇耳其奈不成聰崇義應聲反以忠恕二字解其嘲曰勿笑有三耳全勝畜二心忠恕大慚終亦以此敗檢坐謗時政擅貨官物流登州中途卒藁葬於官道之旁他日親友與斂葬發土覗之輕若蟬蛻殆非區中之物也李留臺建中以書學名家手寫忠恕汗簡集以進皆科斗文字太宗深悼惜之詔付祕閣

圖畫見聞誌紀藝中郭忠恕字恕先雒陽人少能屬文七歲舉童子初周祖召爲博士後因爭忿於朝堂貶崖州司戶秩滿去官不復仕縱放岐雍陝雒之間善畫屋木林石格非師授有設紈素求爲圖畫者必怒而去乘興即自爲之郭從義鎮岐下每延止山亭張素設粉墨於旁經數月忽乘醉就圖之一角作遠山數峯而已郭氏亦珍惜之岐有富人主官酒酤其子喜畫日給醇酎設几案絹素及好紙數軸屢以情言忠恕俄取紙一軸凡數十番首畫一丱角小童持線車紙窮處作風鳶中引一線長數丈富家子不以爲奇遂謝絕太宗素知其名召赴闕下授以國子監主簿忠恕益縱酒肆言時政頗有謗讟上惡之配流登州死於齊之臨邑道中尸解焉有屋木卷軸傳於世

宣和畫譜宮室郭忠恕字國寶不知何許人柴世宗朝以明經中科第歷官迄國朝太宗喜忠恕名節特遷國子博士忠恕作篆隸凌轢晉魏以來字學喜畫樓觀臺榭皆高古置之康衢世目未必售也頃錢塘有沈姓者收忠恕畫每以示人則人輒大笑歷數年而後方有知音者謂忠恕筆也　又宮室敘論上古之世巢居穴處未有宮室後世有作乃爲宮室臺榭戶牖以待風雨人不復營巢窟以居蓋嘗取易之大壯故宮室有量臺門有制而山節藻棁雖文仲不得以濫也畫者取此而備之形容豈徒爲是臺榭戶牖之壯觀者哉雖一點一筆必求諸繩矩比他畫爲難工故自晉宋迄於梁隋未聞其工者粵三百年之唐歷五代以還僅得衞賢以畫宮室得名本朝郭忠恕既出視衞賢輩其餘不足數矣然忠恕之畫高古亦未易

世俗所能知其不見而大笑者亦鮮焉

張君平

張君平，字士衡，宋滏陽(今河北磁縣治)人。明於水利，天聖中爲修河都監，塞滑州河，累遷鈐轄卒。

宋史本傳張君平字士衡磁州滏陽人以父承訓與契丹戰死補三班差使殿侍黔州指揮使獠兵屢入寇君平引兵擊破之以功遷奉職除駐泊監押徙容白等州巡檢又以捕賊功遷右班殿直謝德權薦君平河陰箸務擢閤門祇候管勾汴口建言歲開汴口當擇其地得其地則水湍駛而無流沙歲可省功百餘萬又請沿河縣植榆柳爲令佐使臣課最及瘞汴河流屍悉從其言天聖初議塞滑州決河以君平習知河事命以左侍禁簽書滑州事兼修河都監既而河未塞召同提點開封府界縣鎮公事以嘗護滑州隄有功特遷內殿崇班君平以京師數罹水災請委官疏鑿近畿諸州古溝洫久之稍完遂詔畿內及近畿州縣長吏皆兼管勾溝洫河道自畿至泗州道路多羣寇君平謂兩驛增置使臣專主捕盜而罷夾河巡檢於是行者無患復爲滑州修河都監遷供備庫副使河平改西作坊使就遷鈐轄卒君平有吏材尤明水利自議塞河朝廷每訪以利害河平君平且死論者惜之錄三子官子羣皇祐中以尙書虞部員外郎爲河陰發運判官管勾汴口嗣其父職云

符惟忠

符惟忠，字正臣，宋苑丘(今河南淮寧縣)人。長於治河，惠民河與刁河合流，歲多決溢，害民田，惟忠置二斗門殺水勢，以接鄭河主河，自是無復有水害。

宋史本傳符惟忠字正臣彥卿曾孫也惠民河與刁河合流歲多決溢害民田惟忠自宋樓鎮碾灣橫隴村置二斗門殺水

勢以接鄭河圭河自是無復有水害

懷丙

懷丙，宋沙門；眞定（今河北正定縣）人。巧思出天性，非學而至也。郡有木浮圖十三級，久而中級大柱壞，欲西北傾，他匠莫能爲，懷丙度短長別作柱，命衆工維而上，已而却衆工，閉戶良久，易柱下，不聞斧鑿聲。趙州（今河北趙縣）洨河鑿石爲橋，鎔鐵貫其中。歲久，鄉民多盜鑿鐵，橋遂欹倒，計千夫不能正。懷丙不役一人，以術正之，使復故狀。維浮梁之鐵牛重且數萬斤，水暴漲，絕梁牽，牛沒於河，募能出之者，懷丙以二大舟實土夾牛維之，用大木爲權衡狀鈎牛，徐去其土，舟浮牛出。轉運使張燾以聞，賜紫衣，尋卒。

宋史方技傳僧懷丙眞定人巧思出天性非學所能至也眞定構木爲浮圖十三級勢尤孤絕既久而中級大柱壞欲西北傾他匠莫能爲懷丙度短長別作柱命衆工維而上已而却衆工以一介自從閉戶良久易柱下不聞斧鑿聲趙州洨河鑿石爲橋鎔鐵貫其中自唐以來相傳數百年大水不能壞歲久鄉民多盜鑿鐵橋遂欹倒計千夫不能正懷丙不役衆工以術正之使復故河中府浮梁用鐵牛八維之一牛且數萬斤後水暴長絕梁牽牛沒於河募能出之者懷丙以二大舟實土夾牛維之用大木爲權衡狀鈎牛徐去其土舟浮牛出轉運使張燾以聞賜紫衣尋卒

楊佐

楊佐，字公儀；宋宣州（在今安徽）人。第進士，爲陵州推官。州有鹽井深五十丈，皆石也，底用柏木爲榦，上出井口，垂綆而下，方能及水。歲久榦摧敗，欲易之，而陰氣騰上，入者輒死；惟天雨則氣隨以下，稍能施工，晴則亟止。佐敎工人以木盤貯水，穴竅灑之如雨滴然，謂之雨盤；如是累月，井榦一新，利復其舊。皇祐中，汴水殺溢不常，佐乃度地鑿瀆以通河流。旋以鹽鐵判官同判都水監，開京城永通河以息夏秋霖潦之患。又濬孟陽河以便交通。累遷江淮發運使，天章閣待制，復判都水監。英宗時使契丹，卒於道。

宋史本傳楊佐字公儀本唐靖恭諸楊後至佐家于宣及進士第爲陵州推官州有鹽井深五十丈皆石也底用柏木爲榦上出井口垂綆而下方能及水歲久榦摧敗欲易之而陰氣騰上入者輒死惟天有雨則氣隨以下稍能施工晴則亟止佐敎工人以木盤貯水穴竅灑之如雨滴然謂之雨盤如是累月井榦一新利復其舊累遷河陰發運判官幹當河渠司皇祐中汴水殺溢不常漕舟不能屬佐度地鑿瀆以通河流於是置都水監命佐以鹽鐵判官同判京城地勢南下涉夏秋則苦霖潦佐開永通河疏溝澮出野外自是水患息又議治孟陽河議者謂不便佐言國初歲轉京東粟數十萬今所致亡幾儻不濬復舊跡後將廢矣乃從其策出爲江淮發運使孟陽之役調民七八千夷丘墓百數怨聲盈塞詔開封鞫治官吏獨捨佐不問糾察刑獄劉敞請加貶黜不聽召爲鹽鐵副使拜天章閣待制復判都水知審官院權發遣開封府嘗使契丹虜饋以方物書獨稱名英宗升遐奉遺留物再往使卒于道年六十一詔護喪歸賻以黃金恤其家

韓琦

韓琦，字稚圭；宋相州安陽（今河南安陽縣）人。初官將作監丞。英宗立，拜右僕射，封魏國公。神宗立，拜司徒，兼侍中，判相州，與范仲淹在兵間久，名重一時，人心歸之，朝廷倚以爲重，天下稱韓范。性喜營造，所臨之郡，必有改作：皆宏壯雄深，稱其度量。在大名（今河北大名縣）於正寢之稍西爲堂，五楹尤大，其間洞然，不爲房室，號「善養堂」。

宋史本傳韓琦字稚圭相州安陽人

郤掃編韓魏公喜營造所臨之郡必有改作皆宏壯雄深稱其度量在大名於正寢之後稍西爲堂五楹尤大其間洞然不爲房室號善養堂蓋其平宴息之地也

宋用臣

宋用臣，字正卿，宋開封人。爲人有精思強力，以父蔭隸職内省。神宗建東西府，築京城，建尙書省，起太學，立原廟，導洛通汴，皆用臣董其役。

宋史本傳宋用臣字正卿開封人爲人有精思強力以父蔭隸職内省神宗建東西府築京城建尙書省起太學立原廟導洛通汴凡大工役悉董其事

曾孝廣

曾孝廣，字仲錫，宋泉州晉江（今福建晉江縣）人。元祐中歷水部員外郎。河決內黃，詔孝廣行視，遂疏蘇村，鑿鉅野，導河北流，紓澶滑深瀛之害；遷都水使者。洛水頻歲溢涌，浸齧北岸，孝廣按河隄得廢渡口遺迹，且濬決之，以殺水勢。又累石爲防。自是無水患。

宋史曾公亮傳從子孝廣字仲錫元豐末爲北外都水丞元祐中爲水部員外郎河決內黃詔孝廣行視遂疏蘇村鑿鉅野導河北流紓澶滑深瀛之害遷都水使者洛水頻歲溢涌浸齧北岸孝廣按河隄得廢渡口遺迹曰此昔人所以殺水勢也即日濬決之累石爲防自是無水患

莊柔正

莊柔正，宋莆田人。元符間知福清（今福建福清縣），嘗改築天寶陂，陂旁有大榕，柔正日聽訟其下以董役。凡投牒者人負一石，理曲者輸石以贖罪。陂疊石爲基，鎔鐵以錮之；數月訖工，改名元符陂，下溉腴田數萬畝，民賴其利。

福清縣志職官莊柔正莆田人舉元豐進士元符間以奉議宰是邑嘗謀改築天寶陂故聽訟陂旁大樹下兼以董役令投牒者人負一石理之曲者以石爲罰不數月陂成名之曰元符陂陂石皆鎔鐵以錮之至今爲百世利

李誡

（續談助，直齋書錄解題，研北雜誌，竝作「李誡」，誤。）

李誡，字明仲；宋鄭州管城縣（今河南鄭縣治）人。事哲徽二宗。恒領將作，前後晉十六階，咸以營造敍勛；其以吏部年格遷者，七官而已。嘗營建五王邸，辟雍，尚書省，龍德宮，棣華宅，朱雀門，景龍門，九成殿，開封府廨，太廟，欽慈太后佛寺等。崇寧四年與姚舜仁同進明堂圖。誡博學多藝能，精通小學，工篆籀草隸，善畫，得古人筆法。家藏書數萬卷，手鈔者數十卷。所着營造法式三十六卷（總釋總例共二卷，制度十三卷，功限十卷，料例并工作等三卷，圖樣六卷，目錄一卷，看詳一卷。）考古證今，經營慘淡，自來政書考工之屬，能參會衆說，博洽詳明，深悉夫飭材辨器之義者，皆莫能踰此；且圖樣界畫，工細緻密，非良工不易措手；允推絕作。——初，熙寧中敕將作監官編修是書，至元祐六年而畢。哲宗以所修之本祗是料狀，且爲一定之法，別無變造制度，及有營造，位置皆不同，臨時不可考據，徒爲空文，難以行用。紹聖四年，命誡別加撰輯，誡乃考究羣書，並詢匠工，以增補之而分別其類例；至元符三年而書大成，奏上之，崇寧二年，鏤版頒行。又有續山海經十卷，續同姓名錄二卷，琵琶錄三卷，馬經三卷，古篆說文十卷，六博經二卷，新集木書一卷，今皆佚，獨營造法式巋然尚存，誡希世之寶。我國一千年前有此傑作，足可爲吾族文化之光寵，而亦有大造於寰宇之營造界也；嘉惠藝林，寧有旣極。大觀四年（即西曆一一一零）卒。

傅冲益李誡墓誌銘大觀四年二月丁丑今龍圖閣直學士李公譓對垂拱上問弟誡所在龍圖言方以中散大夫知虢州有旨趣召後十日龍圖復奏事殿中既以虢州不祿聞上嗟惜久之詔別官其一子公之卒二月壬申也越四月丙子其孤葬公鄭州管城縣之梅山從先尚書之塋公諱誡字明仲鄭州管城縣人曾祖諱惟寅故尚書虞部員外郎贈金紫光祿大夫祖諱惇裕故尚書祠部員外郎秘閣校理贈司徒父諱南公故龍圖閣直學士大中大夫贈左正議大夫元豐八年哲宗登大位正議時爲河北轉運副使以公奉表致方物恩補郊社齋郎調曹州濟陰縣尉濟陰故盜區公至則練卒除器購嗣廣方略得劇賊數十人縣以清淨遷承務郎元祐七年以承奉郎爲將作監主簿紹聖三年以承事郎爲將作監丞元符中建五王邸成遷宣義郎時公在將作且八年其考工庀事必究利害堅窳之制堂構之方與繩墨之運皆已了然於心遂被旨著營造法式書成凡二十四卷詔頒之天下已而丁母安康郡夫人某氏喪崇寧元年以宣德郎爲將作少監二年冬請外以便養以通直郎爲京西轉運判官不數月復召入將作爲少監辟雍成遷將作監再入將作又五年其遷奉議郎以尚書省其遷承議郎以龍德宮棣華宅其遷朝奉郎賜五品服以朱雀門其遷朝奉大夫以景龍門九成殿其遷朝散大夫以

開封府廨其遷右朝議大夫賜三品服以修奉大廟其遷中散大夫以欽慈太后佛寺成大抵自承務郎至中散大夫凡十六等其以吏部年格遷者七官而已大觀某年丁正議公喪初正議疾病公賜告歸又許挾國醫以行至是上特賜錢百萬公曰敎匠事治穿具力足以自竭然上賜不敢辭則以與浮屠氏爲其所謂釋迦佛像者以侈上恩而報罔極云服除知虢州獄有留繫彌年者公以立談判未幾疾作遂不起吏民懷之如久被其澤者蓋享年若干公資孝友樂善赴義喜周人之急又博學多藝能家藏書數萬卷其手鈔者數千卷工篆籀草隸皆入能品嘗纂重修朱雀門記以小篆書丹以進有旨勒石朱雀門下善畫得古人筆法上聞之遣中貴人諭旨公以五馬圖進睿鑒稱善公喜著書有續山海經十卷續同姓名錄二卷琵琶錄二卷馬經三卷六博經三卷古篆說文十卷公配王氏封奉國郡君子男若干人女若干人云云冲益觀虞舜命九官而垂共工居其一疇咨而後命之蓋其愼且重如此誠以授法庶工使棟宇器用不離於軌物此豈小夫之所能知哉及觀周之小雅斯干之詩其言考室之盛至於庭戶之端楹椽之美且又嗟詠翬揚奐散之狀而實本宣王之德政魯僖公能復周公之宇作爲寢廟是斷是度是尋是尺而奚斯實授法於庶工方紹聖崇寧中聖天子在上政之流行德之高遠巍然沛與山川其侔大也而後以先王之制施之寢廟官寺棟宇之間當是時地不愛材工獻其巧而公獨膺垂奚斯之任者十有三年以結睿知致顯位所謂君子攸寧孔曼且碩者視宣王僖公之世爲甚陋而公實尸其勞可謂盛矣冲益初爲鄭圃治中始從公游及代還京師久困不得官遇公領大匠遂見取爲屬寖以微勞竊資秩繄公德是賴既日夕後先熟公治身臨政之美泣而爲銘銘曰

維仕慕君不有其躬何適非安唯命之從譬之它材唯匠之爲爾極而極爾榱而榱亦譬在鎔不謂而擇爲利則斷爲堅則鑿垂在九官世載厥賢曰汝共工沒齒不遷匪食之志繄職則然公爲一尉搴盜斯得公在將作寢廟奕奕爲垂奚斯以發帝績仕無大小必見其賢無不自盡以虔所天帝以爲能世以爲才勞能實多福祿具來有生會終公有貽憲鑱辭貞珉盡力之勸

續談助營造法式識語右鈔崇寧二年正月通直郎試將作少監李誠所編營造法式其宮殿佛道龕帳非常所用者皆不敢取五年十一月二十三日潤州通判廳西樓北齋伯宇記

郡齋讀書誌史類職官類將作營造法式三十四卷皇朝李誡撰熙寧中敕將作監編修營造法式誡以爲未備乃考究經史幷詢匠工以成此書頒於列郡世謂喻皓木經極爲精詳此書蓋過之

直齋書錄解題史部法令類營造法式三十四卷看詳一卷將作少監李誡編修初熙寧中始詔修定至元祐六年成書紹聖四年命誡重修元符三年上崇寧二年頒印前二卷爲總釋其後曰制度曰功限曰料例曰圖樣而壕寨石作大小木彫旋鋸作泥瓦彩畫刷飾又各分類匠事備矣

通鑑長篇紀事本末崇寧四年七月二十七日宰相蔡京等進呈庫部員外郎姚舜仁請即國丙巳之地建明堂繪圖獻上上曰先帝常欲爲之有圖見在禁中然考究未甚詳仍令將作監李誡同舜仁上殿八月十六日誡與姚舜仁進明堂圖

文獻通考經籍考雜藝術將作營造法式三十四卷看詳一卷

宋史藝文志子部五行類李誡營造法式三十四卷　又藝術類李誡新集木書一卷

研北雜誌李明仲誡所著書有續山海經十卷古篆說文十卷續同姓錄二卷營造法式二十四卷琵琶錄三卷馬經三卷六博經三卷

讀書敏求記史部李誡營造法式三十四卷目錄看詳二卷

鐵琴銅劍樓書目史部政書類考工營造法式三十六卷（舊鈔本）案目錄爲三十四卷而看詳內稱書總三十六卷或疑制度一門闕二卷當爲後人所併其實目錄一卷看詳中已言之敏求記亦言目錄看詳各一卷合之正三十六卷也看詳中制度十五卷五當作三傳鈔致誤此書雖輾轉影鈔實祖宋本圖樣界畫最爲清整遵王所見當不是過也

宋昇

宋昇，宋徽宗時京西都轉運使，修治西京大內，合屋數千間，盡以眞漆爲飾；而漆飾之法，須骨灰爲地；故所費不貲。

宋史宋喬年傳子昇昇字景裕崇寧初由譙縣尉爲敕令刪定官數年至殿中少監時喬年尹京父子依憑蔡氏陵轢士大夫陰交諫官蔡居厚使爲鷹犬以徽猷閣待制知陳州喬年貶昇亦謫少府少監分司南京未幾知應天府喬年卒起復爲京西都轉運使涖葺西宮及修三山新河擢至顯謨閣學士方是時徽宗議謁諸陵有司預爲西幸之備昇治宮城廣袤十六里創廊屋四百四十間費不可勝會髹漆至灰人骨爲胎斤直錢數千盡發洛城外二十里古冢凡衣冠龜兆大抵遭暴掘用是遷正議大夫殿中監又奉命補治三陵泄水坑澗計役四百九十萬工未幾卒贈金紫光祿大夫延康殿學士諡曰恭敏

宋史地理志注政和元年十一月重修大內至六年九月畢工朱勝非言政和間議朝謁諸陵敕有司預爲西幸之備以蔡攸妻兄朱（案：宋史蔡攸傳稱「妻宋氏」，此當作「宋」，朱誤。）昇爲京西漕修治西京大內合屋數千間盡以眞漆爲飾工役甚大爲費不貲而漆飾之法須骨灰爲地科買督迫灰價日增一斤至數千於是四郊塚墓悉被發掘取人骨爲灰矣

王㬇

王㬇，字顯道，宋華陽（今四川華陽縣）人。嘗建郊邱及青城齋宮。紹興十四年，知平江府（今江蘇吳縣）事，時兵火之餘，公署學校靡不興葺。㬇於營造既夙有專長，而又善利用餘材，——錄

入城小舟出必載瓦礫以培塘；石之碎者積而焚之，以泥官舍。十五年重刊李明仲之營造法式。

營造法式宋紹興重刊本末葉結銜寶文閣直學士右通奉大夫知平江軍府事提舉勸農使開國子食邑五百戶王晚重刋

古今考祀天地總考下南渡後郊丘考紹興十三年正月以禮部太常寺申請命殿前都指揮使楊存中知臨安府王晚依國朝禮制度建郊丘於國之東南及建青城齋宮在嘉會門外南四里龍華寺西爲壇四成上成從廣七丈再成十二丈三成十七丈四成二十二丈分十二陛陛七十二級壝及內壝七百九十步中外壝通二十五步燎壇方一丈高一丈二尺在壇南二十步內地餘四十步以列仗衛惟青城齋宮及望祭殿詔勿營臨事則爲幕屋略倣汴京制度大殿曰端誠便殿爲熙成其外爲泰禋門

姑蘇志宦蹟三王晚字顯道華陽人太師岐國公珪之孫也爲秦檜妻之兄(或云妻弟)紹興中知郡事時兵火之餘公署學校廢不興葺又錄入城小舟出必載瓦礫以培塘人以爲便石之碎者積而焚之以泥官舍不賦於民而用有餘其規爲多可取者

李嵩

李嵩，宋錢塘（今浙江杭縣治）人；少爲木工，後爲李從訓養子。工畫人物，尤長於界畫。光寧理三朝官畫院待詔。

圖畫寶鑑李嵩錢唐人少爲木工頗遠繩墨後爲李從訓養子工畫人物道釋得從訓遺意尤長於界畫光寧理三朝畫院

待詔

秦九韶

秦九韶，字道古，宋秦鳳（宋爲秦鳳路今甘陝間）間人。性極機巧，於營造・算術・星象・音律等事，無不精究。嘗建一堂於湖州（清浙江湖州府今廢）西門之外，極其宏敞，堂中一間橫亘七丈，求海桟之奇材爲前楣，營構法式，皆自出心匠；凡屋脊・兩聳・搏風・皆以甎爲之，堂成七間，後爲列屋以處秀姬，管絃製樂度曲，皆極精妙。著有數學九章九卷，創立天算法，亦有功於算術。

癸辛雜識續集秦九韶字道古秦鳳間人年十九在鄉里爲義兵首豪宕不羈嘗隨其父守郡父方宴客忽有彈丸出父後來賓駭愕莫知其由頃加物色乃九韶與一妓狎時亦抵筵此彈之所以來也既出東南多交豪富性極機巧星象音律算術以至營造等事無不精究遊嘗從李梅亭學駢儷詩詞遊戲毬馬弓劍莫不能知性喜奢好大嗜進謀身或以曆學薦於朝得對有奏稿及所述數學大略與吳履齋交尤稔吳有地在湖州西門外地名曾上正當苕水所經入城面勢浩蕩乃以術攫取之遂建堂其上極其宏敞堂中一間橫亘七丈求海桟之奇材爲前楣位置皆自出心匠凡屋脊兩聳搏風皆以塼爲之堂成七間後爲列屋以處秀姬管絃製樂度曲皆極精妙

遼

蕭菩薩哥

蕭菩薩哥，姓蕭氏，佚其名，「菩薩哥」其小字也。爲遼聖宗皇后。年十二美而才，選

33018

入掖庭。統和十九年册爲齊天皇后。嘗以草莛爲殿式，密付有司令造淸風・天祥・八方三殿，又造九龍輅諸子車；以白金爲浮圖，各有巧思。年五十崩，追尊仁德皇后。

遼史后妃列傳聖宗仁德皇后蕭氏小字菩薩哥睿智皇后弟隗因之女年十二美而才選入掖庭統和十九年冊爲齊天皇后嘗以草莛爲殿式密付有司令造淸風天祥八方三殿既成益寵異所乘車置龍首鴟尾飾以黃金又造九龍輅諸子車以白金爲浮圖各有巧思夏秋從行山谷間花木如繡車服相錯人望之以爲神仙生皇子二皆早卒開泰五年宮人耨斤生興宗后養爲子帝大漸耨斤詈后曰老物寵亦有既耶左右扶后出帝崩耨斤自立爲皇太后是爲欽哀皇后護衞馮家奴喜孫等希旨誣告北府宰相蕭浞卜國舅蕭匹敵謀逆詔令鞫治連及后興宗聞之曰皇后侍先帝四十年撫育眇躬當爲太后今不果反罪之可乎欽哀曰此人若在恐爲後患帝曰皇后無子而老雖在無能爲也欽哀不從遷后於上京車駕春蒐欽哀慮帝懷鞠育恩馳遣人加害使至后曰我實無辜天下共知卿待我浴而後就死可乎使者退比反后已崩年五十是日若有見后于木葉山陰者乘靑蓋車衞從甚嚴追尊仁德皇后與欽哀竝祔慶陵

金

張浩

張浩，字浩然；金遼陽（在今遼寧省）人。官至太師，封南陽郡王。天德三年，海陵王欲都燕，遣畫工寫京師宮室制度，闊狹長短，令浩按圖修之。汴京（今河南開封）大內失火，正隆三年詔浩與敬嗣暉營建南京（汴京）宮室，凡一殿之成，費累鉅萬。卒謚文康。

金史本傳張浩字浩然遼陽渤海人天德三年廣燕京城營建宮室浩與燕京留守劉筈大名尹盧彥倫監護工作命浩就

擬差除既而暑月工役多疾疫海陵欲伐宋將幸汴而汴京大內失火於是使浩與敬嗣暉營建南京宮室浩至汴海陵時時使宦者梁珫來視工役凡一殿之成費累鉅萬　又海陵本紀正隆三年冬十一月詔左丞相張浩參知政事敬嗣暉營建南京宮室

金圖經金主亮欲都燕遣畫工寫京師宮室制度闊狹修短盡以授之左相張浩輩按圖修之

蘇保衡

蘇保衡，字宗尹，金雲中（今山西大同縣治）天成（今山西天鎭縣治）人。官至工部尚書。詔廣燕京城依汴京制度，保衡分督工役。又督諸陵工役。海陵治兵伐宋，保衡與徐文等造舟於通州。

金史本傳蘇保衡字宗尹雲中天成人天德間繕治中都張浩舉保衡分督工役改大興少尹督諸陵工役再遷工部尚書海陵治兵伐宋與徐文等造舟於通州

孔彥舟

孔彥舟，字巨濟，相州（今河南虞城縣地）林慮（今河南林縣治）人。初仕宋，累官京東西路兵馬鈐轄；後歸金，伐宋數有功，遷工部尚書河南尹，封廣平郡王。嘗爲煬王亮設計營建中都（北平），制度不經，工巧無遺力。役民夫八十萬，兵夫四十萬，歷數載而畢。

金史本傳孔彥舟字巨濟相州林慮人亡賴不事生產避罪之汴占籍軍中坐事繫獄說守者解其縛乘夜踰城遁去已而殺人亡命爲盜宋靖康初應募累官京東西路兵馬鈐轄聞大軍將至山東遂率所部刼殺居民燒廬舍掠財物渡河南去宋人復招之以爲沿江招捉使彥舟暴橫不奉約束宋人將以兵執之彥舟走之齊從劉麟伐宋爲行軍都統改行營左總

管齊國廢累知淄州從宗弼取河南克鄭州擒其守劉政破孟邦傑於登封授鄭州防禦使討平太行車轅嶺賊從征江南渡淮破孫暉兵萬餘人下安豐霍丘及攻壕州以彥舟爲先鋒順流薄城擒其水軍統制邵青遂克滌州師還累官工兵部尙書河南尹封廣平郡王正隆例降金紫光祿大夫改南京留守

攬轡錄丙戌燕山城外燕賓館燕至畢與館伴使副並馬行柳隄緣城過新石橋中以杈子隔絕道左邊過橋入豐宜門即外城門也過石玉橋燕石色如玉上分三道皆以欄楯隔之雕刻極工中爲御路亦闌以杈子兩傍有小亭中有碑曰龍津橋入宣陽門金書額兩頭有小四角亭即登門路也樓下分三門中門爲御路常闔皆畫龍兩傍門通行皆畫鳳入門北望其闕由西御廊首轉西至會同館　戊子早入見上馬出館復循西御廊至橫道至東御廊首轉北循簷行幾二百間廊分三節每節一門路東出第一門通街第二門通毬場第三門太廟廟中有樓將至宮城廊即東轉又百許間其西亦有三間出門但不知所通何處望之皆民居東西廊中馳道甚闊兩傍有溝溝上植柳兩廊屋脊皆覆以青琉璃瓦宮闕門戶即純用之馳道之北即端門十一間曰應天之門舊嘗名通天亦開兩挾有樓如左右昇龍之制東西兩角樓每樓次第攢三簷與挾樓接極工巧端門之內有左右翔鳳門日精月華門前殿曰大安殿使人入左掖門直北循大安殿東廊後壁行入敷德門自側門入又東北行直東有殿宇門曰東宮牆內亭觀甚多直北面南列三門中曰集英門云是故壽康殿母后所居西曰會通門自會通東小門北入承明門又北則昭慶門東則集禧門尙書省在門外又西則有右嘉會門四門正相對入右嘉會門門有樓與左嘉會門相對即大安殿後門之後至幕次有頃入宣明門即常朝後殿門也門內庭中列衛士二百許人貼金雙鳳幞頭團花紅錦衫散手立入仁政門蓋隔門也至仁政殿下大花氈可半庭中團雙鳳兩傍各有朶殿朶殿之上兩高樓曰東西上閤門兩傍悉有簾幙中有甲士東西兩御廊循簷各列甲士東立者紅茸甲金纏桿槍黃旗畫青龍西立者碧茸甲金纏桿槍白旗畫青龍直至殿下皆然惟立於門下皁袍持弓矢殿西階雜立儀物幢節之屬如道士醮壇

威儀之類使人由殿下東行上東階却轉南由露臺北行入殿金主幞頭紅袍玉帶坐七寶榻背有龍水大屏風四壁帟幕皆紅繡龍拱斗皆有繡衣兩楹間各有大出香金獅蠻地鋪禮佛毯可一殿兩傍玉帶金魚或金帶者十四五人相對列立遙望前後殿屋崛起處甚多制度不經工巧無遺力所謂窮奢極侈者煬王亮始營此都模規多出於孔彥舟役民夫八十萬兵夫四十萬作治數年死者不可勝計

燕用

燕用，宋汴（今河南開封）中工匠，製作精巧。凡所造治下刻其名。

攬轡錄金朝北京營制宮殿其屏扆窗牖皆破汴都輦致於此汴中宮匠有名燕用者製作精巧凡所造下刻其名及用之於燕而名已先兆

張中彥

張中彥，字才甫；其先自安定（今陝西安定縣）徙居張義堡（金屬鳳翔路今在甘肅）。初仕宋，後歸金，官至吏部尚書，封崇國公。正隆間營汴京新宮，中彥採運關中材木。青峰山巨木最多，而高深阻絕，搬運殊難，中彥使構崖駕壑起長橋十數里，以車運木若行平地：開六盤山水洛之路，遂通汴梁（今河南臨汝縣治）。明年作河上浮梁復領其役。又手製寸許之小舟，不假膠漆而首尾自相鉤帶，謂之「鼓子卯」。其智巧如此。

金史本傳張中彥字才甫正隆營汴京新宮中彥採運關中材木青峰山巨木最多而高深阻絕唐宋以來不能致中彥使構崖駕壑起長橋十數里以車運木若行平地開六盤山水洛之路遂通汴梁明年作河上浮梁復領其役舟之始製匠者

未得其法中彥手製小舟纔數寸許不假膠漆而首尾自相鉤帶謂之鼓子卯諸匠無不駭服其智巧如此浮梁巨艦畢功將發旁郡民曳之就水中彥召役夫數十人治地勢順下傾瀉于河取新秫稭密布於地復以大木限其旁凌晨督衆乘霜滑曳之殊不勞力而致諸水

元

石抹按只

石抹按只，元契丹人。世居太原。父大家奴，率漢軍五百人歸太祖。按只代領其衆，累立戰功。宋兵沿江撤橋據守，按只相地形，自馬湖以達合江・涪江・清江，立浮橋二十餘所。及四川平；浮橋之功居多。又嘗以牛皮作渾脫及皮船，乘之而與宋兵戰，奪其渡口爲浮橋以濟師。中統中授河中府船橋水手軍總管。從征建都蠻，力戰降之；軍還，道卒。

元史類編庶官本傳石抹按只契丹人世居太原父大家奴率軍來歸太祖命按只代領其衆從元帥紐璘攻成都時宋兵聚於廬泉按只以所部兵與戰大敗之已從元帥按敦攻瀘州以戰艦七十行至馬湖江宋軍先以五百艘控扼江渡按只擊敗之時宋兵於沿江皆撤橋據守按只相地形造浮梁師無留行自馬湖以達合江涪江清江凡立浮橋二十餘所論功居最宋以巨艦載甲士數萬屯清河浮橋相拒七十日水暴漲橋壞西岸軍多漂溺按只軍東岸急撤浮橋聚舟岸下士卒得不死又援出別部軍五百餘人憲宗遣使慰諭賞賜甚厚敘州守將橫截江津軍不得渡按只聚軍中牛皮作渾脫及皮船乘之與戰破宋軍奪其渡口作浮橋以濟師中統三年授河中府船橋水手軍總管從行省也速帶兒攻瀘州以水軍與

宋將戰于馬湖江身被二創戰愈力敗之也速帶兒領兵趨瀘州遣按只運器械糧食由水道進宋兵復扼馬湖江按只擊敗之奪其船以水軍千人運糧至眉簡二州軍中賴焉從征建都蠻歲餘不下按只先登其城力戰降之軍還卒於道

也黑迭兒

也黑迭兒，元大食國（即阿剌伯帝國。）人。至元三年，世祖定都於燕，八月詔也黑迭兒領茶迭兒（譯言：「廬帳」也。）局，諸色人匠總管府達魯花赤，（達魯花赤，元官名，蒙古語長官之義也。）兼領監宮殿。營建鉅麗宏深之宮室城邑，以壯觀瞻而爲雄視八表之意。也黑迭兒乃心講目算，指授肱麾，而定其制度規模。舉凡城郭宮室，魏闕端門，正朝路寢，便殿掖庭，承明之署，受釐之祠，宿衛之舍，衣食器御，百執事臣之居，及池塘苑囿游觀之所，崇樓阿閣，縵廡飛簷等，悉依漢法。

圭齋文集馬合馬沙碑也黑迭兒系出西域唐爲大食國人世祖居潛已見親任己未南征還幸其弟也黑迭兒聞乘輿至衣地金綱以藉馬蹄尋裂金綱分惠從官上深納其勤欵庚申即祚命董茶迭兒局凡潛邸民匠隸是局者悉以屬之茶迭兒云者國言廬帳之名也是年九月錫金虎護以璽書至元三年定都于燕八月授嘉議大夫佩巳賜虎符領茶迭兒局諸色人匠總管府達魯花赤兼領監宮殿時方用兵江南金甲未息土木嗣興屬以大業甫定國勢方張宮室城邑非鉅麗宏深無以雄視八表也黑迭兒受任勞勩夙夜不遑心講目算指授肱麾咸有成畫太史諏日圭臬斯陳少府命匠冬卿掄才取貲地官賦力車騎教護屬功其麗不億魏闕端門正朝路寢便殿掖庭承明之署受釐之祠宿衛之舍衣食器御百執事臣之居以及池塘苑囿游觀之所崇樓阿閣縵廡飛簷具以法故役不厲民財不靡國慈足使衆惠足勞人功成落之貤賞

稱首歲十二月有旨命光祿大夫安肅張公柔工部尙書段天祐暨也黑迭兒同行工部修築宮城乃具畚鍤乃樹楨榦伐石運甓縮版覆簣兆人子來厥基阜崇厥址矩方其直引繩其堅凝金又大稱旨自是寵遇日隆而筋力老矣

元西域人華化考美術篇西域人之中國建築也黑迭兒燕京宮闕元時西域人中國建築有極偉大而爲吾人所未經注意者無過於今北京之宮殿及都城雖以朱彝尊之該博而日下舊聞略之雖以孫承澤之熟諳掌故而春明夢餘錄亦略之非有所諱言即從來輕視工程學者之故也予近從歐陽玄圭齋集(卷九)馬合馬沙碑發見元時燕京都城及宮殿爲大食國人也黑迭兒所建也黑迭兒爲馬合馬沙之父父子世綰元工部事以大食國人而爲中國如許工程實可驚也碑云「碑文從略」也黑迭兒元史無傳世祖紀修築宮城事只稱「至元三年十二月丁亥詔安肅公張柔行工部尙書段天祐等同行工部事修築宮城」而不及也黑迭兒故自昔無人知有也黑迭兒也遼金故城在今城西南而元遷拓東北分十一門東西南三面皆三門北二門至明乃大殺其北面而稍拓其南面東西各留二門故至今九門其面積已不若元時之大矣然今人遊北京者見城郭宮闕之美猶輒驚其鉅麗而孰知導路蓽褸以啟之者乃出大食國人也也黑迭兒雖大食國人其建築實漢法。

高源

高源，字仲淵，元晉州（唐州名，五代因之，宋改平陽府，元改晉寧路，明復改平陽府，清因之，民國元年廢，在今山西。）人。幼孤力學，事母至孝。至元二十八年累官至都水監，開通惠河（在河北境），由文明門東七十里，與會通河（在山東境）接，置閘七，建橋十二。世蒙其利。

元史本傳高源字仲淵晉州人幼力學事母孝補縣吏中統初擢衛輝路知事累陞齊河縣尹有遺愛去官十年民猶立碑頌之至元二十四年爲江東道勸農營田使二十八年遷都水監開通惠河由文明門東七十里與會通河接置閘七橋十

二八蒙其利授同知湖南道宣慰司事卒年七十七

王振鵬

王振鵬，元永嘉（今浙江永嘉縣）人。工界畫，世祖時嘗營構大安閣於開平。（今察哈爾多倫縣東七十里）仁宗時又爲大明宮圖以獻。世稱爲絕。

道園學古錄跋大安閣圖世祖皇帝在藩以開平爲分地即爲城郭宮室取故宋熙春閣材於汴稍損益之以爲此閣名曰大安既登大寳以開平爲上都宮城之內不作正衙此閣巋然遂爲前殿矣規制尊穩秀傑後世誠無以加也王振鵬受知仁宗皇帝其精藝名世非一時儕倖之倫此圖當時甚稱上意觀其位置經營之意寧無堂構之諷乎止以藝言則不足盡振鵬之惓惓矣　又王知州墓誌銘永嘉王振鵬之學妙在界畫運筆和墨毫分縷析左右高下俯仰曲折方圓平直曲盡其體而神氣飛動不爲法拘嘗爲大明宮圖以獻世稱爲絕延祐中得官稍遷祕書監典簿得一徧觀古圖書其識更進

圖帖穆爾

圖帖穆爾——卽元文宗；居金陵（今江蘇江寧縣）時，嘗繪京都萬歲山圖稾。

輟畊錄文宗能畫文宗居金陵潛邸時命臣房大年畫京都萬歲山大年辭以未嘗至其地上索紙爲運筆布畫位置令按稾圖上大年得稾敬藏之意匠經營格法道整雖積學專工所莫能及

妥歡帖睦爾

妥歡帖睦爾——卽元順帝；嘗手製龍船樣式，命工依樣而爲首尾長一百二十尺，廣二十尺之巨舟。舟行，龍首眼口爪尾皆動。又自製宮漏，約高六七尺，廣半之。造木爲匱，陰藏諸壺其中運水上下，匱上設西方三聖殿，匱腰立玉女捧時刻籌，時至，輒浮水而上，左右列二金甲神，一懸鐘，一懸鉦，夜則神人自能按更而擊，無分毫差。匱之西東有日月宮，飛僊六人立宮前，遇子午時，飛僊自能耦進，度僊橋達三聖殿，已而復退立如前。又嘗爲近侍建宅，自畫屋樣。又自削木構宮，高尺餘，棟梁楹榱，宛轉皆具。

元史順帝本紀帝於內苑造龍船委內官供奉少監塔思不花監工帝自製其樣船首尾長一百二十尺廣二十尺前瓦簾棚穿廊兩暖閣後吾殿樓子龍身並殿宇用五彩金粧前有兩爪上用水手二十四人身衣紫衫金荔枝帶四帶頭巾于船兩旁下各執篙一自後宮至前宮山下海子內往來游戲行時其龍首眼口爪尾皆動又自製宮漏約高六七尺廣半之造木爲匱陰藏諸壺其中運水上下匱上設西方三聖殿匱腰立玉女捧時刻籌時至輒浮水而上左右列二金甲神一懸鐘一懸鉦夜則神人自能按更而擊無分毫差當鐘鉦之鳴獅鳳在側者皆翔舞匱之西東有日月宮飛僊六人立宮前遇子午時飛僊自能耦進度僊橋達三聖殿已而復退立如前其精巧絕出人謂前代所鮮有

庚申外史至正十八年帝嘗爲近幸臣建宅自畫屋樣又自削木構宮高尺餘棟梁楹檻宛轉皆具付匠者按此式爲之京師遂稱魯班天子十九年帝又造龍舟巧其機括能使龍尾鬣皆動而龍爪自撥水中

（未完）

本社紀事

甲　社內事件

（一）請中華教育文化基金董事會繼續補助本社經費函

敬啟者曩者承諸君之推重采用鄙人提議之大旨於北平組織營造學社集合同志從事研究原定有五年之計畫足資循序進行嗣經貴會第五次年會議決案補助本社研究費用每年一萬五千元暫以三年爲限本社由是依據上項決議於貴會核定預算範圍內勉力進行每屆年度終了照章編造決算並將工作情形繕具報告在案溯自移平以來過去二十七個月中（自十九年一月至二十一年三月）已往之工作如整理圖籍紹介編著搜輯史料並訪求匠師詳定法式使青年建築家得有以近代科學眼光整理固有技術之機會而於中西文字之迻譯以期新舊知識之溝通尤三致意焉

夫中國之建築已成絕學絕學之整理非少數人所能肩任鄙人雖篤嗜此道却非專家自從創立本社以來即抱廣覓同志各盡所能分途並進之宗旨乃以經濟關係所擬羅致之人材兼騖者不免淺嘗而即止同嗜者又以個人生活問題不能無所却顧在此過程中進步迂緩成就未能如鄙人所預期者此其重要原因也故非有經久之設備不能使爲充分之發展明矣鄙人對本社進行宗旨於積極方面固有待時會之來而物色專攻之人材以作小規模之試驗亦未嘗稍懈曾於本年度改正預算函中奉達貴會於社內分作兩組法式一部聘定前東北大學建築系主任教授梁思成君爲主任文獻一部則擬聘中央大學建築系教授劉敦楨君兼領梁君到社八月成績昭然所編各書正在印行劉君亦常通函報告其所得並撰文刊布兩君皆青年建築師歷主講席嗜古知新各有根底就鄙人聞見所及精心研究中國營造足任吾社

衣鉢之傳者南北得此二人此可欣然報告於諸君者也

鄙人於創立之始宣言有云 啓鈐老矣縱有一知半解不爲當世賢達所鄙棄亦豈能以桑榆之景肩此重任所以造端不憚宏大者私願以識途老馬作先驅之役以待當世賢達及後來學者之聞風興起耳 鄙人非欲於此斤斤於成績之報告但過去事實或有爲諸君所欲知者計列如左（一）彙刊 不定期刊物已出六期自第六期起（廿一年三月廿一日出版） 內容將改前介紹古籍之主體而爲研究心得之發表（二）展覽 已展覽二次於十九年及二十年三月廿一日舉行（三）古籍三種之翻印整理（甲） 工段營造錄—清李斗著（乙） 一家言居室器玩部—清李笠翁著（丙） 園冶—明計成著（丁） 營造算例—木匠秘抄本（四）中西著者關於中國建築著述翻譯足備參考而尚未出版者在十種左右（五）專著 清式營造則例 梁思成著 圖版二十餘幅外附說明書及插圖二十餘幅 尚未完全脫稿之書二種（一）哲匠錄 鄙人輯及梁述任校補（二）中國建築史略 瞿兌之著 與其他各機關合作者（一）模型之蒐羅搜集—與國立北平圖書館合作（二）舊建築之保存及修葺—與故宮博物院合作

自本社創立以來國外學國英國葉慈博士 Yetts 首先通訊對李明仲刊本多所指證並以英倫博物院所藏永樂大典彩畫樣印本一章見示德國鮑希曼博士 Eoerschman 來函願爲本社通函研究並寄示『塔之專著』屬爲討論日本伊東忠太關野貞博士先後蒞平參觀講演交換刊物是本社對於國際學術界供獻所知之使命日以密接而鄙人個人胸目所獲得之知識與感想日有所增逾覺中國五千年來不斷之建築史遞嬗錯綜事事物物均有世界文化藝術之議題相牽率非可掉以輕心也

至於來年工作大綱將以實物之研究爲主測繪攝影則爲其研究之方途 此項工作須分作若干次之旅行關於南方實物之研究則擬與中央大學建築系合作 此實爲三年文獻研究所產生自然之結果 而此種研究法在本社爲工

33030

作方針之重新認定而其成績則將爲我國學術界空前之貢獻是鄙人所樂爲諸君道者也

鄙人認爲欲獎勵有志青年專門家爲繼續 之努力必須有經濟上更充分更長 久之設備一年以來曾經努力於社會上作鄭重之呼籲希望得一較巨之基金額爲下開之永久建置(一) 設建築學研究所專收各大 學畢業生於中國建築卓有心得者或與有同等資格者使之爲深切且實在之研究(二)編製營造圖籍注重調 查傳寫編印舉一切法式爲有系統之流布標此兩項事業期於後來學者以十年之繼續專攻以爲 貴會之後盾乃在現今大局之下希望實幾於絕基於上述之情形同人深覺所負任務之嚴重而不能巳於脚踏實 地之進行故決定先於最 短期內先完成明清法式之工作於下期開始再進而從事金遼元之遺物調查一面討究漢唐六朝之 文獻北方搜採先 從近地着手南方探討則與中央大學建築系合作全部費用及旅行調查極力節縮每年共需洋二萬 五千元擬仍暫以五年爲 期尙祈 貴會繼續補助是禱

此外尙有不能不略述於此而同時向 貴會致其希望者是曰 續營造法式之圖樣此 係本諸大清工部做法繪成平面立體剖視諸圖及裝飾彩畫圖樣用精美之彩色模繪重加科學上之整理已約 二百餘幅之多每幅上包 含圖二三種四五種不等現從事於排比說明約再經數月之力可以告竣惟如欲出版則需費殊 鉅浩繁在本社所擬訂 之常年預算範圍內尙談不到此項事業爲社會人士所亟願觀成而諒亦 貴會諸君 所深注意者應如何辦法亦 亟應附帶聲明者也在此嚴重時局之下個人能力如何雖不可知而一息 尙存絕不忍吾社擔任專攻之少數學 者斷其發展之機會故不憚斤斤陳述一本其最初提案之原則希望 貴會成其未竟 之功無使戛然而止用是遵章 提案附同預算函達左右務祈予以公平切實之考慮或照案支配或展寬年限本社之爲興爲廢均一惟 貴會諸君之熱誠是賴矣

中國營造學社社長朱啟鈐啟　民國廿一年三月十五日

附中華教育文化基金董事會覆函

逕啟者敝會第八次董事會已於七月一日在北平敝會會所舉行關於本屆請款事項因自庚款停付敝會經費頗形拮据經議決凡本年初次聲請補助者暫不考慮其繼續聲請補助者以原給補助爲最高數額並規定補助時期均暫以一年爲限尊處請款之件經提出討論後議決一次補助國幣壹萬伍仟元以作中國建築學研究之用即請開具詳細預算函送到會以憑審核發款相應函達統希查照爲荷

中華教育文化基金董事會啟

二十一年七月七日

復中華教育文化基金董事會函

敬復者接奉七月七日　大函祇悉對於敝社提出繼續聲請書得荷　貴會第八次年會議決一次補助國幣壹萬伍仟元暫以一年爲限並屬開具詳細預算送會以憑審核發款等因查敝社聲請原案全年預算爲二萬五千元分爲經常臨時二門此次　貴會經費雖形拮据仍維持原給補助數目俾敝社研究工作繼續進行曷勝銘感敝社祇得依照　貴會核定範圍極力樽節茲將　貴會本年度補助費一萬五千元列爲甲種經常門他如出版調查編譯雜支等款爲研究學術所必需或已在進行不能中輟者概列入臨時門其不敷之數假定爲一萬元由敝社另行設法籌募共策進行相應連同本年度經常門預算一併緘送　查核發款爲荷(附本年度預算)

中國營造學社社長朱啟鈐啓

二十一年七月十三日

(二)調查遼代寺剎

本年四月六月間，法式組曾兩次出發，調查古代建築，計得薊縣獨樂寺及寶坻廣濟寺二遼剎。除獨樂寺已於本期詳述外，當將廣濟寺先略告讀者。

廣濟寺之發現，爲旅行之結果。蓋在蓟得聞廣濟寺之存在，且得悉其形制之大略。歸平後，在文獻方面搜得各種記錄，又自寶坻購得照片，得先定其確爲原物。六月十六日，由梁思成君偕調查隊出發。廣濟寺遼物，現只餘三大士殿一座，爲遼聖宗太平五年（一〇二五）重建，其後歷代重修，殿內樹碑甚多。其外觀殊平平，而內部結構，則極精巧，爲後世所不見。其用材之合理，及條理之清晰，實已登峯造極，實我國建築中之傑作，而遼代遺物中之至罕可貴者也。其詳情當於三卷三期獻於讀者。

（三）本社社址之遷移

本社年來社務逐漸擴充，頗感社所狹隘不敷支配，爲便利工作計，爰於本年仲夏承商中山公園董事會，租借該園行健會東側舊朝房十一間，即皇城天安門內社稷街門南首之千步廊爲新社所，地點適居市區中央，且爲舊日紫禁城之一部，不僅交通便利，即考訂故蹟，證驗實物，尤有左右逢源之益，而本社與公園同爲朱桂辛先生苦心創辦之事業，一爲文化研究團體，一爲社會公益機關，自此聯宇接甍，相得益彰，本社一俟新社所修葺完竣，即于下月內遷入辦公云。

（四）籌設幹事會

一、本社成立以來，意在廣徵同志，公開研究。年來鑒於時勢要求與社會引重，不得不擴大組織，勉求完善，茲就年度更始之際，擬籌設幹事會，釐定社約並規劃本社進行大綱以奠永遠基礎，凡海內賢達，曾辱爲本社發起人，或以精神物力扶掖本社，如周寄梅，葉玉甫，陶蘭泉，陳援庵，孟玉雙，華通齋，袁守和，錢新之，周作民，徐新六，裘子元諸先生經本社聘爲第一屆幹事會幹事。

乙、協助社外事外

（一）交通大學唐山工程學院

交通大學唐山工程學院教授林炳賢君函囑本社代製模型圖樣五種現在製造中

（二）明岐陽王世家文物之影印

朱桂辛先生發見明岐陽王李文忠家歷代畫像，曾於本年五月在中山公園公開展覽，並纂岐陽世家文物考述一書，縷述保存經過，於岐陽父子事蹟及李氏族譜世系圖像塋墓，復旁搜博採，詳加疏證，俾數百年名門文獻彰耀於世，無虞湮滅，嗣盱眙縣明光李氏故里有二十世裔孫李位中，為岐陽三子芳英一系，世守公主陵墓者，合族公推代表李大鵬李永達二君蒞平參觀遺物，並介朱先生得晤徙平裔孫李國壽諸君，於是音訊久絕之李氏南北二支，重獲團敘一堂，雖云巧合，亦保存古物一佳話也，大鵬永達二君攜贈李氏續族譜一函，一世恭獻王二世岐陽王便服畫像及曹國公主墓像片各一幀，因求代攝李氏歷代畫像影片，而海內同好亦多以早日刊布為言，朱先生鑒於事實需求，爰託故宮印刷所攝影製版，勒為專刊，不日即可問世。

節錄李位中來函（民國廿一年五月）

茲以月之三日讀天津大公報大社所載之岐陽世家文物考略一文不禁欣忭鼓舞以敝族求之數十年而不得竟披露於一朝數百年將泯而不傳之私史從此布顯於天下設非先生之熱心求古曷易言哉敝族岐陽裔也敝族所居岐陽故里也謹為先生大社略陳梗概昔我族恭獻世處淮北與明太祖之先同鄉里因得聯姻元末之亂移居淮南始生武靖虎變龍驤佐成帝業有子三人分符綰綬皆位列朝堂名書典冊自永樂二年削爵以後或錮京第或居故里家族因而疎遠其居故里者雖經易代之變未少遷移守先恭獻王之寢墓奉曹國公主之祠堂安其素業以至於今雖山陵無恙遺像猶存仍以不得聚其宗族叙其長幼彙祖宗之文物脩歷世之譜牒為恨以舊譜載云大宗之後于易代初居

北京彰儀門外之泥窪村于是派人北入都門細爲訪問終無所得事雖中止迄未忘心何期 以先生之好古大社之研求遂使我祖宗文物一旦大露於天下豈祗敝族所欣幸已也復蒙編輯釐訂搜羅理殘 加以保護倘此後能永貯于大社不致淪胥較之秘于私室者尤爲慎妥此又敝族所泥首銘感者也自讀報後族人僉謂當先奉 蕪箋謹申葵 悃一俟南方稍定將遴派人來藉伸蟻悃亦將有所校核想亦先生所樂許也

李位中啟（明光鎮適園）

本社徵求營造佚存圖書

營造正式六卷

梓人遺制八卷

元內府宮殿制作一卷

造磚圖說一卷　明張向之撰

西樓彙草一卷　明龔輝撰

南船紀一卷　明沈啓撰

水部備考十卷　明周夢暘撰

本社收到寄贈圖書目錄

本社創立以來承海內外同志及團體予以物質之援助感惠良多茲截至八月廿三日止除前刊登謝外謹將所得書報之寄贈者續登於左以誌不忘

寄贈者	書名	卷冊	摘要
滿洲建築協會	雜誌	四冊	交換
國劇畫報社	畫報	廿八張	
日本建築學會	雜誌	一冊	交換
日本建築士會	建築士	五冊	仝上
天津市立美術館	美術叢刊	一冊	仝上
北平圖書館	館刊	三冊	仝上
道路月刊社	道路月刊	三冊	仝上
中法大學校	月刊	一冊	仝上
河北第一博物院	半月刊	廿二冊	仝上
齊如山先生	萬泉縣后土廟戲台照片	二張	
大連圖書館	和漢圖書目錄	一冊	
人文月刊社	人文月刊	三冊	交換
國立北平研究院	院務彙報	一冊	仝上
建築學會	雜誌	二冊	仝上
國際建築協會	國際建築	三冊	仝上
東南醫刊社	東南醫刊	二冊	
河北省立第一圖書館	概況	一冊	交換
滿洲文化協會	大同文化	一冊	仝上

寄贈者	書名	卷冊	摘要
浙江大學土木工程學會	土木工程	一冊	
滿洲技術學會	會誌	二冊	
早稻田建築學報	建築學報	一冊	交換
滿洲學會	滿洲學報	一冊	仝上
建築學會	支那建築下卷解說	一冊	仝上
故宮博物院	文獻館一覽	一冊	仝上
大井清一先生	法隆寺防火水道に就て	一冊	
	法隆寺防火水道設備工事竣工報告書	一冊	
闞無冰先生	乾隆帝之東巡沿路考	一冊	
中華全國道路建築協會	月刊	一冊	交換
中國殖邊社	殖邊月刊	二冊	交換
福開森先生	周銅鼓考	一冊	
謝剛主先生	晚明史籍考	一冊	
浙江省立圖書館	月刊	三冊	
安徽圖書館	學風	一冊	交換
趙雪舫先生	琉璃樣本	四冊	
輔仁大學	輔仁雜誌	二冊	交換
中國旅行社	雜誌	一冊	